JN232687

サイエンス
ライブラリ化　学＝3

# 有機化学概説［増訂版］

杉森　彰　著

サイエンス社

サイエンス社のホームページのご案内
http://www.saiensu.co.jp
ご意見・ご要望は　rikei@saiensu.co.jp　まで．

## 増訂版へのまえがき

　本書の初版が 1978 年に出てから 22 年が経過した．幸いに，これを使って有機化学を学んでいただく読者に恵まれ，版を重ねることができた．

　20 年あまりの間に，一方では有機化学の進展があり，一方では教育環境の大きな変化（大学教養課程の実質的な消滅，中学・高校のカリキュラムの変化，さらには，大学入試の科目削減によって，数学・理科の素養が不足した学生の入学など）があり，大学初年級の化学の教育は大きな問題を抱えることになった．

　この状況に対応して，化学を基盤とする学部・学科（理，工（従来の工業化学・応用化学に加えて，環境工学，物質工学，素材工学，生物工学などを含めた），薬，農，医などの学部）の学生の基礎としての有機化学はどのようにあるべきかが問われるようになっていると思う．

　ここに，このような形のものを増訂版として世に送る．

　立体化学，電子論を 2 本柱とする有機化学の基本的な枠組みは，がっちりしたものであるとの認識に立って，その大筋は変えなかった．しかし，初心者がつまずきやすいと思われるところでは，よりやさしい説明によって，基本的なことを理解しやすいように努めた（第 5 章の結合の分極の説明など）．

　この 20 年あまりの間に有機化学も大きく変貌した．それまで不可能と思われていた反応が，いとも容易に実現するようになった．それは，これまで炭素・水素・酸素・窒素など小数の元素に限られていた有機化学の対象を，周期表全体に広げたことによってである．周期表全体を対象にした，より広い範囲を包括した有機化学の構築が進められている．この学問的情勢に対応して，有機金属化学，ヘテロ元素化学を大づかみに捉えることを目標に（これらにおいては，それぞれの元素の個性が大きな意味を持ち，一般性より個別性が重要に見えるのであるが，あえて大胆な単純化を行って）第 17, 18 章を書き加えた．複雑で個性的な有機金属化合物，ヘテロ元素化合物の世界を大胆に整理したもので，どれくらい系統的に捉えられたかには自信がないが，若い学生諸君がこれから仕事に活用することになる，豊かに広がった有機金属化学，ヘテロ元素化

学の入門になれば幸いである．

　有機化学に光が導入され新しい領域が拓かれた．21世紀は光の時代といわれている．ところが光化学は古典的な電子論では理解できない．光化学の基礎を理解することは新しい時代に生きる科学者・技術者に必要なものである．このような状況に対応して，付録Cに光化学入門となる章を設けた．

　立体化学の進歩も著しく，初版のときは夢に近かった選択率の高い不斉合成が実現し，医薬品の製造にも役立つようになっている．付録Bに簡単な解説を加えた．もう一つ，化学に携わるものに要求される化学物質の安全性を扱った第19章を書き加えた．

　このようなことから，増訂版は，旧版より厚いものとなった．ほとんどの教科書が薄くなるのに逆行することであるが，有機化学の基本を丁寧に説明し，進歩の方向を展望するためには，ページ数の増加もやむを得なかったと思う．このわがままを許していただいたサイエンス社には感謝の他はない．ただ授業では，全体を満遍なくやっていただく必要はない．初歩の入門では，1–16章の内容で十分であろうし，2単位で済ます場合は，1–6章をじっくりやった後，8–16章を拾い読みしていただくだけでよいと思う．

　本書は，著者が書いた最初の本で，愛着の深いものである．このたび新しい装いで世に出ていくことを大変ありがたいことと思っている．この増訂版を作るに当たって，サイエンス社の田島伸彦，鈴木まどかの両氏には大変お世話になった．ことに，細かいところまで神経を行き届かせ美しい本に仕上げていただいた鈴木まどかさんには感謝の他はない．旧版と新版の同じ項目のページを開くと，一目でそれがわかる．

　2000年9月

杉　森　　彰

# まえがき

　本書は，理科系の教養課程学生向けの，2ないし4単位の有機化学入門の教科書・参考書として書かれたものである．

　体系化が進んで，有機化学は"暗記もの"でなくなってきた．学問体系として整った有機化学は，化学を志す学生にとっても，また化学を道具にして生命現象に取り組もうとしている医学・薬学・農学の学生，化学物質を材料に新しい技術の開発を目指す工学系の学生にとっても，ひとしく有用なものであろう．

　一方，有機化学の授業が理になずみ過ぎて，化学の原点である色鮮かな化学変化に対する驚異を出発点に，若い人達が化学に親しむことが少なくなってきていることは残念なことである．その上，骨だけの理屈の枠組みだけで，個性豊かで多彩な物質についての肉づけを欠いた化学は，複雑な生命現象にせまって行く道具としても不十分なものであろう．

　この二つの要請にいく分でも応えようとするのが本書執筆の動機であった．本書の前半では，有機化学を支える2本の柱である立体化学と有機電子論の基礎をやや丁寧に扱った．とくに，概念の説明は明確を心がけ，初学者の陥りやすい誤解が避けられるように努力した．後半では，前半で学んだ電子論を基礎に，官能基ごとに重要な化学物の例，官能基の導入法，官能基に共通の物理的性質，反応を学ぶ．その際，脂肪族・芳香族の化合物を表にして対照し，見通しよく全体を把握しやすいようにした．個々の化合物に立入ることは少ないが，官能基の化学を身につければ，その組合せとして，ほとんど無数といってよい有機化合物の性質を大づかみに理解することができる．入門書では扱われることの多くない複素環式化合物について，考え方をややくわしく述べたのは，生命現象を司る複雑な化合物の性質も分析的に見ていけばかなりの程度理解できることを示し，単純なものから複雑なものへの橋渡しをしたかったからである．

　電子論を先に立てると，化学現象より理論が優位であるというように誤解されやすい．そのようなことがないように，身近なものとの関連，研究の実例などを通して，有機化学の実験化学としての面を強調したつもりである．しかし，著者の非才のため，どこまで目的が達せられたか，読者の判断にゆだねるしか

ない．

　本書に残っているであろう種々の不用意な誤りとともに，本書の構成その他についても御批判が頂けるようお願いする．

　本書が成るにあたり，原稿の全体を読んで下さり，懇切な御注意を頂いた上智大学 佐藤弦教授，東京大学教養学部 土屋荘次助教授に深く感謝する．また，本書のもとになった，上智大学理工学部化学科，東京大学教養学部での講義を通じ，疑問をぶっつけ，誤りを指摘して正して下さった学生諸君にお礼申し上げる．

　サイエンス社編集部の橋元淳一郎氏，川村ゆう子氏は，はじめてまとまったものを書く不馴れな著者のため，内容，構成から体裁，用語に至る細かいところまで御世話頂いた．本書には構造式がたくさんあり，それを制約の多い表の中に納めることなど組版上多大の困難があり，三美印刷には本当に御苦労をおかけした．このように美しい本に仕上がったのもサイエンス社と三美印刷の皆様のお蔭である．厚くお礼申し上げる．

　　1978年10月

杉　森　　　彰

# 目　　次

**1　序　　論** ... 1
　**1.1**　有機化学の目的 ... 1
　**1.2**　有機化学の方法 ... 2

**2　有機化合物の構造 I** ... 3
　**2.1**　構造式の成立 ... 3
　**2.2**　構　造　式 ... 6
　**2.3**　構造異性 ... 7
　**2.4**　立体異性 ... 8
　　**2.4.1**　不斉炭素 1 個を持つ化合物の立体化学 ... 8
　　**2.4.2**　立体構造の表現 ... 13
　**2.5**　立体配置と立体配座 ... 16
　**2.6**　不斉炭素 2 個以上を持つ化合物の立体配置 ... 18
　**2.7**　幾何異性 ... 21
　**2.8**　不斉炭素によらない鏡像異性 ... 22
　演習問題 ... 24

**3　有機化合物の構造 II** ... 26
　**3.1**　環式化合物の立体化学 ... 26
　**3.2**　立体配座の固定 ... 29
　**3.3**　エミール・フィッシャーによる D-グルコースの立体配置の決定 ... 31
　演習問題 ... 36

**4　有機分子における結合** ... 37
　**4.1**　共有結合 ... 38
　**4.2**　原子軌道 ... 38

|     |       |                                                          |     |
| --- | ----- | -------------------------------------------------------- | --- |
|     | 4.3   | 共有結合と軌道の重なり                                   | 40  |
|     | 4.4   | $\sigma$ 結合と $\pi$ 結合                               | 42  |
|     | 4.5   | 共　　役                                                 | 44  |
|     | 4.6   | 芳香族性と共鳴                                           | 46  |
|     | 演習問題 |                                                       | 53  |

## 5　結合の分極と官能基の電子状態　54

|     |       |                                                          |     |
| --- | ----- | -------------------------------------------------------- | --- |
|     | 5.1   | 結合の分極                                               | 54  |
|     | 5.2   | 非共有電子対を持つ p 軌道と共役二重結合との相互作用      | 60  |
|     | 5.3   | 官能基の電子状態                                         | 63  |
|     |       | 5.3.1　官能基内部の電子状態                              | 63  |
|     |       | 5.3.2　官能基による炭素骨格の電子の分極                  | 66  |
|     | 5.4   | 超　共　役                                               | 68  |
|     | 演習問題 |                                                       | 68  |

## 6　分子の電子状態と化合物の性質　70

|     |       |                                                          |     |
| --- | ----- | -------------------------------------------------------- | --- |
|     | 6.1   | 揮　発　性                                               | 70  |
|     | 6.2   | 水に対する溶解度                                         | 73  |
|     | 6.3   | 化合物の酸性と塩基性                                     | 73  |
|     | 演習問題 |                                                       | 79  |

## 7　有機化合物の分類と命名法　81

|     |       |                                                          |     |
| --- | ----- | -------------------------------------------------------- | --- |
|     | 7.1   | 有機化合物の分類                                         | 81  |
|     | 7.2   | 有機化合物の命名                                         | 82  |
|     | 演習問題 |                                                       | 87  |

## 8　炭　化　水　素　88

|     |       |                                                          |     |
| --- | ----- | -------------------------------------------------------- | --- |
|     | 8.1   | 代表的化合物                                             | 88  |
|     | 8.2   | 所在，合成法                                             | 91  |
|     | 8.3   | 物理的性質                                               | 91  |
|     | 8.4   | 化学的性質                                               | 92  |

## 9 有機反応 94
### 9.1 有機反応の形式による分類 ... 94
### 9.2 有機反応の機構 ... 95
### 9.3 トルエンの塩素による置換反応 ... 97
### 9.4 芳香族化合物の求電子置換反応と配向性 ... 101
### 9.5 配向性の原因 ... 102
### 9.6 アルケンに対する付加反応 ... 106
### 演習問題 ... 110

## 10 ハロゲン化合物 112
### 10.1 代表的化合物 ... 112
### 10.2 合成法 ... 113
### 10.3 物理的性質 ... 114
### 10.4 化学的性質 ... 114
### 10.5 求核置換反応 ... 115
### 10.6 置換反応と脱離反応 ... 118
### 演習問題 ... 120

## 11 アルコール, フェノール, エーテル 122
### 11.1 代表的化合物 ... 122
### 11.2 合成法 ... 124
### 11.3 物理的性質 ... 125
### 11.4 化学的性質 ... 126
### 11.5 エーテル ... 128
### 演習問題 ... 130

## 12 アルデヒド, ケトン, キノン 132
### 12.1 代表的化合物 ... 132
### 12.2 アルデヒド, ケトンの合成 ... 133
### 12.3 物理的性質 ... 134
### 12.4 化学的性質 ... 135

|     |        |                              |     |
| --- | ------ | ---------------------------- | --- |
|     | 12.5   | キノン                        | 139 |
|     | 演習問題 |                             | 140 |

## 13 カルボン酸とその誘導体　142

- **13.1** カルボン酸　142
  - **13.1.1** 代表的化合物　142
  - **13.1.2** 合成法　143
  - **13.1.3** 物理的性質　144
  - **13.1.4** 化学的性質　144
- **13.2** カルボン酸誘導体　145
  - **13.2.1** 代表的化合物　145
  - **13.2.2** エステル　146
  - **13.2.3** 酸アミド　147
  - **13.2.4** カルボニトリル　147
  - **13.2.5** 酸ハロゲン化物　147
  - **13.2.6** 酸無水物　148
  - **13.2.7** 過酸化物　148
- 演習問題　148

## 14 窒素化合物　150

- **14.1** ニトロ化合物　150
  - **14.1.1** 代表的化合物　150
  - **14.1.2** 合成法　151
  - **14.1.3** 物理的性質　151
  - **14.1.4** 化学的性質　151
- **14.2** アミン　152
  - **14.2.1** 代表的化合物　153
  - **14.2.2** 合成法　154
  - **14.2.3** 物理的性質　154
  - **14.2.4** 化学的性質　155
- **14.3** ジアゾニウム塩を利用した合成反応　156

演習問題 · · · · · · · · · · · · · · · · · · · · · · · 159

## 15　2種類以上の官能基を含む重要な化合物　161
### 15.1　アミノ酸 · · · · · · · · · · · · · 161
### 15.2　糖 · · · · · · · · · · · · · · · 163
演習問題 · · · · · · · · · · · · · · · · · · · · · · · 165

## 16　複素環式化合物　166
### 16.1　ピロールとピリジン · · · · · · · · · 166
### 16.2　その他の重要な化合物 · · · · · · · · 169
### 16.3　複素環を含む生物化学的に重要な化合物 · · · · · · · 171
演習問題 · · · · · · · · · · · · · · · · · · · · · · · 173

## 17　ヘテロ元素化合物　174
### 17.1　ヘテロ元素化学の基本的なコンセプト · · · · · · · 174
### 17.2　炭素化合物とケイ素化合物 · · · · · · · 178
### 17.3　ヘテロ元素化合物の特性を利用した反応 · · · · · 180
演習問題 · · · · · · · · · · · · · · · · · · · · · · · 181

## 18　有機金属化合物　183
### 18.1　典型金属を含む化合物 · · · · · · · · · 183
### 18.2　典型金属を含む有機金属化合物を用いる有機合成 · · · 185
### 18.3　遷移金属を含む有機金属化合物の特性 · · · · · 185
### 18.4　18 電子則 · · · · · · · · · · · · · 186
### 18.5　逆配位 · · · · · · · · · · · · · · · 187
### 18.6　遷移金属を含む有機金属化合物の反応 · · · · · 187
演習問題 · · · · · · · · · · · · · · · · · · · · · · · 191

## 19　化学物質のひかりとかげ　192
### 19.1　機能性物質 · · · · · · · · · · · · · 192
### 19.2　化学物質の危険性 · · · · · · · · · · 194

19.3 女性ホルモン，ドーピング，環境ホルモン ･･････ 196

**20** 有機化学の方法　　　　　　　　　　　　　198

付録 A　光学分割と不斉合成 ･･････････････ 201
付録 B　ハメット則 ･････････････････････ 205
付録 C　光　化　学 ･････････････････････ 208
演習問題略解 ･･････････････････････････ 216
索　　引 ･･････････････････････････････ 233

# 1 序　　論

## 1.1　有機化学の目的

　化学の目的は物質の世界を統一的に理解することである．化学の対象とする物質はほとんど無限といっていい多様性を持っているから，化学は物質の世界の"多様性の中の統一"を目指すものといってよい．

　化学のおかれている位置を図に表すと下の図のようになるであろう．

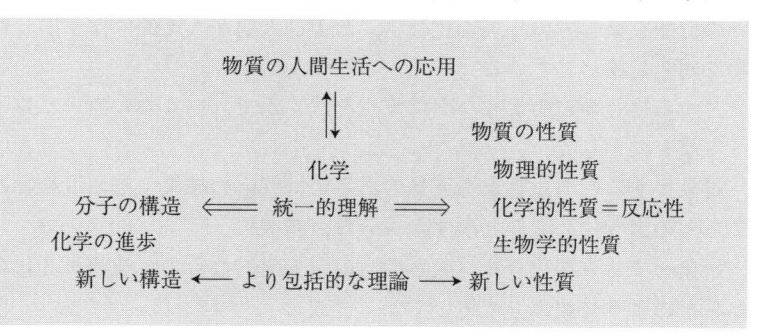

```
                物質の人間生活への応用
                        ⇅
                                    物質の性質
                       化学           物理的性質
     分子の構造  ⟸  統一的理解  ⟹  化学的性質＝反応性
     化学の進歩                        生物学的性質
     新しい構造  ⟵  より包括的な理論  ⟶  新しい性質
```

　化学はわれわれが物質について観測するさまざまな性質を，われわれには見ることができない原子・分子[†]の構造に基づいて理解し，逆に分子構造から物質の性質を推定しようとする．現在までに知られている物質だけでも膨大であり，それらについての理解を完全にするにも多くの努力と時間が必要である．その上，毎日毎日新しい構造の分子が発見されたり，作り出されたりしている．また今まで注目されていなかった性質——たとえば半導体になる性質，低温で電気抵抗が0になる超電導性など——が脚光を浴びることがある．新しい構造，性質を包括する理論を発展させながら，化学は内容を新しくしている．遺伝，

---

[†] 1978年に至って高度の電子顕微鏡技術を用いることによって，フタロシアニン色素の原子配列が写真にとられた（京都大学・植田夏教授）．画期的な業績である．電子顕微鏡技術の進歩によって，最近では単純な結晶の原子配列を直接見ることができるようになった．しかし，複雑な分子の形を直接見ることは難しい．一般の場合には，スペクトルなどの物理的性質などを利用して構造を決定する．

神経での情報伝達機構などの生命現象を分子レベルで解明することは"化学"そのものの営みである．この意味で，物理学とともに化学は諸科学の基礎になっている．

化学の特長の一つは，学問としての化学と応用としての化学の関係が密接であることで，一方での進歩がただちに他方に影響を与え，相伴って進歩していくことである．人間は物質の恩恵によって生きている．物質のよりよい利用（公害の出ないプロセスで，より性質のよいものを作り出し，人間生活に役立てる．）は化学に課せられた大きな責務である．

## 1.2 有機化学の方法

有機化学は，炭素化合物の化学であり，自然界，とくに動・植物体中に存在し種々の機能を果している炭素化合物，および人間が人工的に作り出した炭素化合物を研究対象としている．

対象とする物質のどのような面に重点を置くかで，いくつかのアプローチがある．主なものとして，
1) 対象とする有機化合物を天然のあるいは反応の結果生じた混合物の中からどのようにして取り出すか（分離，精製）．
2) 対象とする有機化合物（天然のもの，人工的なもの）を簡単な化合物からどのように組み立てていくか（合成）．
3) 対象とする有機化合物の構造をどのようにして決定するか（構造決定）．
4) 対象とする有機化合物の物理的性質，化学的性質，生物学的性質を測定し，それらが構造とどのように結びついているかを調べる．

化学的性質（反応）は化学ではもっとも大きな重要性を持っており，化合物の相互変換の特性と分子構造との関連の理解は，有機化学の大目標の一つである．

# 2 有機化合物の構造 I

　有機化学の共通言語は**構造式**である．構造式の概念とともに有機化学は確立し，有機化学の発展とともに構造式にこめられた内容は豊富になった．構造式は本来，分子内の原子の結合順序と，単結合，二重結合などの結合の種類を表すもので，原子の結合順序のちがいによっておこる**構造異性**の現象を説明するものであった．しかし，分子の原子組成が同じで，かつ原子の結合関係が同じでも，性質のちがった物質が存在すること——**立体異性**——から構造式に空間的な意味が与えられた．さらに化学結合の本質が明らかにされるにつれて，化学者は結合を表す価標に結合を支えている電子の状態も見てとるようになった．

　構造式は，その化合物の特性を端的に表したものである．しかし，その内容をどれほど深く読みとれるかは，見る人の有機化学に対する基礎知識と洞察力とにかかっている．とくに化学結合の電子的意味は構造式では表現の外にあるので，有機化学を学ぶものは構造式を見る目を養わなければならない．複雑な式に気をくさらせず，分子に機能を与えている官能基の種類，数などを分析的に読みとることと，分子の骨組み，機能する基の位置関係など分子の全体を総合的に見てとることとに習熟することが大切である．

　化学構造の美しさは造型の美しさである．すぐれた機能を営んでいる分子は形も合目的的で美しい．分子の持つ対称性も分子に美しさを与えている[†]．

## 2.1 構造式の成立

　19世紀のはじめ，スウェーデンの化学者ベルセーリウス（J. J. Berzelius, 1779—1848）は二元論によって多くの無機化合物の性質を説明した．二元論はつぎの二つの考えに基づいている．

（ⅰ）　化合物はそれぞれ特有な性質を有する陽性の部分と陰性の部分とより成り立っており，化合物の性質は両者の性質の加え合わせになる．

（ⅱ）　陽，陰両成分は電気力によって結びつけられている．

　二元論は有機化合物にも応用され，リービッヒ（J. von Liebig, 1803—1873,（ドイツ））の**基**（ラジカル，radical）**説**を生んだ．リービッヒは有機化合物の中にも化学変化によって不変の部分があることを見い出し，無機塩の構成成分

---

[†] 分子の美しさについては L. Pauling 他著，木村健二郎，大沢寛治訳"分子の造型——やさしい化学結合論"（丸善）に教えられるところが多い．

に相当するものとして基を考えた．つぎの変化ではベンゾイル基 $\left(\underset{}{\bigcirc}-\text{CO}-\right)$ が不変に保たれている．

$$(\bigcirc\!-\!\text{CO})\text{H} \longrightarrow (\bigcirc\!-\!\text{CO})\text{OH} \longrightarrow (\bigcirc\!-\!\text{CO})\text{Cl} \longrightarrow$$
ベンズアルデヒド　　　　安息香酸　　　　　塩化ベンゾイル

$$(\bigcirc\!-\!\text{CO})\text{NH}_2$$
安息香酸アミド

しかし，基は厳密には二元論の考え方に合致していない．とくに，基に電気的に陰陽の性格づけをすることに無理があり，H を＋とするとベンゾイルは－，OH，Cl を－とするとベンゾイルは＋となってしまう．また，無機塩からの元素の単離に対応する，有機化合物からの基の単離に多くの化学者が努力を払ったが，成功したかに思われたシンナミル基 $\bigcirc\!-\!\text{CH}=\text{CH}-$（デュマ，J. B. A. Dumas, 1800 — 1884（フランス）），カコジル基（$(\text{CH}_3)_2\text{As}-$（ブンゼン，R. W. Bunsen, 1811 — 1899（ドイツ））ものちに基ではなく，二量体であることが明らかになった．

一方デュマとローラン（A. Laurent, 1807 — 1853（フランス））は酢酸に塩素を作用させるとできる，モノクロロ酢酸（$C_2H_3O_2Cl$），ジクロロ酢酸（$C_2H_2O_2Cl_2$），トリクロロ酢酸（$C_2HO_2Cl_3$）が構成要素が変化しているにもかかわらず，同じ酸の性質を持つことを発見し，基の不変性に強い疑問を投げかけた．さらにトリクロロ酢酸をカリウムアマルガムで処理することによって酢酸を再生させることができるというメルサン（L. H. F. Melsens, 1814 — 1886（フランス））の実験は，上の変化で塩素と水素が置き換わっていることを示し，置換によって化合物の性格はそれほど変化しないことを明らかにした．

"基" と "置換" の考えはジェラール（C. F. Gerhardt, 1816 — 1856（フランス））とローランの**型**（type）の考えで統一された．すなわち「化合物にはその特性の原因となる原子のつながり方の型があり，型を構成する要素が置き換わっていくにつれて性質の似た化合物に移り変わっていく．」という説である．水，アルコール，アルコラート，エーテルは同じ水の型に属すると考えられ，

## 2.1 構造式の成立

$$\left.\begin{array}{l}\text{H}\\\text{H}\end{array}\right\}\text{O} \quad \left.\begin{array}{l}\text{C}_2\text{H}_5\\\text{H}\end{array}\right\}\text{O} \quad \left.\begin{array}{l}\text{C}_2\text{H}_5\\\text{Na}\end{array}\right\}\text{O} \quad \left.\begin{array}{l}\text{C}_2\text{H}_5\\\text{CH}_3\end{array}\right\}\text{O}$$
　　水　　　エタノール　　　ナトリウムエチラート　　エチルメチルエーテル

エーテルはアルコラートのNaがアルキル基で置き換わったものと考えられる．

$$\left.\begin{array}{l}\text{C}_2\text{H}_5\\\text{Na}\end{array}\right\}\text{O} + \text{CH}_3\text{I} \longrightarrow \left.\begin{array}{l}\text{C}_2\text{H}_5\\\text{CH}_3\end{array}\right\}\text{O}$$

"型"の考え方が二元論の影響下にあった"基"の考え方と異なっている点は，

i) 構成要素が分子内で遊離していない．また構成要素を単離することは必ずしも期待できない．

ii) 構成要素に電気的陰陽の性格を与えていない．

ことである．

型は有機化合物の反応性を表現する能力を持っている他に，原子価の考えを潜在的に持っており，構造式に到達するためには炭化水素部分の型を確立するだけでよかった．

1858年，ケクレ（F. A. Kekulé，1829 — 1896（ドイツ））とクーパー（A. S. Couper，1831 — 1892（イギリス））は独立に**原子価の考え**——元素はそれぞれ一定数の水素，または水素の数と当量の他の原子または基と結合することができる．——に到達した．

炭素は原子価4を持っておりケクレは，原子価をコブで表してエタンをつぎのように書き表した．

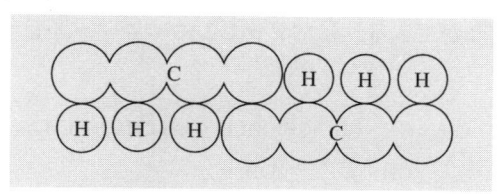

現在用いられている**価標**（原子価を表す線）はクーパーの表式の発展である．エチレン，アセチレンのように水素含有量が少なく，単純な炭素4価の原則で表現しにくい化合物の構造もローシュミット（J. Loschmidt，1821 — 1895（オーストリア））による二重結合，三重結合の導入によって解決された．

残されたベンゼンの構造は1865年にケクレによる六角式の提出を契機に，種々の矛盾をのりこえて，第4章に述べるような理解に至っている．

日本は明治維新によって文明開化をはかり，外人教師を招いたり，ヨーロッパ，アメリカに留学生を派遣するなどして，西欧の科学技術の摂取に努めた．日本は科学技術の後進国でありながら，短期間のうちに西欧のレベルに追いついて工業化に成功したものとして，現在の発展途上国から模範のように考えられている．たしかに日本は急速に，上べだけの科学技術を，真似るという形で西欧に追いついた面もあるであろう．しかし，明治元年（1868年）が，ケクレのベンゼンの環状構造の提唱から3年しか経っていない化学の勃興期にあたっており，多くの留学生は有機化学の発展を荷った化学者の許で，化学の興隆に関与することができた．また招聘された外人教師も東京大学で教えたダイヴァース（E. Divers, 1837—1912（イギリス））のように帰国後イギリス化学会会長，化学工学会会長を務めたようなすぐれた学者が多く，単純な日本後進国論は成り立たない．

物理学の大変革である，相対性理論，量子論も19世紀と20世紀の変わり目に発展したものであり，日本人はこの変革に直接携わることができたのである．

## 2.2 構 造 式

構造式の概念が完成することによって有機化学は確立した．構造式は本来，分子中の原子の結合順序と単結合，二重結合などの結合の種類を表すもので，たとえば，2-プロパノールはつぎのいずれでも表すことができる．

上の式は結合のすべてを示したが，誤解の心配がない限り価標の一部あるいは全部を省略することができる．したがって2-プロパノールはつぎのように表してもよい．

炭素のつながりを折線で表した線表示の構造式も用いられる．2-プロパノールは右のように書かれる．線の末端にはCがありHは省略されている．

線表示の構造式は環状化合物や鎖の長い化合物の表現に適しており，分子の特長を簡潔に示すことができる．

有機分子は炭素と水素からできた骨格と，化合物に特有な性質を与える原子

あるいは原子団＝**官能基**（functional group，**特性基**，characteristic group ともいう）から成り立っている．

代表的な官能基には，ハロゲン（F，Cl，Br，I），ヒドロキシル基（OH），カルボニル基（CO），カルボキシル基（COOH），アミノ基（$NH_2$）などがある．骨格の一部である，＞C＝C＜，—C≡C— も特長ある性質を持つので官能基の仲間に入れられる．

構造式には骨格の形，官能基の種類，数，位置が明確に示されていなければならない．このために枝葉を省略した線表示が直観に訴える力を持っていて便利である．

## 2.3 構造異性

同じ原子組成を持っていながら異なる性質を持つ化合物を**異性体**（isomer）という．異性体が生じる原因にはいくつかあるが，もっとも基本的なのは**構造異性体**（structural isomer）で，分子中の原子の結合順序，結合の種類の相違に基づく異性体である．

**構造異性**（structural isomerism，異性を実体的な化合物の面でとらえたときには"異性体"が，抽象化された現象面からとらえたときは"異性"という言葉が使われる．）にはつぎのような種類がある．

  i） 炭素骨格の異なるもの．
  例　$CH_3CH_2CH_2CH_2CH_3$，$(CH_3)_2CHCH_2CH_3$，$(CH_3)_4C$
 ii） 炭素骨格は同じで，置換基の位置が異なるもの．
  例　$CH_3CH_2CH_2OH$，$CH_3CHCH_3$；
              　　　　　　　　　|
              　　　　　　　　　OH

（オルト、メタ、パラ-フタル酸の構造式）

iii） 官能基のちがいに基づくもの．
  例　$CH_3OCH_3$，$CH_3CH_2OH$

構造式は異性体の性質をよく説明している．$CH_3CH_2OH$（エタノール）は O と結合した H を持っており，Na と反応するのに，$CH_3OCH_3$（ジメチルエーテ

ル) のすべての H は C に結合していて反応性に乏しく，Na とも反応しない．

ベンゼン環に 2 個の COOH 基のついた 3 種の異性体のうち，COOH がオルト位にあるフタル酸だけが，加熱によって容易に水を放って無水物になるのは，2 個の COOH 基が近接していて相互作用しやすく，また生成する酸無水物が五員環で無理のない形であるためである．

フタル酸　　　　　無水フタル酸

## 2.4 立体異性

原子間の結合順序が同じでも異なった性質の化合物が存在することがある．分子中の原子の立体的配列の相違に基づくものであり，このような異性を**立体異性** (stereoisomerism) という．

立体異性は大別すると，つぎの二つに分類される．

i) **鏡像異性** (enantiomerism，**光学異性** (optical isomerism) とよばれることもある)
ii) **幾何異性** (geometrical isomerism)

立体異性体間の性質のちがいは，構造異性体間の性質のちがいに比べてそれほど大きなものではないが，生体は立体異性体をはっきり区別して取り込み，利用し，また合成しており，立体異性の理解は生命現象の化学的解明に非常に重大な意義を持っている．

### 2.4.1 不斉炭素 1 個を持つ化合物の立体化学

メタン $CH_4$ の H を 1 個ずつ順次他の原子（あるいは原子団）で置き換えていく場合を考えてみよう．$CH_4$，$CH_3X$，$CH_2XY$ には異性体は知られていないが，C につく四つの基がすべて異なる CHXYZ，CXYZU には例外なく 1 対の異性体が存在することが知られている．結合している四つの基がすべて異なっている炭素原子を**不斉炭素原子** (asymmetric carbon atom) という．

化学調味料として用いられているグルタミン酸 $HOOC(CH_2)_2C^*H(NH_2)COOH$

## 2.4 立体異性

の C* は不斉炭素原子である．グルタミン酸の 1 対の異性体，(D−, L− と記号をつけて区別する) はつぎの表のような性質を持っている．分解点，溶解度，密度などの性質はまったく同じであるが，太字で書かれた比旋光度，味などの性質が異なっている．

**表 2.1　グルタミン酸の異性体の性質**

| | L−グルタミン酸 | D−グルタミン酸 | DL−グルタミン酸 D−体，L−体 1 : 1 の混合物 |
|---|---|---|---|
| 分解点 /℃ | 247 — 249 | 247 — 249 | 225 — 227 |
| 水に対する溶解度 /g·dm$^{-3}$ | 8.64 | 8.64 | 20.54 |
| 密度 /g·cm$^{-3}$ | 1.538 | 1.538 | 1.4601 |
| 比旋光度 $[\alpha]_D^{25}$ | +12° | −12° | 0° |
| 味 | うま味がある． | 味がない． | うま味は L−グルタミン酸の半分 |
| 存在 | 動植物のタンパク質中にひろく分布． | 動植物中には見い出されない． | |
| 立体構造 | CH$_2$CH$_2$COOH<br>H —— NH$_2$<br>COOH | CH$_2$CH$_2$COOH<br>H$_2$N —— H<br>COOH | |

表に掲げた性質の一つ**旋光性**とは物質が平面偏光を回転させる性質である．光は波であり，進行方向と垂直なあらゆる方向に振動しているが，偏光板を使って一方向の振動の光だけを取り出すことができる．このようにして作った偏光をグルタミン酸の溶液の中をくぐらせると，光の振動方向が変わってしまう（**偏光面の回転**）．溶液を通過したあと第 2 の偏光板をおいて光の強さを測定するが，もっとも明るく見えるとき†の二つの偏光板の方向のなす角 $\alpha$ を測定する．光に向って右まわり（時計方向）偏光の方向が回転されたときは+で，左まわりのときは−で表す．旋光の大きさは試料の濃度，溶液の厚さによって異なるのでつぎのように比旋光度 $[\alpha]$ を定義して標準化する．

---

† 実際に測定するときはもっとも暗くなる所を見る方が人間の眼には楽である．このときは偏光板が直角からどれ位ずれるかを測定する．

図2.1

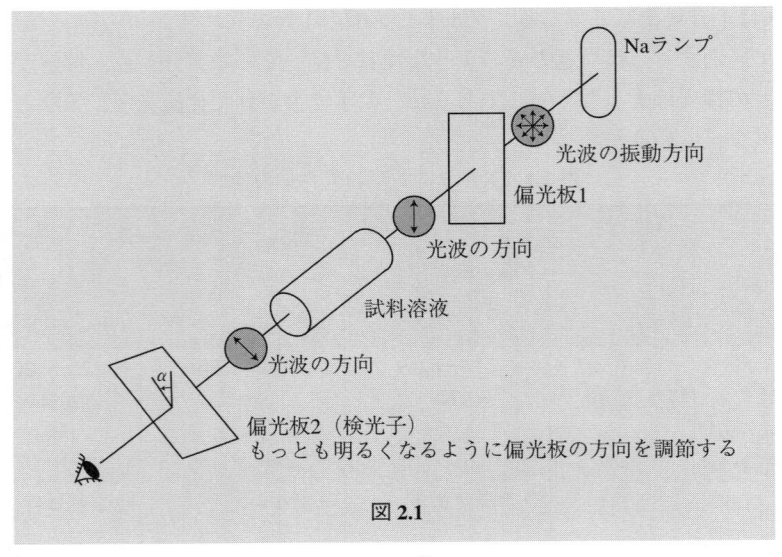

$$[\alpha] = \frac{\alpha}{\left(\dfrac{l}{\mathrm{dm}}\right)\left(\dfrac{c}{\mathrm{g\cdot cm^{-3}}}\right)}$$

$l$ は偏光の光路になっている試料溶液の長さを dm（= 0.1 m）を単位にして表した数値，$c$ は物質の濃度であるが，旋光度の場合だけに用いる特殊なもので，1 cm³ の溶液に含まれる溶質の量を g の単位で表したものである．

このような異性体の存在はパストゥール（L. Pasteur, 1822 — 1895（フランス））の有名な酒石酸の研究（1848年）以来有機化学の大問題であった．旋光性の異なる酒石酸のアンモニウムナトリウム塩が似た形はしているものの，実像と鏡像との姿をしており右手と左手の関係で区別できることからパストゥールは分子の構造にも右手，左手のような関係があることを推定していたが，パストゥールの研究は1848年で，ケクレの構造式の理論の発表（1858年）に 10

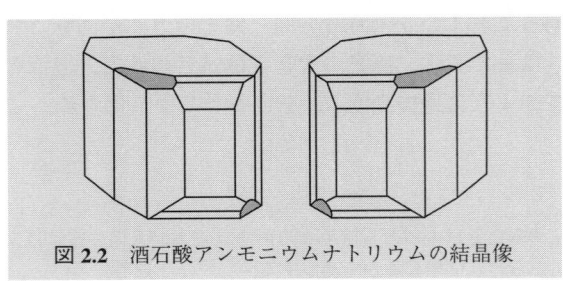

図 2.2 酒石酸アンモニウムナトリウムの結晶像

## 2.4 立体異性

年も先立つものであり，完全な解決には至らなかった．この問題は 1874 年に至ってファント・ホッフ（J. H. van't Hoff, 1852 ― 1911（オランダ））とル・ベル（J. A. Le Bel, 1847 ― 1930（フランス））によって独立に解決された．彼らは 4 価の炭素の正四面体構造――炭素原子が正四面体の中心に存在したとき，炭素に結合する四つの基は四面体の頂点に位置し，基の結合位置は通常の条件下では入れ換わることがない．――を考えることによって，この異性の問題に最終的な解決を与えた．（正四面体の構造は図 2.3（a）のように見るのが自然であろうが，後述のフィッシャーの規約から，図 2.3（b）のように XZ を紙面上におき，YU を紙面の手前にうきだせた形で考えることにする．）

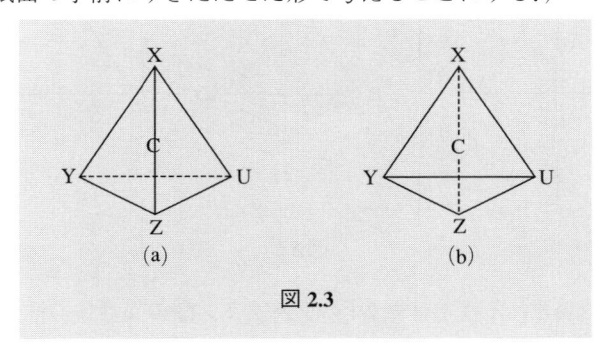

図 2.3

CXYZU（CHXYZ も同様）の 1 対の異性体にはつぎの立体構造があてられる．

（**1**）に一つの正四面体構造をおき，M に鏡をおいたとき（**2**）は（**1**）の虚像になっている．言葉を換えると，（**1**）と（**2**）は M を対称面として対称になっており，パストゥールの予見したように右手，左手の関係になっている．（**1**）と（**2**）はどのように試みても重ね合わすことができない．分子の立体構造が，

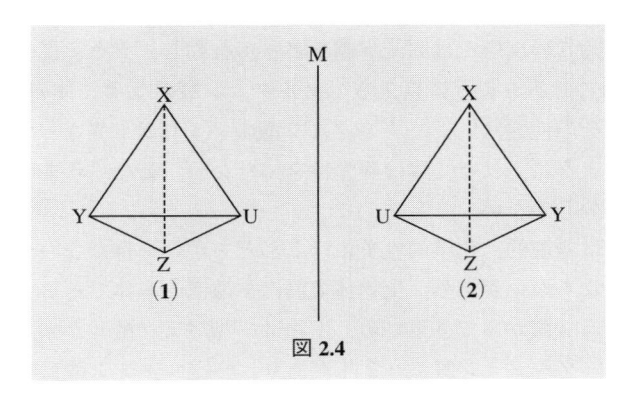

図 2.4

右手と左手の関係にあることを**キラル**（chiral，掌性）であるといい，キラルな構造に基づく異性を**鏡像異性**（enantiomerism）という．また（**1**），（**2**）を**鏡像異性体**（enantiomer，対掌体ともいう）とよぶ．

キラルな構造ができるのは CXYZU，CHXYZ の場合であって CH$_2$XY ではキラルな構造にならない．図 2.5 に示したように（**3**）の鏡像（**4**）は同じものである．

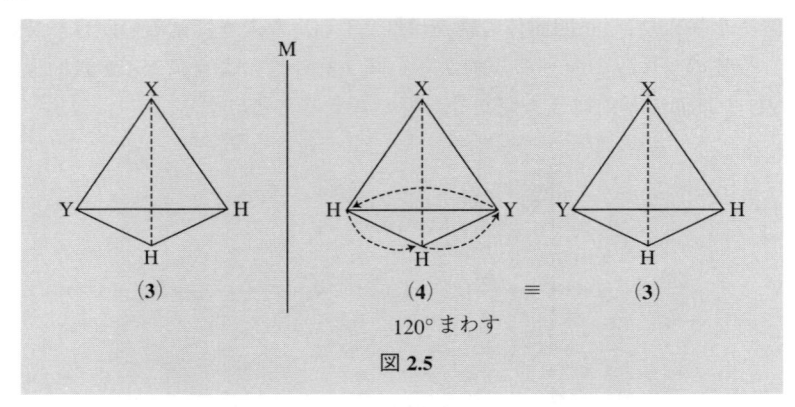

図 2.5

（**1**），（**2**）で表される構造は表 2.1 のグルタミン酸の異性体の性質を説明するのにふさわしい．C のまわりの結合の状態は同じなので，分解点，溶解度などの物理的性質の大部分と，一般の反応性はまったく一致することが理解できるし，構造が右手と左手の関係なので，旋光度の絶対値が等しく，符号が逆であることも納得できる．

鏡像異性体の等モル混合物を**ラセミ混合物**（racemic mixture，ラセミ体，ラセミ化合物ともいう）とよぶ．鏡像異性体はほとんどの性質が同じなので，蒸留，再結晶，通常の反応では同一歩調をとって行動し，ラセミ混合物はあたかも一つの純物質であるように見える．グルタミン酸のラセミ体の性質を表 2.1 に示したが，その性質は L–，D–グルタミン酸のいずれとも異なっている．容易に理解できるように，ラセミ体は旋光性を持たない．また"うま味"も L–グルタミン酸の半分しかない．

鏡像異性体は物理的，化学的性質にほとんどちがいを持たないが，生物的には非常に大きなちがいがある．生物体で筋肉や酸素の本体であるタンパク質はすべて L–型アミノ酸からできている．生物は L–型アミノ酸しか栄養とすることができない．L–グルタミン酸にうま味があり，D–グルタミン酸に味がないのは

このためである．

### 2.4.2 立体構造の表現

**投影式**　正四面体構造を平面の式で表現するためにはエミール・フィッシャー（Emil Fischer, 1852 — 1919（ドイツ））によって考案された投影式が用いられる．正四面体を図2.6のようにおく．すなわち正四面体の上下の稜の一つ（X⋯Z）を紙面上におき，全体を紙面より上にくるように配置する．この姿を上から見て紙面に投影する．図2.6の姿は正四面体を表すものとしてはいささか不自然である．一般には図2.7のように描くのが普通であろう．しかしこの形はフィッシャーの約束で描いたものの対掌体になってしまう（図2.6，2.7をよく見比べること）．フィッシャーの規則は一つの約束であるから必ず従わなければならない．

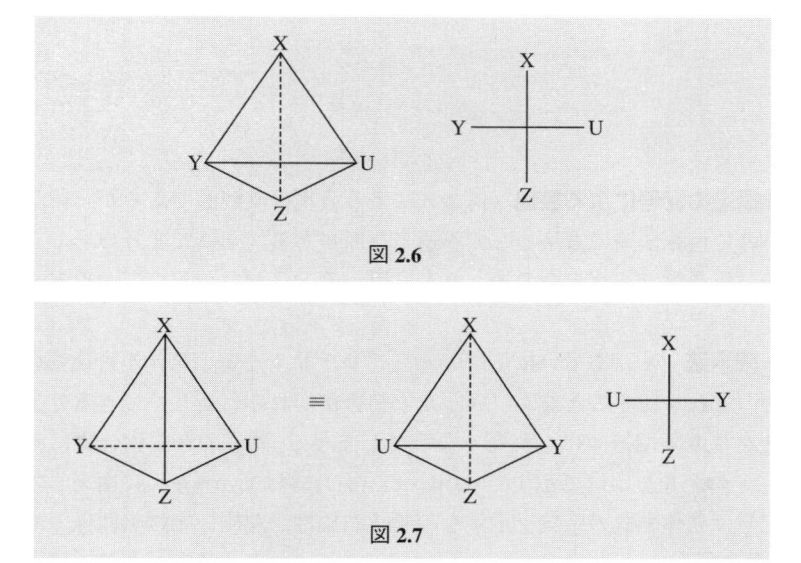

**図 2.6**

**図 2.7**

投影式は図2.8のように横倒しにしてはならない．図2.8でわかるように，(A) を90°右まわりに回転した (B) は投影式から正四面体構造を復元して，構造を比べやすい位置に置き直してみると，もとの式の対掌体になっている．一方投影式を180°回転したものは元の式と同じ立体構造を表している．180°回転は90°回転を2回繰り返すことであり，90°回転で反対になった構造をさらに90°回転して元に戻してしまう．

図2.8

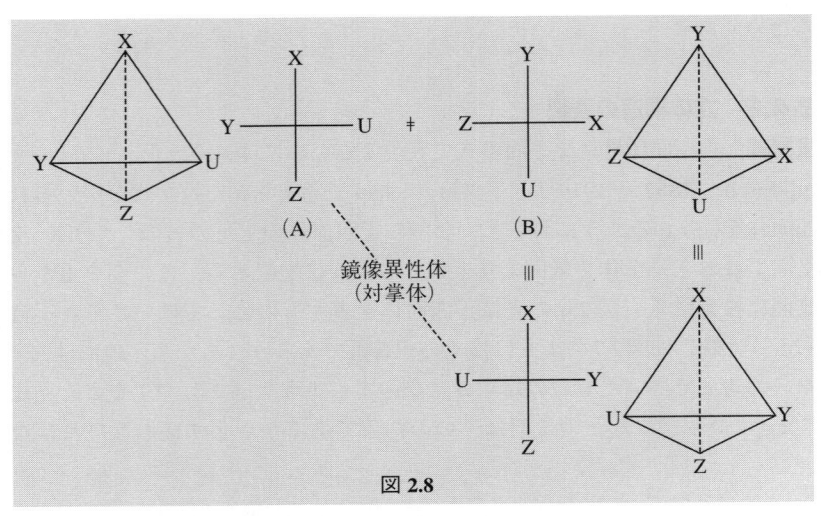

鏡像異性体
（対掌体）

**立体構造の記号による表現** 構造式による表現は直観的であるが，言語の形でないので情報伝達の方法として不適当な面がある．そこで記号の形で立体構造を表し第7章で述べる命名法とともに用いる．これはつぎの二つの方式がある．

**D, L 表示法** D-, あるいは L-グリセルアルデヒドを基準に，不斉炭素の4本の結合のどれも切ることなく（いったん結合が切れると新しくできる分子の立体構造を基準と関連づけられなくなってしまう．）誘導できる化合物にそれぞれ D-, L- の記号をつけて示す．D は dextro（右），L は levo（左）に由来しているが，記号は立体配置の系統を示すもので，右旋性，左旋性とは無関係である．

D-グリセルアルデヒト　　D-グリセリン酸　　　　　　　　　　D-乳酸

アミノ酸はグリセルアルデヒドとの関連ではなく，つぎのように D, L をきめる．天然のアミノ酸はすべて L 系列である．

## 2.4 立体異性

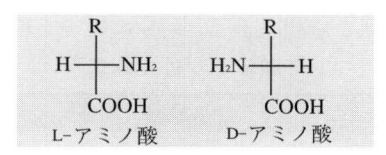

```
       R                R
   H ──┼── NH₂     H₂N ──┼── H
       │                │
      COOH            COOH
    L-アミノ酸        D-アミノ酸
```

**R, S 表示法**　第3章で述べるように1951年までは分子の立体配置を確定することができなかったので，グリセルアルデヒドを基準にD，Lの系統づけで立体構造を表していた．しかし1951年オランダのバイフットによって鏡像異性体の立体配置が確定されて以来，立体構造を直接記号化する機運が高まった．これが $R, S$ 表示法である．

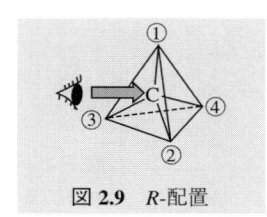

図 2.9　$R$-配置

$R, S$ 表示法では，不斉炭素に結合した四つの基を以下の順位規則によって①，②，③，④の順位をつけ，図 2.9 のように最下位の④が向う側になるように正四面体を眺めたとき，手前の三つの基①→②→③の並び方が，観察者から見て右まわり（時計方向）のとき $R$（ラテン語 rectus より），左まわりのとき $S$（sinister）の記号で表し，化合物名の前につける．

順位規則の主なものをつぎに示す．

1) 不斉炭素に直接結合している原子の原子番号が大きいものを高順位にする．

2) 不斉炭素に直接結合している原子が同じ場合は，そのつぎ，すなわち不斉炭素より数えて2番目の原子を比較し，原子番号の大きなものを上位とする．2番目で優劣がつかないときは3番目，4番目，…で比較し，優劣がつくまで続ける．

3) 二重結合，三重結合は，同じ原子が2個，あるいは3個結合していたものとみなし，単結合に展開する．展開によって現れる原子には（　）をつける．たとえば

```
 \                \
  C=O    ─→        C=O              −C≡C−    ─→    −C────C−
 /                / │ │                             │    │
                   (O)(C)                          (C) (C)(C) (C)
```

このように展開した式を飽和原子団と同様に扱って順位をきめる．
グリセルアルデヒドについて順位をつけてみよう．

| 不斉炭素に結合した基 | 1番目の原子 | 2番目の原子 | 順位 | |
|---|---|---|---|---|
| H | H | | ④ | |
| CH₂OH | C | O, H, H | ③ | |
| CHO, CH＝O (O) (C) | C | O, O, H | ② | 1番目同じ，CHOは2番目にOを2個持つので上位 |
| OH | O | H | ① | 1番目に順位の高いOがある |

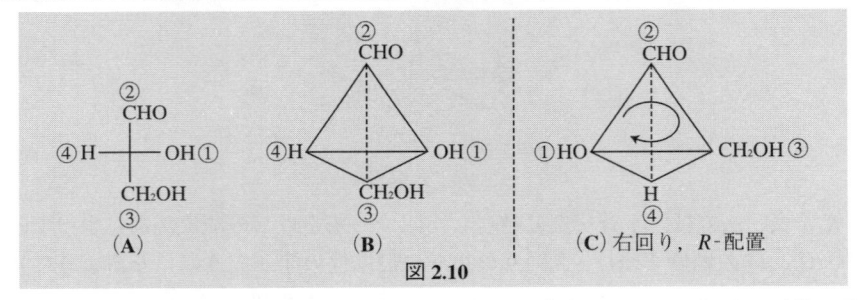

図2.10

D-グリセルアルデヒドの投影式は，図 2.10 の（A）で，それを正四面体の形に戻すと（B）になる．一番順位の低い基を下にもってくると，他の基が正面に現れるので，R, S が判断しやすい．それが（C）で，①，②，③が時計回りになっていることが明らかである．

したがって D-グリセルアルデヒドは R の立体配置になる．

## 2.5 立体配置と立体配座

本節では 2 個以上の炭素原子を持つ分子の立体構造を考える．まず 1,2-ジクロロエタン（CH₂Cl—CH₂Cl）を扱う．炭素 1 個の分子と異なり，CH₂Cl—CH₂Cl は炭素の正四面体構造を考えただけでは，その三次元的な形を確定することができない．二つの正四面体の位置関係に任意性が存在するからである．二つの正四面体の位置関係は C—C 軸を正面から見たときに二つの C—Cl 結合のなす角（C—C 軸についての回転角）を決めると確定される．C—C 軸についての回転角を規定したときの分子の立体構造を**立体配座**（conformation）という．立体配座を表現するにはニューマン投影が便利である．C—C 軸に沿って分子を正

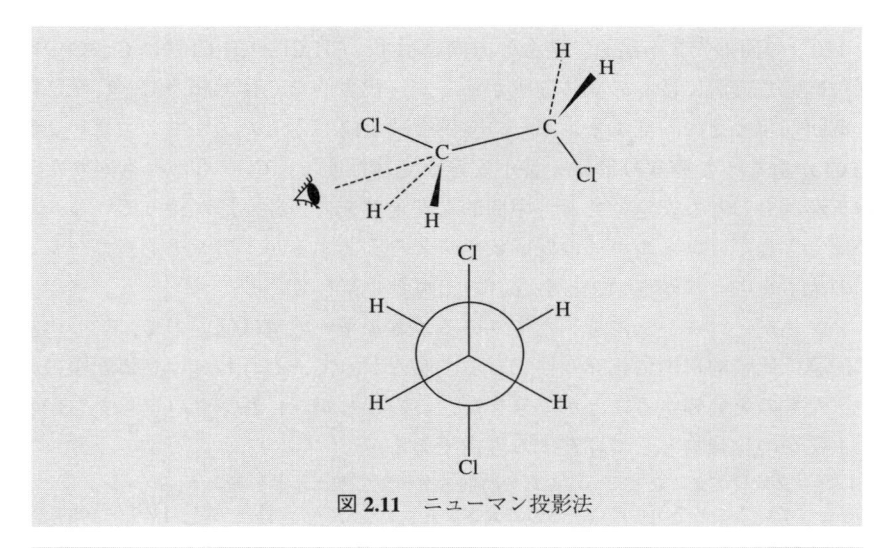

2.5 立体配置と立体配座

**図 2.11** ニューマン投影法

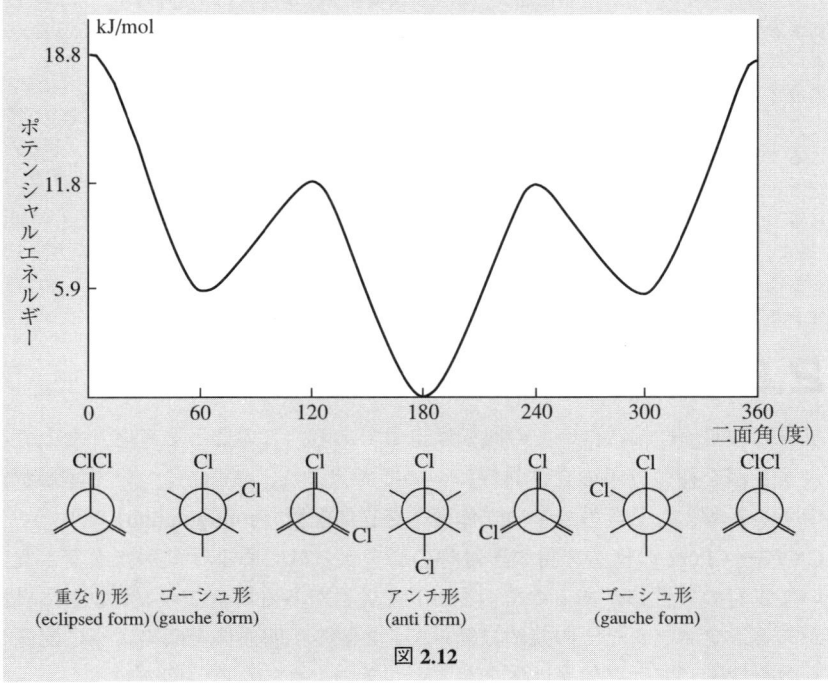

**図 2.12**

重なり形 (eclipsed form)　ゴーシュ形 (gauche form)　アンチ形 (anti form)　ゴーシュ形 (gauche form)

面から見る．目に近いCを点で，遠いCを円で示し，そのおのおのから放射線を120°の間隔で3本出し，結合の方向を示す．CH$_2$Cl—CH$_2$ClにはC—Cの回転角に応じ無限に多くの立体配座があるが，代表的な立体配座とC—C軸に関する回転角とその内部エネルギーの関係を図2.12に示した．かさの大きい2個のClが重なった**重なり形**は一番不安定な立体配座で，Clがもっとも離れた**アンチ形**はもっとも安定である．中間的な安定性を**ゴーシュ形**が持っている．分子はできるだけエネルギーの低い状態をとろうとするが，アンチ形とゴーシュ形のエネルギー差が5.9 kJと小さいので両者共存している．

アンチ形とゴーシュ形をへだてているエネルギーの壁は低いので，二つの立体配座は比較的自由に相互変換できる．したがって，われわれは立体配座の異なったものを分離することができない．このことが，1,2-ジクロロエタンがただ1種類の化合物として存在する理由である．

1,2-ジクロロエタンなどが（ごく短い時間スケールで考えると）アンチ，ゴーシュなどの形をとっていることを明らかにするのに大きな貢献をしたのは水島三一郎（1899—1983）とその協力者たちであった．立体配座間の相互変換は非常に速いので，短時間で"分子の形を識別する手段"を用いるか，低温にして分子の動きを止めるかして調べなければならない．ジクロロエタンは冷して固体にするとアンチ形に固定される．常温の液体状態では分子が変化するより速い観測手段があるとよい．この目的には分子と電磁波との相互作用で電磁波に変化がおこることを利用する．この変化を解析することで分子の形を推定する．分子と電磁波の相互作用は一周期の間に行える．X線からラジオ波までの広い範囲のものが用いられるが，一番周期の長いラジオ波でも周期は$10^{-6}$ sで，分子がこの時間じっとしていればその姿が忠実に変化に表れる．これらの方法を駆使することによって水島らは「分子内部回転」について世界をリードする研究をなし遂げた．

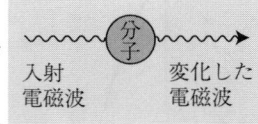

分子と電磁波の相互作用は現在分子構造の決定法として盛んに使われている．

## 2.6　不斉炭素2個以上を持つ化合物の立体配置

実質的にC—C軸についての回転は自由である．このことを考慮した上で不斉炭素2個を持つ分子の立体異性について考えよう．C—Cについて回転が自由であると考えたときの分子の立体構造を**立体配置**（configuration）という．

CXYZ—CPQRの構造を持つ非対称の場合からはじめよう．不斉炭素1個について1対の異性体があるので，2個不斉炭素がある場合$2^2=4$個の立体異性体がある．フィッシャーの規約に従って，2個の正四面体を図のように配置したものを投影して，立体異性体を表すとつぎのようになる（図2.13）．

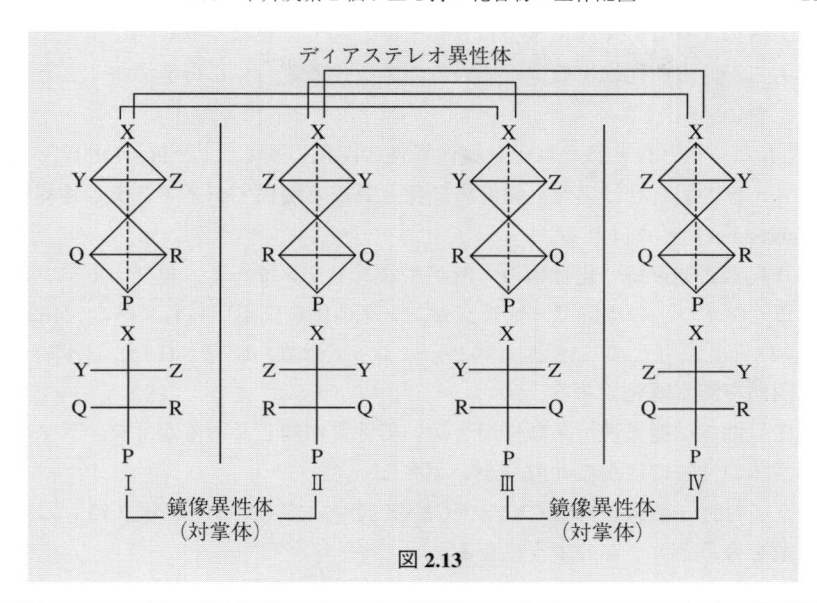

## 2.6 不斉炭素2個以上を持つ化合物の立体配置

図2.13

ディアステレオ異性体 / 鏡像異性体（対掌体）

|  | 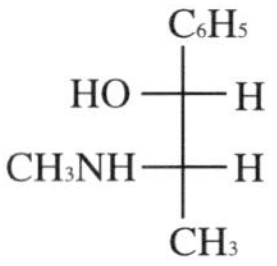 C₆H₅<br>HO—H<br>CH₃NH—H<br>CH₃<br>(−)-エフェドリン† | 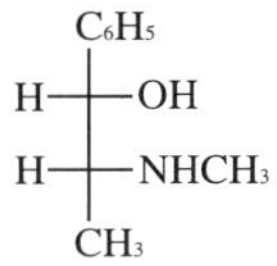 C₆H₅<br>H—OH<br>H—NHCH₃<br>CH₃<br>(＋)-エフェドリン | 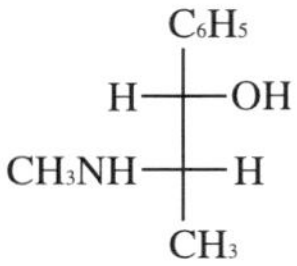 C₆H₅<br>H—OH<br>CH₃NH—H<br>CH₃<br>(＋)-プソイドエフェドリン | 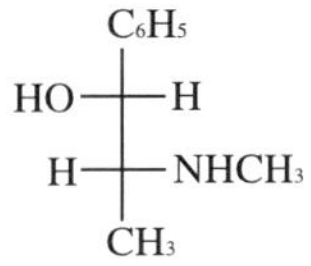 C₆H₅<br>HO—H<br>H—NHCH₃<br>CH₃<br>(−)-プソイドエフェドリン |
|---|---|---|---|---|
|  | 塩酸塩の性質 | | | |
| 融点 /℃ | 217 — 218 | 216 — 217 | 181 — 182 | 181 — 182 |
| $[\alpha]_D^{20}$ | −34° | ＋34° | ＋62° | −62° |
| 溶解性 | 水, アルコールに可溶<br>クロロホルムに難溶 | 水, アルコールに可溶<br>クロロホルムに難溶 | クロロホルムに可溶 | クロロホルムに可溶 |
| 薬理作用 | 交感神経に働くゼンソクの治療瞳孔の拡張作用 | 自身薬理作用がないだけでなく(−)-エフェドリンの作用を弱める | | |

† (＋), (−) は右旋性, 左旋性を示す.

図2.13のような分子の置き方は立体配座としては重なり形なので実在しない形であるが，自由回転を仮定しているので，代表としてこの形で書くことは差し支えない．

ⅠとⅡと，ⅢとⅣとはそれぞれ鏡像異性の関係にある．ⅠとⅢ，ⅠとⅣ，ⅡとⅢ，ⅡとⅣの組合せは実像，鏡像の関係と異なる関係で**ディアステレオ異性体**（diastereomer）とよばれる．

不斉炭素2個を持つ化合物の一例がエフェドリンである．エフェドリンは漢薬麻黄（マオウ）の成分で，気管支ゼンソクの治療に用いられてきた．1885年（明治18年）長井長義（1845—1929）によって単離，研究された．日本の化学の黎明期を飾る研究である．

鏡像異性体は旋光性，薬理作用を除いて性質が同じであるが，ディアステレオ異性体の性質にはかなりのちがいがある．

つぎに対称な構造を持つCXYZ—CXYZについて考えよう．図2.13にならって構造を書くとⅤ～Ⅷのようになる．

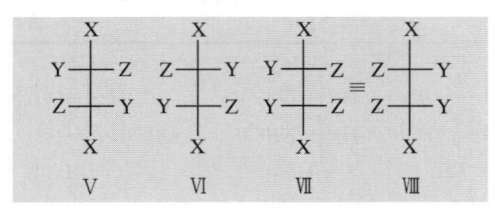

$$\begin{array}{cccc} X & X & X & X \\ Y\!-\!Z & Z\!-\!Y & Y\!-\!Z \equiv Z\!-\!Y \\ Z\!-\!Y & Y\!-\!Z & Y\!-\!Z & Z\!-\!Y \\ X & X & X & X \\ Ⅴ & Ⅵ & Ⅶ & Ⅷ \end{array}$$

ところが，この場合には，ⅦとⅧとは同じ構造になってしまっている．分子の上半分と下半分が同じなので，この場合構造が同じかどうか確かめるためには，上下をさかさまにして，同じ立体配置にならないかどうかを確かめなければな

| | COOH<br>HO—H<br>H—OH<br>COOH<br>(−)-酒石酸 | COOH<br>H—OH<br>HO—H<br>COOH<br>(+)-酒石酸 | COOH   COOH<br>H—OH  HO—H<br>H—OH  HO—H ≡<br>COOH   COOH<br>メソ形 | (−)-酒石酸<br>(+)-酒石酸<br>の1：1混合物<br>ラセミ形 |
|---|---|---|---|---|
| 融点/℃ | 170 | 170 | 140 | 217—218 |
| 100 gの水に溶ける量(20℃) | 139 g | 139 g | 125 g | 20.6 g |
| $[\alpha]_D^{25}$ | −12° | +12° | 0° | 0° |

らない．（13頁で述べたように投影式はさかさまにしても同じ立体配置を表すので検証はむずかしくない．）この操作を適用するとⅦとⅧとは同じ立体配置しか示していないことがわかる．これに対してⅤとⅥはどのような見方をしても重ね合わすことができない．したがって，CXYZ―CXYZ形の分子には3種の立体異性体があり，1対の鏡像異性体とⅦ（あるいはⅧ）のように対応する鏡像異性体のない，したがって旋光性のない1個の立体異性体――**メソ形**（meso form）――が存在することになる．

パストゥールによって研究された酒石酸がこの場合にあたる[†]．立体構造と性質は表のようになるが，メソ形には予想通り旋光性がない．

## 2.7 幾何異性

CとCとを結ぶ結合の回転が何らかの理由で妨げられると鏡像異性と異なったタイプの立体異性が生ずる．$\diagup\mathrm{C}{=}\mathrm{C}\diagdown$ は $-\mathrm{C}-\mathrm{C}-$ と異なり，固定された平面構造を持っている．回転が自由でないのでCXY=CXYにはXが同じ側にある**シス**（*cis*），Xが反対側にある**トランス**（*trans*）の異性体が存在する．

|  シス形  |  トランス形  |
|---|---|
|  X,Y / C=C / X,Y  |  X,Y / C=C / Y,X  |

つぎのマイレン酸，フマル酸はその一例である．

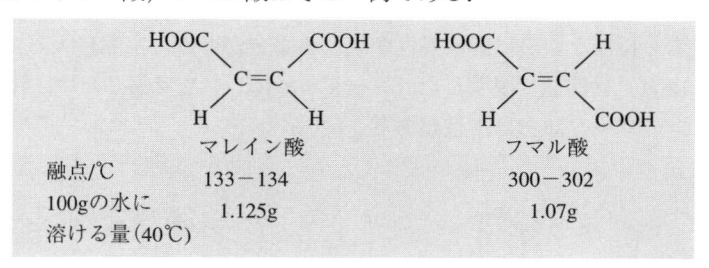

|  | マレイン酸 | フマル酸 |
|---|---|---|
| 融点/℃ | 133－134 | 300－302 |
| 100gの水に溶ける量(40℃) | 1.125g | 1.07g |

---

[†] 酒石酸の立体配置のD, L表示は混乱している．グリセルアルデヒドの系統から，(－)-酒石酸はL系列としなければならない．しかし，歴史的にはフィッシャーが(－)-酒石酸をD系列としたためD(－)酒石酸の名が与えられてきた．そこで，本書では酒石酸についてD, L表現を避けた．(2*S*, 3*S*)(－)-2,3-ジヒドロキシブタン二酸とすれば誤解の余地がない．

このような異性を**幾何異性**（geometrical isomerism）という．幾何異性体は鏡像異性体と異なり，はっきりした構造のちがいがあり，物理的性質，化学的性質もかなり異なる．マイレン酸が加熱によって容易に水を失い閉環することはシスの構造の証拠である．

天然ゴムはつぎの構造を持っている．二重結合は（鎖に関してみると）すべてシスの構造であり，この構造はゴムの弾性と関連している．

鏡像異性の $R$, $S$ と同様に，幾何異性の立体配置は $Z$, $E$ で表す．二重結合を作っている C につく二つずつの基を順位規則によって優劣をつけ，上位どうしが同じ側にあるのを $Z$, 反対の側にあるのを $E$ とする．シス形であるマレイン酸は $Z$, トランス形であるフマル酸は $E$ の立体配置である．

## 2.8 不斉炭素によらない鏡像異性

不斉炭素を持たないのに鏡像異性が現れる場合がある．本論に入る前に，立体配座（18頁）に関して説明した，ゴーシュ形について考察したい．1,2-ジクロロエタンのゴーシュ形は2種類ある．

よく見ると，この二つは右手，左手の関係にあって，どのように移動させても

## 2.8 不斉炭素によらない鏡像異性

重ならない．（試みに，右側の構造の前後をひっくり返しても元の構造と同じで，鏡像の相手とは重ならない．）しかし，1,2-ジクロロエタンには鏡像異性体が分離できない．これは，C—C 結合のまわりで，二つの—CH$_2$Cl 基が回転して，二つのゴーシュ形が相互に変換してしまうためである．

それでは，この回転が何らかの理由で制限されたらどうであろうか．それに似た（まったく同じではないが）単結合のまわりでの自由回転ができなくなった状況で生まれる鏡像異性の現象が，アトロープ異性（軸不斉）とよばれている．代表例は，フェニル基が二つ連結したビフェニルである．

ビフェニルの o-位に比較的大きな NO$_2$ と COOH とがついた化合物を考えよう．大きな NO$_2$，COOH がぶつかり合いを避けるため，二つのベンゼン環は直角の方向を向く．この環についている，NO$_2$，COOH の方向をニューマン投影と類似の方法（直線はベンゼン環の平面をそれについた基の結合方向を示す．）で表すと，(5) と (6) になる．o-位についた大きな基のため，ベンゼン環を結ぶ単結合を軸とする回転ができず (5) は (6) に変わることができない．さて，構造がこのように固定されてしまうと，(5) と (6) はどのように位置を変えても重ね合わすことができない．(6) の前後をひっくり返した構造 (6′) は (6) と同じで (5) とは重ならない．

二重結合が二つ連続してある $\overset{H}{\underset{Cl}{\diagdown}}C=C=C\overset{H}{\underset{Cl}{\diagup}}$ も不斉炭素がないのに鏡像異

性がある．4.5節（44頁）で述べるように，両端の $\mathrm{C}$—平面は互いに直交していて固定されている．

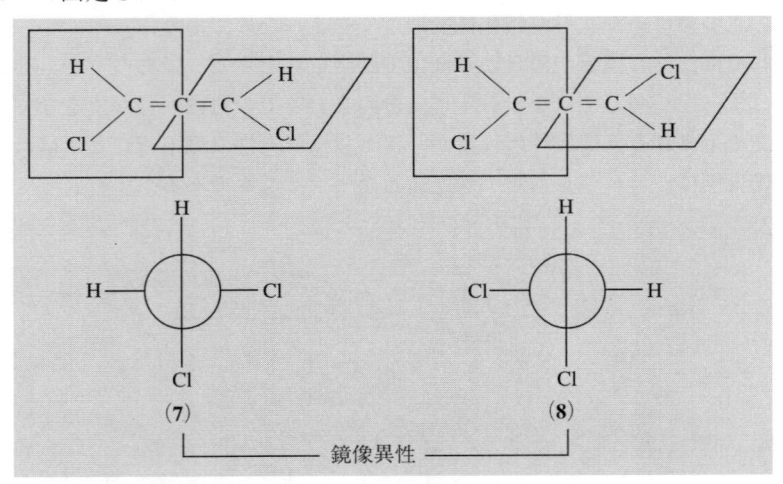

(7)と(8)とが鏡像異性になっていることは明らかであろう．

## 演習問題

**1** つぎのことがらについて簡単に説明せよ．
    鏡像異性，キラル，不斉炭素，立体配置，立体配座，ラセミ体，ディアステレオ異性体，シス形，トランス形，幾何異性，重なり形，ゴーシュ形，アンチ形

**2** 鏡像異性の生命現象における意義を説明せよ．

**3** Br—C(H)(Cl)—I と同じ立体配置を表す投影式のうち，Iが頂点にあるものをすべて示せ．また対掌体の投影式をすべて示せ．

**4** 下図と同じ立体配置を表す投影式をすべて示せ．

**5** つぎの立体配置は $R$ か $S$ か．
    a) Br—C(F)(Cl)—I  b) H—C(CH₃)(NH₂)—COOH  c) H—C(CH₃)(COCH₃)—CONH₂

**6** つぎの化合物に可能なすべての立体異性体を投影式で示せ．このうち鏡像異性の関係にあるものを指示せよ．

    a)   $CH_2ClCHBrCH_2Cl$    b)   $CH_3CH(OH)CH_2CHFCOOH$

    c)   $CH_3CH(OH)CH_2CH(OH)CH_3$    d)   $CH_3CH=CHCHBrCOOH$

**7** メソ形の $CHClI$—$CHClI$ について 17 頁の図 2.12 のような C—C 軸に関する回転角と内部エネルギーの関係を示す略図を描け．（エネルギー値は相対的なものでよい．）

**8** メタンの構造として C を頂点に正方形に配置された 4 個の H を底面とする四角錐も考えられた．この形を仮定したとき $CHClBrI$ にはどのような異性体が考えられるか．また $CH_2ClBr$ ではどうか．

# 3 有機化合物の構造 II

 鎖式化合物の立体構造を扱った前章をうけて，本章では主として環式化合物の立体構造を学ぶ．環を作ることによって分子の形は固定化を受ける．物質の生理作用は分子の特定な立体構造に基づいて発現されることが多く，環式化合物で生命維持のために重要な役割を果たしているものが多数知られている．

## 3.1 環式化合物の立体化学

 分子が環を作ると，分子の取り得る立体配座は著しく制限され，立体配座の固定がおこる．三員環から六員環までの立体配座，立体配置について学ぼう．

 **三員環** まったく身動きのできない形である．環の骨組の作る角は 60°で，もっとも自然な C の原子価角 109.5°に比べ著しく小さく，環に歪がかかっている．

 **四員環** ほとんど固定化されている．図 3.1 に示すようにわずかに折れ曲った二つの立体配置の間で素早く変化している．

 **五員環** 正五角形の内角は 108°で C の原子価角とほぼ等しい．したがって

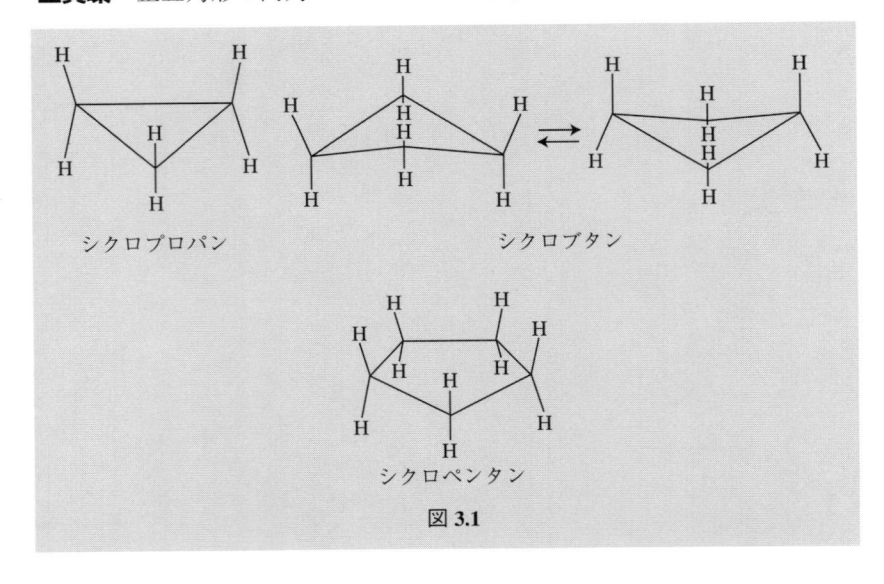

シクロプロパン　　　　　　　シクロブタン

シクロペンタン

図 3.1

3.1 環式化合物の立体化学　　**27**

五員環は事実上ほとんど歪のない正五角形で，各炭素原子から斜め上下に2本の結合が出ている．

**六員環**　正六角形の内角120°は炭素の原子価角109.5°より大きく無理に平面形をとると，三員環の場合とは逆の意味で歪がかかる．歪を防ぐには折れ曲った形をとる．原子価角に歪のない形として，**イス形**（chair form），**舟形**（boat form）がある[†]．このうち舟形では $C_2$—$C_3$，$C_5$—$C_6$ 軸について見ると重なり形の立体配置をとっており，また，$H_1$ と $H_4$ の距離が近く反発力が働いて，不安定な形である．これに反し，イス形は環のどのC—Cの結合について考えても

図 3.2

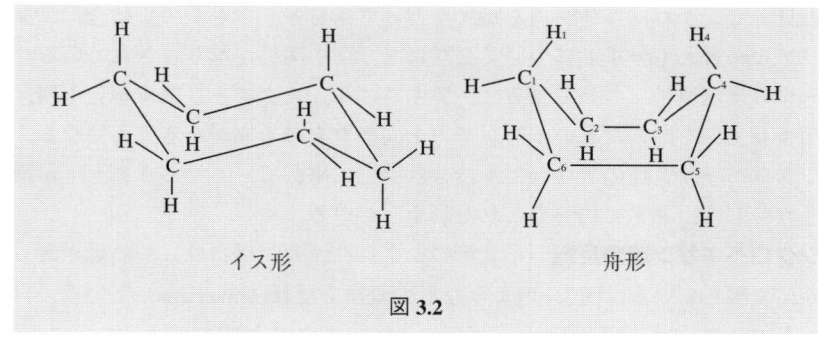

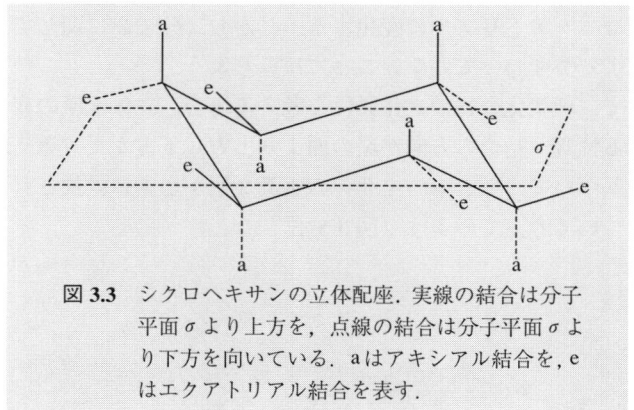

図 3.3　シクロヘキサンの立体配座．実線の結合は分子平面 $\sigma$ より上方を，点線の結合は分子平面 $\sigma$ より下方を向いている．aはアキシアル結合を，eはエクアトリアル結合を表す．

---

[†] 環状化合物の立体構造を学ぶには分子模型が必要である．市販では丸善発売のHGS分子構造模型が手軽である．分子模型を手製する場合は中崎昌雄，"立体構造"（培風館）9頁が参考になる．

最近では，コンピュータグラフィックスを使って分子の立体構造をいろいろな方向から見ることができる．

ゴーシュ形の配座であり，$H_1$，$H_4$ の反発もなく安定な形である．種々の実験的事実はイス形の構造を支持している．

六員環炭化水素，シクロヘキサンの形を図 3.3 についてもう少しくわしく観察しよう．C—H 結合はその方向によって**アキシアル**（axial，シクロヘキサン環の平均的分子面 $\sigma$ に垂直な結合）と**エクアトリアル**（equatorial，分子面 $\sigma$ にほぼ平行な方向の結合）に分類される．

C—H 結合についてはもう一つの見方がある．それは分子面 $\sigma$ の方向より上方に向いているものと，下方を向いているものに分類する見方である．この二つの見方でシクロヘキサン環を順にたどってみると，アキシアル結合，エクアトリアル結合とも分子面について交互に上，下の関係が繰り返されている．また一つの炭素原子について見ると，アキシアル，エクアトリアルが各 1 個，分子面より上方を向いたもの 1 個，下方を向いたもの 1 個があることになる．

シクロヘキサン環のアキシアル結合は完全に平行で，一つおきに上下が繰り返されており，非常に均整のとれた形をしている．

**シクロヘキサン環の反転**　イス形のシクロヘキサン環には二つの形があって，相互に変換している．図 3.4 のような形の変換を**反転**（inversion）という．目印にした Cl, Br の位置を見ると，反転によってエクアトリアルはアキシアルに，アキシアルはエクアトリアルに変化する．しかし，分子面に関して，上下の関係は反転によって変わっていないことに注意しよう．

したがって，環状化合物の立体異性を考える場合，立体配座の変化によっても保存される性質，結合の方向が環の面より上方，下方かだけ考えればよい．この考えに基づいて，シクロヘキサンの水素 2 個が塩素に置換された化合物の立体異性について考えてみよう（図 3.5）．

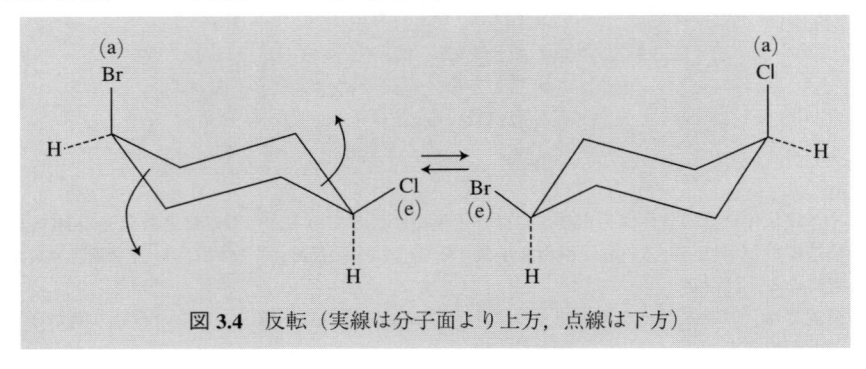

図 3.4　反転（実線は分子面より上方，点線は下方）

(i) 2個のClが同じCについた場合．立体異性体はない．

(ii) 2個のClが隣りどうしのCについた場合．立体配置のレベルで考える場合には，環を平面とし，上下に出た結合にClをおいて考えればよい．この場合，1対の対掌体（**4**）と（**5**），メソ形の（**2**）の三つの立体異性体が存在する．（**4**）と（**5**）とは実像と鏡像の関係にあり，どのような置き方をしても一致しない．（**2**）の鏡像（**3**）は（**2**）と同じものであることは容易にわかる．

(iii) 2個のClがC1個をへだてて存在する場合．(ii) と同様に1対の対掌体と1個のメソ形の計三つの立体異性体がある．（読者は自ら確かめること．）

(iv) 2個のClがC2個をへだてて存在する場合．この場合は立体異性体は2個だけになる．(ii)，(iii) の場合，対掌体になった（**12**）と（**13**）はこの場合一致してしまっている．

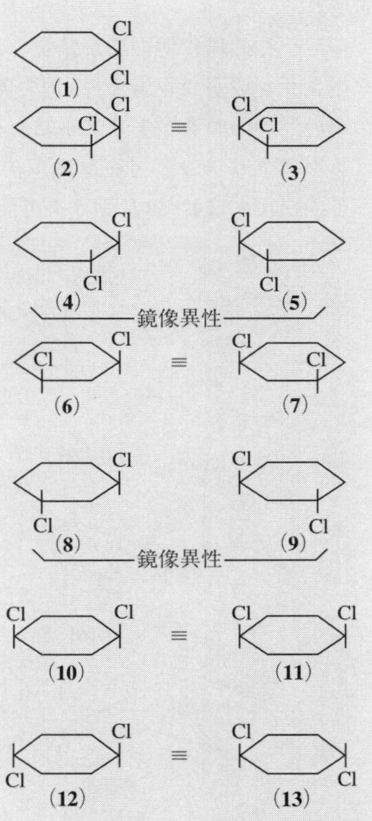

六員環についてくわしく述べたが，三，四，五員環について同様の考え方が成り立つことは明らかだろう．またさらに大きい環についても，立体配置については六員環と同じことが成り立つ．

図 3.5

## 3.2 立体配座の固定

前節に述べたように，シクロヘキサン環は二つのイス形立体配座の間で，反転によって相互変換している．しかし，立体配座間の相互変換はつぎのような場合に制限される．

(i) —$C(CH_3)_3$（$t$-ブチル基）のような大きな基は立体的にぶつかり合いの少ないエクアトリアルにしか入れない．したがって反転ができず，一つの形に固

(ii) 一つの環に他の環が結合した場合．シクロヘキサン環にもう1個のシクロヘキサン環がつく場合，2個の環のつき方には二つの仕方がある．(**14**)はおのおの二つのエクアトリアル結合を使って環が合体している．このうち(**15**)はエクアトリアルとアキシアル結合の組合せで環が合体している．(**15**)は反転可能だが，(**14**)は身動き不可能な形である．

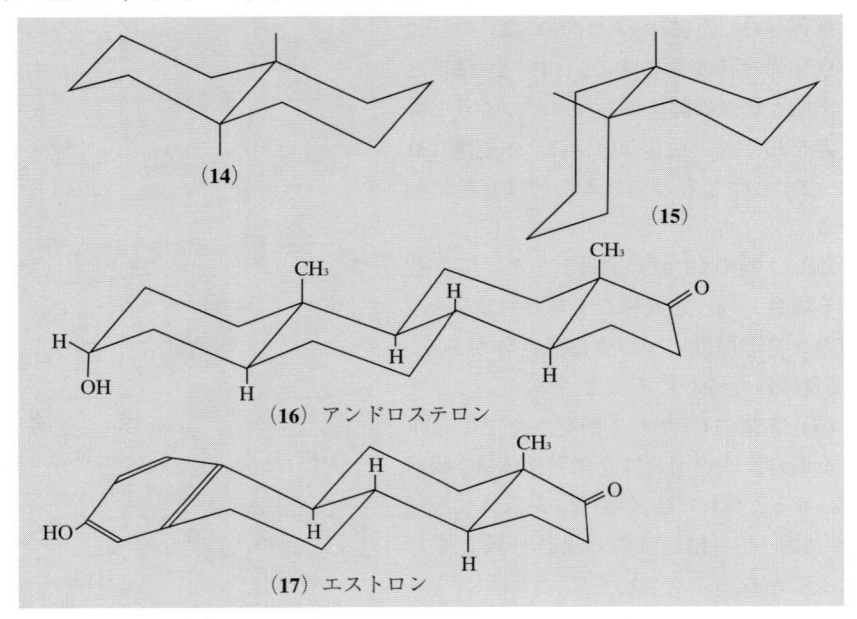

(14)

(15)

(16) アンドロステロン

(17) エストロン

性ホルモンはこのような固体化された環構造を持っている．たとえば男性ホルモンのアンドロステロンは(**16**)のような形をしている．生理作用を営むためには酵素の特定の場所に結合し，特定の形をとらさなければならない．このためには立体構造がきちっときまった(**16**)のような分子が適当なのであろう．男性ホルモンと逆の作用を営む女性ホルモンの一つエストロンは環の一つがベンゼン環になったもので，そのことを除けば構造はアンドロステロンと似ている．ほんのちょっとした構造のちがいによって生命にまったく反対の作用を与えている．精妙な生命の営みは分子の立体構造によって営まれていることをここにも見ることができる．

## 3.3 エミール・フィッシャーによる D-グルコースの立体配置の決定——古典有機化学の方法

　化学者は直接見ることのできない分子の構造を実験事実を基にした推理によって「見て来たように」描写する．現代の科学者は物理的手段（X 線回析，赤外線吸収，核磁気共鳴吸収など）を縦横に駆使して，比較的少量（数 mg）の試料で構造を決定するようになったが，19 世紀末から 20 世紀初頭の有機化学の渤興期の化学者の苦心は並大抵ではなかった．そのような時代になされた記念碑的な成果の一つであるエミール・フィッシャーの D-グルコースの立体配置の決定の経過をたどってみよう．ここで用いられるのは　(i)　反応による分子の部分的変換，(ii)　生成物の分離と同定——融点をその他 2，3 の性質を使って，どの化合物とどの化合物が同じものかを決める．——(iii)　旋光性の有無．だけである．フィッシャーはすぐれた実験技術と，何にもまして天才的な論理の構成力と，たゆまぬ努力によってこの困難な研究をなし遂げた．

　この研究が完成したのは 1891 年であるが，ケクレの原子価論が 1858 年，ファン・ホッフの炭素正四面体説が 1874 年であることを考えると，まだ夜明けの有機化学の世界で敢然と複雑極まりない自然に立ち向うフィッシャーの姿が浮ぶ．糖の研究のあと彼はタンパク質の研究でも大きな業績を挙げたが，化学の進歩の状況に応じた，容易に解決できるテーマではなく，自然の複雑さ，神秘さに直接せまる研究を行うのがフィッシャーの信念であったという．フィッシャーの天才と気迫に深く感動させられる[†]．

　D-グルコース（ブドウ糖）はアルドヘキソース（6 個の炭素を持った糖で末端の一つが CHO）で，4 個の不斉炭素（C* で示す）を持つので $2^4 = 16$ の立体異性体を持つ．そのいずれが D-グルコースの立体配置かをきめるのが目標である．

　D-グルコースを酸化して，D-グルカル酸に変えると対称的構造になるため，酒石酸で見たようにメソ形を生じ，立体配置の可能性はつぎの 10 個に減ってしま

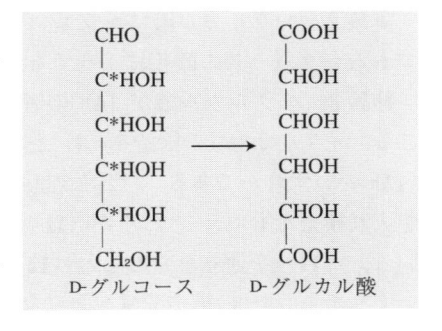

```
CHO              COOH
 |                |
C*HOH            CHOH
 |                |
C*HOH    →       CHOH
 |                |
C*HOH            CHOH
 |                |
C*HOH            CHOH
 |                |
CH₂OH            COOH
D-グルコース      D-グルカル酸
```

---
[†] エミール・フィッシャーの生涯については，桑田智訳"エミールフィッシャー自伝"（広川書店）にくわしい．

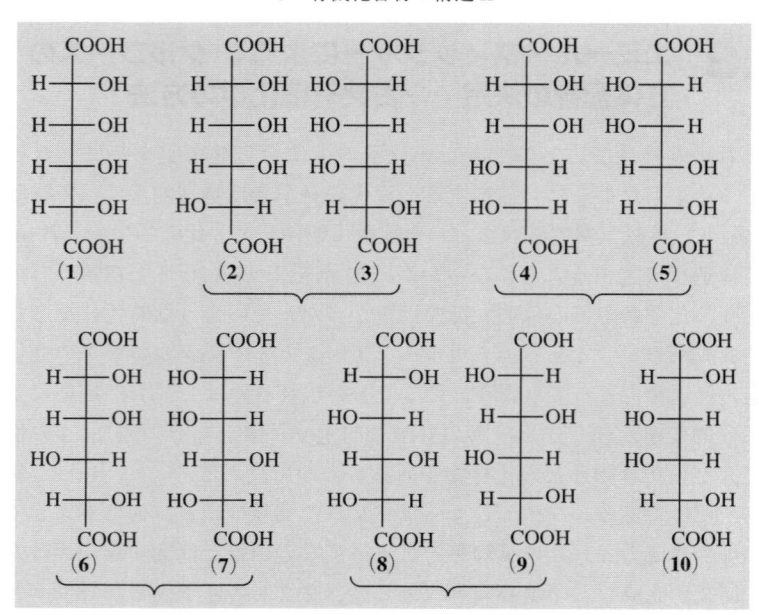

```
     COOH         COOH         COOH         COOH         COOH
  H──┼──OH     H──┼──OH    HO──┼──H     H──┼──OH    HO──┼──H
  H──┼──OH     H──┼──OH     H──┼──OH    H──┼──OH     H──┼──OH
  H──┼──OH     H──┼──OH     H──┼──OH   HO──┼──H      H──┼──OH
  H──┼──OH    HO──┼──H     H──┼──OH     H──┼──OH   HO──┼──H
     COOH         COOH         COOH         COOH         COOH
      (1)          (2)          (3)          (4)          (5)
                   ⌣────────────⌣           ⌣────────────⌣

     COOH         COOH         COOH         COOH         COOH
  H──┼──OH    HO──┼──H     H──┼──OH    HO──┼──H     H──┼──OH
  H──┼──OH    HO──┼──H     H──┼──OH    H──┼──OH    HO──┼──H
 HO──┼──H     HO──┼──H    HO──┼──H     H──┼──OH    HO──┼──H
  H──┼──OH    HO──┼──H    HO──┼──H     H──┼──OH     H──┼──OH
     COOH         COOH         COOH         COOH         COOH
      (6)          (7)          (8)          (9)          (10)
      ⌣────────────⌣           ⌣────────────⌣
```

う．D-グルカル酸の構造を決め，その後D-グルコースに戻る方針をとる．

つぎの実験事実からD-グルカル酸の構造として不適当なものを消去していく．

**実験1** D-グルカル酸には旋光性がある．

**結論1** (1)，(10)はメソ形の構造（鏡像と実像が一致する）なので，D-グルカル酸の構造から除外される．

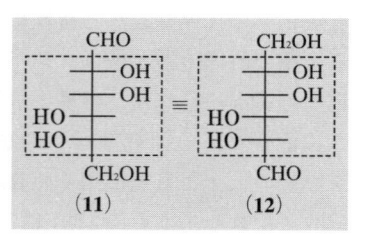

```
   CHO              CH₂OH
  ┌───┐            ┌───┐
  │─OH│            │─OH│
  │─OH│     ≡      │─OH│
  │HO─│            │HO─│
  │HO─│            │HO─│
  └───┘            └───┘
  CH₂OH             CHO
   (11)             (12)
```

**実験2** D-グルカル酸はD-グルコースの他に，もう一つのアルドヘキソースであるL-グロースの酸化によっても生成する．

**結論2** D-グルカル酸が(4)の構造であったとするとつぎのような矛盾がおこる．D-グルカル酸の構造を(4)とすると，酸化を受ける前の糖の構造は(11)，(12)のいずれかである．（点線で囲った部分は同じ構造，上下のCHOと$CH_2OH$を入れ換えたもの．）ところが(11)と(12)はまったく同じ立体配置を示している．((11)を逆立ちさせると(12)に一致することからわかる．）

すなわち(4)の構造ではもとになる糖はただ1種類のはずで，D-グルカル酸が2個のアルドヘキソースから生じる実験事実に反してしまう．(4)の鏡像異

3.3 エミール・フィッシャーによる D-グルコースの立体配置の決定　　**33**

性体の（**5**），さらに（**8**）および（**9**）も同様の理由で不適格になる．（読者か各自確かめること．）

**実験 3**　アルドヘキソースにフェニルヒドラジン（$C_6H_5NHNH_2$）を作用させると CHO とその隣が変化する．この際 CHO の立体配置が異なるものから同じものができる．

$$
\begin{array}{c}
\text{CHO} \\
| \\
\text{H}-\text{C}-\text{OH} \\
|
\end{array}
\xrightarrow{C_6H_5NHNH_2}
\begin{array}{c}
\text{CH}=\text{NNHC}_6H_5 \\
| \\
\text{C}=\text{NNHC}_6H_5 \\
|
\end{array}
\xleftarrow{C_6H_5NHNH_2}
\begin{array}{c}
\text{CHO} \\
| \\
\text{HO}-\text{C}-\text{H} \\
|
\end{array}
$$

フェニルヒドラジンとの反応をすべてのアルドヘキソースに適用して，生成物を同定していけば CHO の隣の立体配置だけが異なるものを探し出すことができる．このようにして D-グルコースと CHO の隣の立体配置だけが異なる立体異性体を探したところ D-マンノースがそれにあたっていた．

D-マンノースを酸化してできるジカルボン酸（（**1**）〜（**10**）のいずれかにあたる）は旋光性を持っていた．

**結論 3**　D-グルカル酸が（**2**）の構造だとすると，D-グルコースは（**13**）あるいは（**14**）の構造，したがって D-マンノースは（**15**）あるいは（**16**）の構造があてられる．

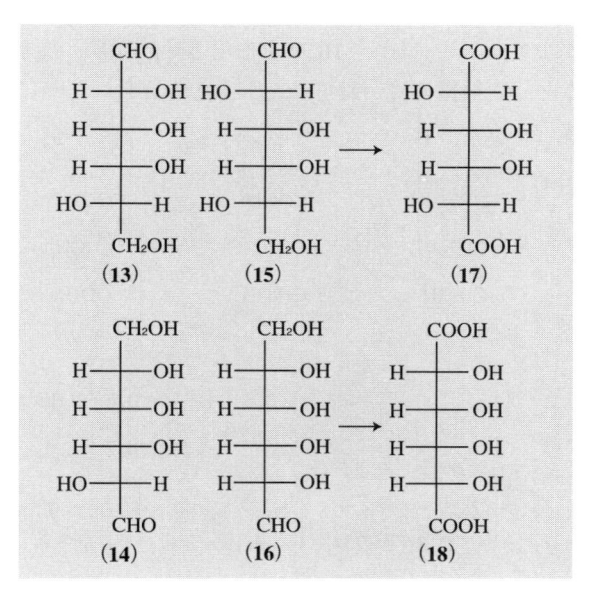

```
       CHO              CHO              COOH
  H ──┼── OH     HO ──┼── H       HO ──┼── H
  H ──┼── OH      H ──┼── OH      H ──┼── OH
  H ──┼── OH      H ──┼── OH      H ──┼── OH
 HO ──┼── H      HO ──┼── H      HO ──┼── H
      CH₂OH           CH₂OH            COOH
      (13)            (15)             (17)

      CH₂OH           CH₂OH            COOH
  H ──┼── OH      H ──┼── OH      H ──┼── OH
  H ──┼── OH      H ──┼── OH      H ──┼── OH
  H ──┼── OH      H ──┼── OH      H ──┼── OH
 HO ──┼── H       H ──┼── OH      H ──┼── OH
      CHO             CHO              COOH
      (14)            (16)             (18)
```

ところが，(**15**)，(**16**) のいずれであっても酸化するメソ形の (**17**)，(**18**) を生ずるはずで，これはD-マンノースについて行われた実験事実に反する．すなわち，(**15**)，(**16**) はいずれもD-マンノースの構造として不適当．したがって，(**13**)，(**14**) はD-グルコースの構造として，(**2**) はD-グルカル酸の構造として不適当なことが結論される．同様の論理は (**2**) の対掌体である (**3**) についても成り立つ．

以上消去法によってD-グルカル酸の立体配置として (**6**) と (**7**) だけが残される．(**6**)，(**7**) は対掌体であるが，フィッシャーのころは対掌体の立体配置を確定する方法がなかった．そこでフィッシャーはD-グルカル酸に仮に (**7**) 式を与えた．さらにD-グルカル酸の構造の一部を立体配置に変化がないように変形し，種々の化合物を導き，立体配置の系統を作った．このような体系は真の立体配置が決定されるとき，まったく逆に修正されねばならないおそれもあった．（そのような場合でも，体系ができていれば，まったく機械的に逆の立体配置を与えれば済んでしまう．）しかし，1951 年，異常分散を用いた X 線回析（バイフート（Bijvoet）† （オランダ）ら）の研究によって，フィッシャーの選択は「正しかった」ことが証明された．

D-グルカル酸の立体配置が (**7**) だとすると，D-グルコースの立体配置は (**19**)，(**20**) のいずれかになる．これを決定するのに，つぎの実験を行った．

**実験 4**　D-グルコースに，(i)　HCN を作用させ，(ii)　加水分解し，(iii)　酸化すると，二種類の酸が得られたが，そのうちの一つには旋光性があり，他には旋光性がなかった．

---

† 　J.M.Bijvoet（オランダ語ではバイフートという風に発音するという）はオランダ ユトレヒト大学のファント・ホッフ研究所の教授であり 1951 年はファント・ホッフの正四面体説の提案の 77 年目，ファント・ホッフの生誕 99 年目にあたっていた．

## 3.3 エミール・フィッシャーによるD-グルコースの立体配置の決定

**結論4** (i)—(iii)の変換は，CHOのところが不斉炭素C*に変化し，2種類の立体配置の酸ができる．D-グルカル酸は(**7**)の構造を持つので，D-グルコースは(**19**)あるいは(**20**)の構造でなければならない．(**19**)，(**20**)に上記の変換を適用すると

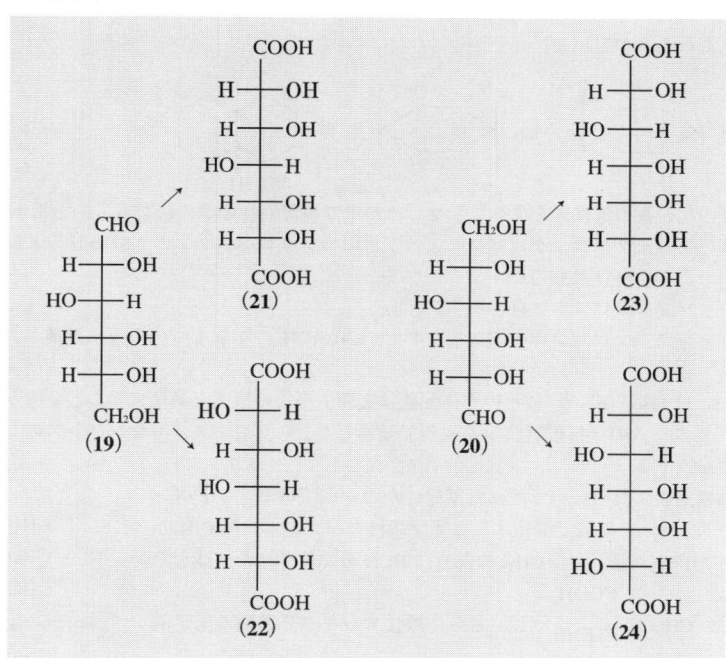

```
          COOH                    COOH
       H──OH                   H──OH
       H──OH                  HO──H
      HO──H                    H──OH
       H──OH                   H──OH
       H──OH                   H──OH
   ↗  COOH                ↗    COOH
  CHO   (21)           CH₂OH    (23)
 H──OH                 H──OH
HO──H                 HO──H
 H──OH                 H──OH
 H──OH                 H──OH
CH₂OH  ↘ COOH         CHO   ↘  COOH
 (19)  HO──H          (20)   H──OH
        H──OH               HO──H
       HO──H                 H──OH
        H──OH                H──OH
        H──OH               HO──H
        COOH                 COOH
        (22)                 (24)
```

(**21**)—(**24**)のうち，(**21**)だけが旋光性を持たない構造である．したがって，実験4の事実を満足するD-グルコースの構造は(**19**)でなければならない．

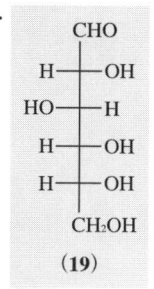

以上のような論理の組立てによって，D-グルコースは(**19**)の立体配置を持つことが結論される．ぎりぎりの論理を使っての研究はこの上なく美しい．D-グルコースの立体配置がきまると，構造決定の過程で現れたL-グロース，D-マンノースなどの立体配置がきめられる．

```
     CHO
  H──OH
 HO──H
  H──OH
  H──OH
   CH₂OH
   (19)
```

## 演習問題

**1** つぎのことがらについて簡単に説明せよ.
　　イス形と舟形，アキシアル結合，エクアトリアル結合，反転

**2** つぎの化合物の立体配座を図示せよ．いくつかの立体配座が可能なものはもっとも安定と思われるものを示せ．

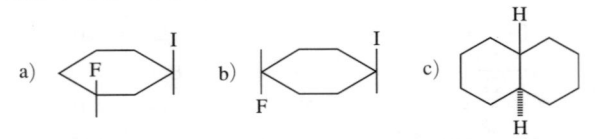

　　a) [図]　b) [図]　c) [図]

**3** つぎの化合物の異性体をすべて示せ．その中で鏡像異性の関係にあるものを指示せよ．
　　a) ブロモクロロシクロペンタン（五員環のシクロペンタンの 2 個の H が Cl と Br に置き換わったもの）
　　b) ブロモクロロシクロヘキサン
　　c) シクロプロパン環の H 2 個が F と —CHClCH$_3$ の 1 個ずつによって置換された化合物．

**4** 3.3 節 32 頁の (**6**) と (**7**) の立体配置は実験 1 — 3 の事実を満足することを確かめよ．

**5** D-グルコースの立体配置決定の過程で登場した，L-グロース，D-マンノースの立体配置を示せ．

**6** 立体構造の一部（……で囲んだ部分）がわかっているアルドペントース (A) を硝酸で酸化すると光学活性なジカルボン酸 $C_5H_8O_7$ (B) が得られる．A の CHO の部分に HCN を作用させた後加水分解し，CHO を $\begin{array}{c}\text{COOH}\\|\\\text{CHOH}\\|\end{array}$ とし，さらに酸化すると，2 種類の光学活性ジカルボン酸 $C_6H_{10}O_8$ が得られた．上の事実より A の立体配置を決定せよ．

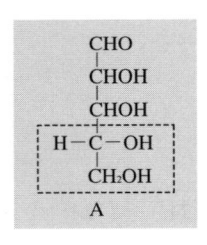

```
    CHO
    CHOH
    CHOH
  H-C-OH
    CH₂OH
      A
```

# 4 有機分子における結合

われわれが観測している物質のマクロな性質は,物質を構成する分子のミクロな構造によってきまる.基盤になる分子の性質として,
1) 分子の中の電子状態
2) 分子の立体構造

の二つがもっとも重要である.立体構造を扱った第2章,第3章にひきつづいて,第4—6章では分子の電子状態について学ぶ.

分子の持っている電子の中で,化合物の物理的,化学的性質を支配するのは電子——結合に与かっている電子と,非共有電子対(lone pair)——であり,
i) 電子の安定性.
ii) 電子の空間的分布.
iii) 結合の分極——共有結合を形成している電子が部分的に一方の原子に偏り,一つの原子が負に,他方が正に帯電すること——共有結合の部分的イオン性.

であり,これらについての理解が暗記ものでない有機化学の出発点となろう.

自然はできるだけエネルギー[†]の低い状態をとろうとし,変化がおこる場合にも,できるだけエネルギーが少なくて済むような経路をたどろうとする.したがって,どのような電子状態が安定かを知ると,物質の物理的性質,反応のおこりやすさ,さらに,考えられるいくつかの反応経路の中で,どれが選択的におこるかなどを理解することができる.

また,結合の分極はさまざまな分子内,分子間の相互作用の原因となり,大きな相互作用は反応につながるので,分極による分子内の電化分布を知ることによって,多くの物理的,化学的性質を説明し,理解することができる.

静電力の果す役割の大きさはつぎの例からも納得されよう.物体に働く力には万有引力と静電力とがあり,ともに $F=\alpha p_1 p_2/r^2$($r$ は物体間の距離,$\alpha$ は比例定数)の形をしている.しかし,二つの力が同時に働くときには,静電力の役割が圧倒的である.2個の電子に働く静電力は,万有引力の $10^{42}$ 倍(おおよそ宇宙の大きさと原子核の大きさの比)も異なる.電化の偏りが,分子の間に大きな相互作用を生じ,物理的,化学的性質の原因になることが理解される.

---

[†] 漠然とエネルギーという言葉を使ったが正確には自由エネルギーで論じなければいけない.定温定積変化ではヘルムホルツ(Helmholtz)エネルギー($A=U-TS$),定温定圧変化ではギブズ(Gibbs)エネルギー($G=H-TS$)が問題となる.ここで $U$ は内部エネルギー,$H$ はエンタルピー,$T$ は温度,$S$ はエントロピーである.

## 4.1 共有結合

NaClなど典型的な無機塩がNa$^+$，Cl$^-$のように正負イオンからできており，静電力による引き合いが結合の原因であるのに対し，有機分子中の各原子は共有結合によって結びつけられている．

**共有結合**（covalent bond）では結合する原子が1個ずつの電子を出し合い，対になって安定化した2個の電子を二つの原子が共有する．

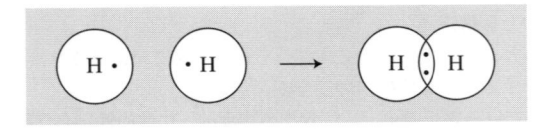

原子の中で電子は各原子に固有な軌道†を回っている．**共有結合**ができるということは，1個ずつの原子を含んだ軌道が重なり合い，重なり合いを通して電子が両原子上を交流し合うこととして理解される．

それゆえ，結合の性質を考える前に原子の電子軌道について復習しておく必要がある．

## 4.2 原子軌道（atomic orbital）

有機分子の大多数は周期表の第1，第2周期の原子で構成されているので，有機化学で問題になる原子軌道はsとp，それにsとpとの混成軌道である．重要な原子軌道を図4.1に示した．

量子力学によって明らかにされたところでは，電子は一定の軌道を恒常的に運行しているのではなく，広い範囲に分布している．しかし，分布は一様でなく，ある範囲に存在する確率が高い．われわれが直接目で見，手に触れることのできるニュートン（Newton）力学の世界と異なり，量子力学の支配するミクロの世界では，物の存在は確定的なものでなく，ある範囲の中での分布としてしかとらえられない．つまり，物の存在がぼやけてしまうのである．そこで，われわれは「モノが存在する場所」を知る代りに「モノの存在確率」を知ることで満足しなければならない．原子の中の電子の存在状態を表すのに図4.1のような表現を使うのはこのためである．電子の存在する確率の高い部分を雲のようにぼんやり表して，**電子雲**（electron cloud）ともよんでいる．

**s軌道**は原子核を中心に球対称に分布しており，方向性がない．**p軌道**の電子

---

† 化学結合，軌道の本質については量子力学の理解が必要であるが，詳細は本シリーズ細矢治夫，"量子化学"によられたい．本書では量子力学的考察の結果を直観的に用いる．

## 4.2 原子軌道

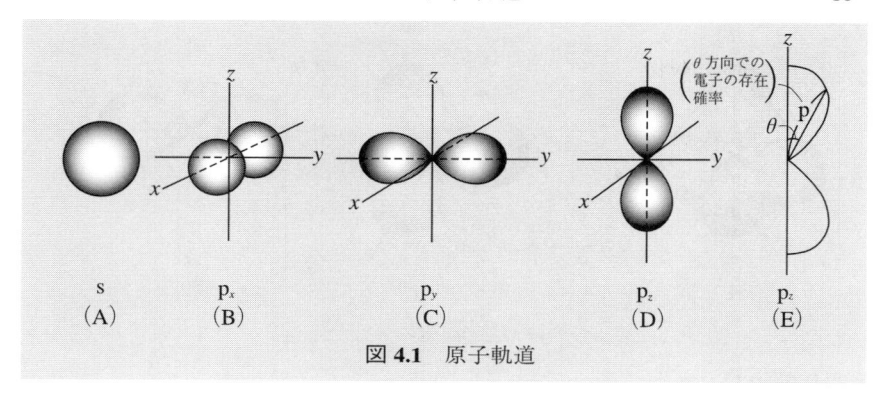

**図 4.1 原子軌道**
(A) s, (B) $p_x$, (C) $p_y$, (D) $p_z$, (E) $p_z$（θ方向での電子の存在確率）

分布は図 4.1 のような方向性を持っており，互いに直交した独立に三つの軌道 $p_x$, $p_y$, $p_z$ がある．

これら電子雲の表現は電子の分布を模式的に表したものである．$p_z$ 軌道について説明すると，図 4.1 の (D) は $p_z$ 軌道の角度分布を表すもので，(E) の p は z 軸と θ の角をなす方向での電子の存在確率（量子力学で求められる波動関数の 2 乗[†]）をとる．それゆえ，図 4.1 の軌道は厳密には電子の居場所を表しているものではないが，電子の存在確率がどの方向に高いかについて，直観的に教えてくれる．

**原子軌道の混成** 炭素原子のもっとも安定な電子配置は $(1s)^2(2s)^2(2p)^2$，すなわち，2s 軌道の電子は対を作っている．2p には 2 個の電子が入っており，三つの p 軌道のうち二つに 1 個ずつ電子が収容されている．対を作っていない電子は 2p 軌道の 2 個だけであるから，炭素は 2 価であることが予想される．しかし，現実には炭素は 4 価である．このことは 2s 電子の 1 個がエネルギーの高い 2p 軌道におし上げられ，4 個の不対電子を持っているとして説明される．2s から 2p への電子配置の変化には 402 kJ/mol のエネルギーが必要だが，2 価から 4 価になるため二つ余計に共有結合ができ安定化するので（たとえば，2 個の C—H 結合エネルギー 852 kJ/mol），差引き勘定は 4 価になった方が有利だからである．

ところで炭素の各不対電子は s, p の性格そのままで結合に関与するのではない．s と p の軌道は混り合って**混成軌道**（hybrid orbital）を作り，これが結合に関与する．1 個の s と 3 個の p とで s の性質を 1/4，p の性質を 3/4 持った $sp^3$ 混成軌道が 4 個できる．同様に，s と二つの p から三つの $sp^2$，s と p から二つの

---

[†] 2 乗でなく，波動関数そのものを目盛ることもある．その場合は軌道の形が少し変ってくる．

図 4.2　sp³　sp²　sp

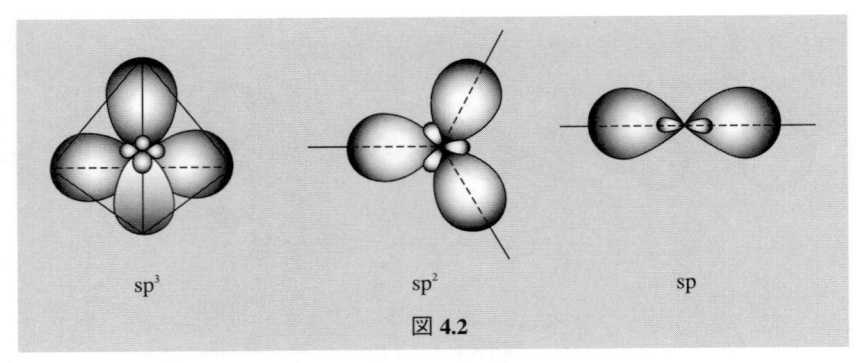

sp 混成軌道ができる．

　sp³ は正四面体の中心から四方の頂点の方向にひろがっている．sp² は正三角形の中心から頂点の方向にひろがっている．二つの sp は反対方向を向いている．sp 混成軌道の形を見ると混成の意味が直観的に納得される．s と $p_z$ の混り合い方は $s+p_z$, $s-p_z$ の 2 通りであるが，$s+p_z$ は上の部分が強め合い，下の部分は相殺される．s−p の混成では逆に強め合うのが下，相殺されるのが上の部分で，図 4.3 のようになり，二つの sp 軌道は反対方向を向くことになる．

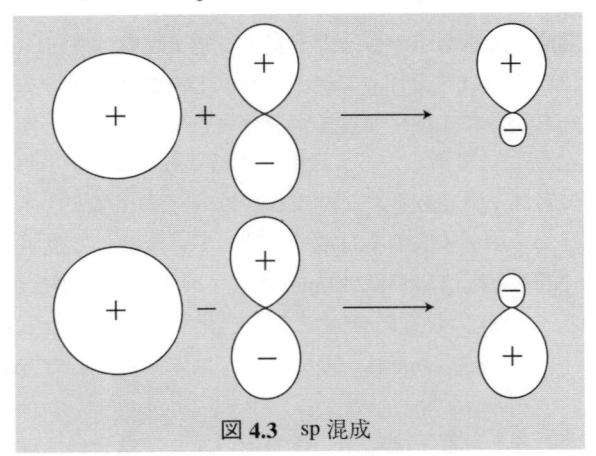

図 4.3　sp 混成

## 4.3　共有結合と軌道の重なり

　共有結合は電子 1 個ずつを持つ二つの軌道の重なりによって作られる．二つの原子軌道が近づき，重なりができると相互作用が生じ，二つの原子軌道から二つの原子を覆った 2 種の軌道（分子軌道）が生じる．そのうちの一つはもと

## 4.3 共有結合と軌道の重なり

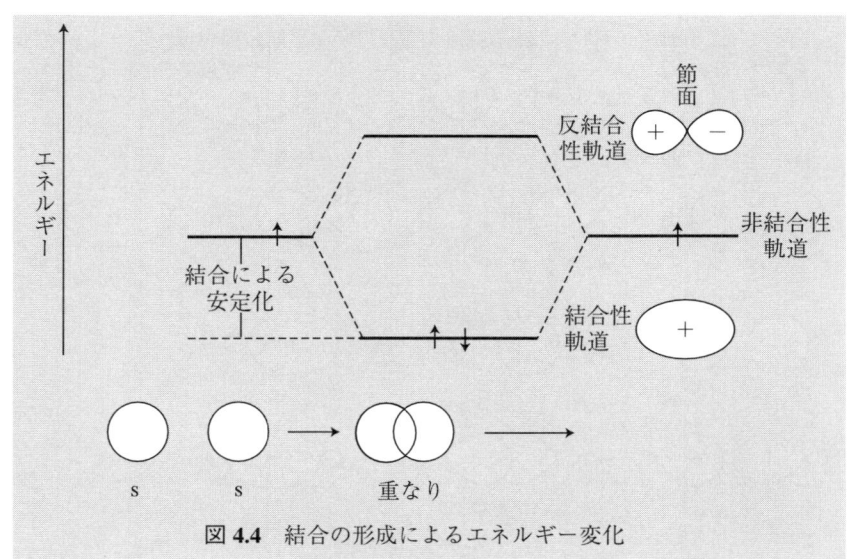

**図 4.4** 結合の形成によるエネルギー変化

の原子軌道よりエネルギーが低く（**結合性軌道**（bonding orbital）），他はもとのよりエネルギーが高い（**反結合性軌道**（antibonding orbital））のである．2個の電子はエネルギーの低い結合性軌道に入り，対を作って安定化する．結合性の分子軌道はもとの原子軌道を包み込む形をしている．原子軌道の重なりが大きいほど，結合による安定化は大きく，強い結合ができる．原子軌道を組み合わせ，できるだけ重なりが大きくなるように配置すると図 4.5 のようになる．

s—s の結合では二つの s 軌道がどの方向で重なり合っても重なり方に差は生じないが，その他の場合では，軌道の重なりが最大になる方向がきまっている．これによって，O の二つの p 軌道と H の s 軌道でできる $H_2O$ が折り曲った形をしていることや，C の $sp^3$ 軌道と H の s 軌道で結合している $CH_4$ が正四面体構造をとっているという実験事実が説明される．

上にあげた結合では，一方の原子を固定し，他の一方を結合軸の回りで回転しても軌道の重なり合い方に変化が生じない．このように，結合軸に対して対称な軌道による結合を $\sigma$ **結合**という．C—C 単結合についての種々の立体配座間の安定性のちがいは 10 kJ/mol くらいで小さく，常温付近では C—C 軸の回りでの回転はほぼ自由であることを 2.5 節で述べたが，これは軌道の重なり合い，したがって結合の強さが C—C 軸についての回転によって変化しない $\sigma$ 結合の特性を示している．

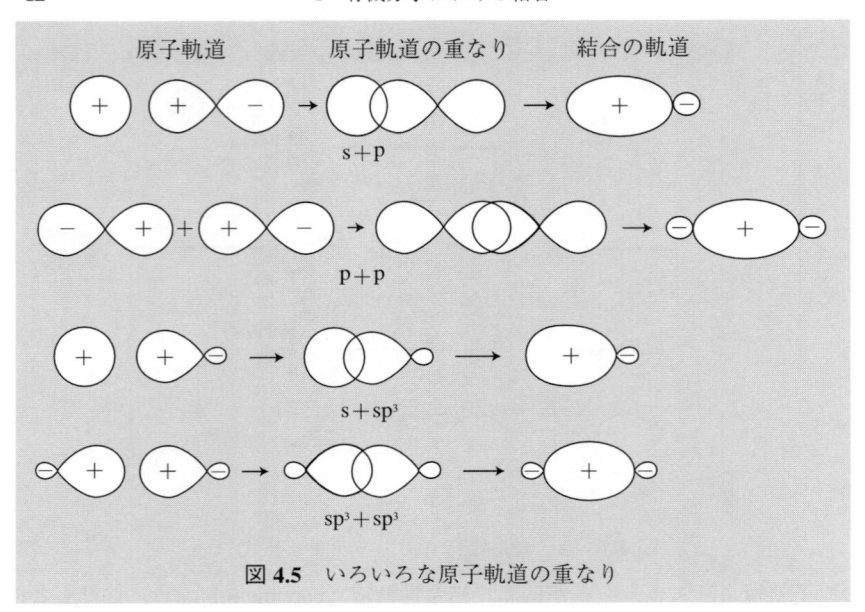

**図 4.5** いろいろな原子軌道の重なり

　各立体配座間の安定性の相違はCについた原子，原子団の空間的なぶつかり合いによるものであるが，軌道の重なり合いに差がある場合に比べて安定形，不安定形のエネルギー差は小さい．

## 4.4　$\sigma$結合と$\pi$結合

　前節の$\sigma$結合と対照的に，結合軸についての回転が軌道の重なりに影響を持つ場合が考えられる．エチレンについて考えてみよう．エチレンのCは2個のHと相手方のCと結びつくが，それだけでは結合手が1個余ってしまう．Cの4価を満足させるためにCとCの間に2個の共有結合が必要で

$$\begin{array}{c}H\\ \diagdown\end{array}C=C\begin{array}{c}H\\ \diagup\end{array}$$

のように表される．この二つの結合は2本の価標で示されているが，同等ではない．エチレンに臭素を作用させると1分子の臭素が反応し1,2-ジブロモエタンが生じるが，C—Cが切れてジブロモメタンが生成することはない．

$$CH_2=CH_2 \xrightarrow{Br_2} CH_2Br-CH_2Br \xrightarrow{Br_2} 2CH_2Br_2$$

このことはCとCとを結ぶ二つの共有結合に相違があることを示しており，C

## 4.4 σ結合とπ結合

がsp²とpとを使って性質のちがう結合を作っていると考えるとよく説明される．図4.6のようにsp²の重なり合いが最大になるように，結合軸の方向にsp²軌道を配置すると，必然的にp軌道はsp²軌道の作る平面に直角方向に向いてしまい，2個のp軌道は満足すべき重なりの姿をとることができない．しかしsp²面と直交した方向にひろがるpも，図4.6 (a) のように平行に並んだときには，小さいながら軌道に重なり合いを生じる．C—Cを軸にして一方のCを回してみると図4.6 (b) のようになり，小さいながらあった軌道の重なりはなくなってしまう．

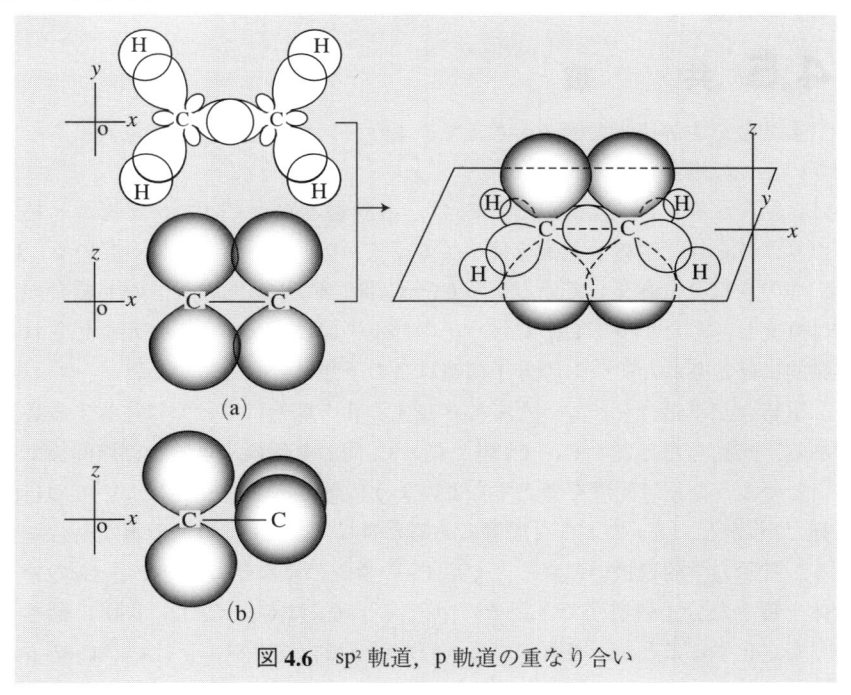

**図4.6** sp²軌道，p軌道の重なり合い

すなわちsp²—sp²だけの結合なら自由なはずの回転も，二つのp軌道が同じ方向にあるときだけにp—pの安定な結合ができるので自由な回転は不可能になり，図4.6 (a) の形に固定されてしまう．すなわちエチレンを構成する2個のC，4個のHはすべて一つの平面上にある．2.7節で扱った幾何異性（二重結合についてのシス，トランス異性）の原因となる二重結合に関する立体配置の固定はこれによっている．

このように結合軸に関して非対称に電子分布を持つ結合を **π 結合** といい，π 結合を作っている電子を **π 電子** という．

エチレンの二つの炭素は σ 結合と π 結合によって結びつけられているが，性格がちがい，σ 結合は軌道の重なりが大きく，強い結合で，$Br_2$ などの試薬と反応せず容易に切れないのに対し，π 結合は軌道の重なりが小さく，弱い結合で，$Br_2$ などと反応して容易に切れてしまう．

二重結合を作っている二つの原子は σ 結合と π 結合とによって結合されており，単結合の場合より全体としての結合は強く，C=C 原子間距離（1.34 Å＝134 pm）は C—C 原子間距離（1.54 Å＝154 pm）より短い．

## 4.5 共　　役

二重結合を 2 個持った構造を考えてみよう．二重結合の相対的位置によってつぎの三つの場合が考えられる．

二重結合が隣り合った構造 I の $C_B$ は，sp 軌道で $C_A$, $C_D$ の $sp^2$ 軌道と σ 結合を作り，さらに二つの p 軌道を使って $C_A$, $C_D$ の p と π 結合を作っている．$C_B$ の二つの p 軌道を直交しているから $C_A$—$C_B$ 間，$C_B$—$C_D$ 間の二つの π 結合の方向は直交し，したがって $C_A$, $C_D$ の $sp^2$ の作る平面は直交することが予想される．実験的に確定されたアレンの分子構造はこの予想と一致している．

二重結合が単結合を一つへだてて存在する II の構造にはとくに注意する必要がある．一見したところ $C_A$—$C_B$ 間と $C_D$—$C_E$ 間の 2 個の二重結合は無関係であり，どのような相対配置を考えてもよいように思える（$C_B$—$C_D$ についての自由回転）．しかし，II a のような配置にあるときは $C_B$, $C_D$ に軌道の重なり合いがある．量子力学的取扱いによると $C_B$, $C_D$ の軌道の重なりにより $C_A$—$C_E$ の分子全体を覆った分子軌道ができ，その中に入る電子は $C_A$—$C_E$ 上に自由に動きまわり安定化することが示されている．したがって，ブタジエンは $C_B$, $C_D$ の p 軌道の重なり合いがない II b のような形でなく，すべての p 軌道に重なり合いがある II a の形をとる．

$C_B$—$C_D$ の結合が二重結合性を持つことは，その原子間隔が 1.48 Å で孤立した単結合の 1.54 Å より短いことでわかる．

同様に，$CH_2$=CH—CH=CH—CH=CH—CH=CH—CH=$CH_2$ のように二重結合，単結合が一つおきにある系では，端から端までの p 軌道が電子のトンネルのように連なり，電子は両端の間を自由に動き回れる．このように二重結合，

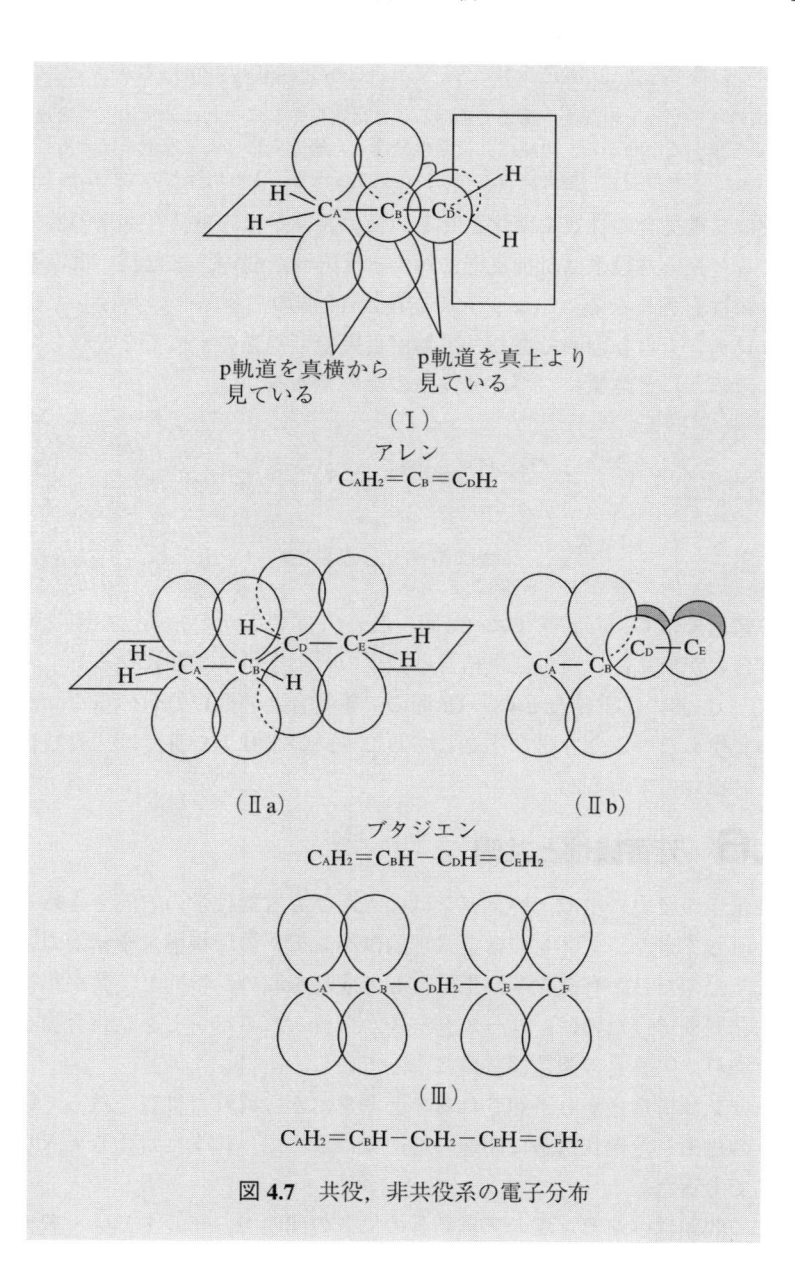

## 4.5 共役

p軌道を真横から見ている　　p軌道を真上より見ている

(Ⅰ)
アレン
$C_AH_2=C_B=C_DH_2$

(Ⅱa)　　　　　　　　　　(Ⅱb)

ブタジエン
$C_AH_2=C_BH-C_DH=C_EH_2$

(Ⅲ)

$C_AH_2=C_BH-C_DH_2-C_EH=C_FH_2$

図 4.7　共役,非共役系の電子分布

単結合が一つおきにあり単結合を通して電子の交換ができることを**二重結合が共役している**といい，構造全体を**共役系**（conjugated system）という．

共役系の電子が分子の端から端まで動けることは共役系が二次元に非常に広く発達した黒鉛の性質を調べるとわかる．黒鉛は共役系の発達した層方向にはよく電気を伝える（比抵抗 $10^{-3}$ Ωcm）．これに対し，層と直角方向には電気を伝え難く 100 倍ほどの比抵抗値を持つ．

共役は二重結合の性質を変化させる．長い共役系は二重結合本来の性格を変化させる．長い共役系は付加反応に対する反応性が弱い．また長い供役系を持つ化合物は有色になる．ニンジンの赤色は 11 個の二重結合の共役した構造を持つカロチンを含むためであり，黒鉛が真黒で可視光のすべてを吸収してしまうのも，ほとんど無限につづく共役系のためである．

$\beta$-カロチン（赤紫色）

Ⅲの構造では $C_D$ が $sp^3$ で $C_A$—$C_B$ 間，$C_E$—$C_F$ 間の二つの $\pi$ 結合の間に軌道の重なり合いがなく，二つの二重結合は独立の行動を示すことになる．Ⅰの構造では $C_A$—$C_B$ 間の二重結合と $C_B$—$C_D$ 間の二重結合との間に軌道の重なりがなく，電子の交換もないことを再び注意しておこう．つまりⅠやⅢでは二重結合は共役していないのである．

## 4.6　芳香族性と共鳴

有機化学の歴史の中で，ベンゼンはいくたびも有機化学の方向をきめる場で主役を演じてきた．ケクレの構造式理論はベンゼンの環状構造を結論づけたとき完成したのだし，有機化学が工業として成功を収め，学問と工業が相携えて飛躍的発展を遂げたのは，コールタールから得られるベンゼン系化合物を原料とした染料，医薬品の製造が基盤になっている．

ベンゼンは構造式から予想されるのと非常にかけ離れた性質を持っている．ケクレの提出した環状構造は問題の解決ではなくて，化学に対する大きな問題の提出であった．

第一の問題はベンゼン環の二重結合の位置の問題で，オルト，メタ置換体は二重結合の位置によって各々二つが区別されるはずであるのに，現実には 1 種

## 4.6 芳香族性と共鳴

類ずつしかなく，二重結合の位置を確定できないことである．

第二の問題はベンゼンが二重結合を持っているのに，二重結合に特有な付加反応を示さず，不飽和を保存したまま置換反応（$Br_2$ との反応では H が Br で置き換わる）を行うことである．

第一の問題についてケクレは二重結合の位置が入れ換わった，(**1**) と (**2**) 二つの構造が速い速度で移り換わっているので各々が識別できないという説明を与えた．

ブテンの二重結合と同様にベンゼン環も切ることのできる強力に試薬であるオゾンを $o$-キシレンに作用させると OHC—CHO と $CH_3COCOCH_3$ と $CH_3COCHO$ とが 3：1：2 の割合で生じる．このことは $o$-キシレンには二重結合の位置のちがった（**A**），（**B**）の構造が等量あって，

$$CH_3COCOCH_3 + 2OHCCHO$$
$$2CH_3COCOH + OHCCHO$$
$$CH_3COCOCH_3 + 3OHCCHO + 2CH_3CHO$$

オゾンの攻撃をうけているとして説明することができる.

参考 $\mathrm{CH_3} \phantom{x} \mathrm{CH_3} \phantom{xxx} \mathrm{CH_3} \phantom{xxx} \mathrm{CH_3}$
     $\phantom{xx}\mathrm{C}=\mathrm{C} \xrightarrow{O_3} \mathrm{C}=\mathrm{O} \phantom{xx} \mathrm{O}=\mathrm{C}$
     $\phantom{xx}\mathrm{H} \phantom{xxxx} \mathrm{H} \phantom{xxxxx} \mathrm{H} \phantom{xxxxx} \mathrm{H}$

しかし，$10^{-14}$ 秒という短時間の状態でも確かめることのできる現在の化学構造決定法でもベンゼンに二つの形があるという結果は得られず，ベンゼンは正六角形構造の一つの形しかないことが結論された.

(C)  (D)

仮に (C) の形が実在するとすれば，単結合の 1—2, 3—4, 5—6 の原子間距離は二重結合の 2—3, 4—5, 6—1 のそれより長いはずであり，誇張して書くと (C) は (D) のような歪んだ六角形のはずである.

ベンゼンの構造とその安定性の理解のために，量子力学に基づく検討が必要である．ベンゼンのような多原子分子の波動方程式は厳密には解けないので，種々のモデルを用いて近似を行う．分子中の電子の振舞を取り扱うのには，原子価結合法と分子軌道法の二つが有力である.

**原子価結合法**（valence bond method） 共鳴理論ともよばれ，結論としてつぎのようにいえる．「一つの分子について，原子の位置を変えないで，いくつかの構造式（結合様式）が可能である場合，その分子の性質は，考えられる構造式から予想される性質を兼ね備えた"合いの子"[†]的なものになる．ひとつひとつの構造を**極限構造**（canonical structure）といい，現実の分子は**極限構造の共鳴**（resonance）として表現される．共鳴は極限構造式を ⟷ で結んで表す.」

極限構造はすべてが同じ重要性を持つものではない．(i) 極限構造のうち安定なもの[††]ほど分子の性格をきめるのに大きな寄与をする．(ii) 分子のエ

---
[†] 共鳴をつぎのようなたとえで説明することができる．「ロバとウマの混血児がラバであるが，ラバは全体としてロバにもウマにも似ている.」
[††] 極限構造は実在のものではない．仮想的な構造を固定して考え，その電子状態からエネルギー（安定性）を推定する.

## 4.6 芳香族性と共鳴

ネルギーは極限構造式のいずれから予想されるものよりも低く, 共鳴は分子を安定化する. (iii) 極限構造の形が似ており, エネルギーが近い場合, 共鳴による安定化がとくに大きい.

極限構造式の安定性††(前頁下)はつぎのような基準で判断される.「不対電子を持つ構造, 長い結合距離を必要とする構造は不安定である.」例として, ベンゼンについて考えてみよう. ベンゼンにはつぎのような極限構造式が書ける.

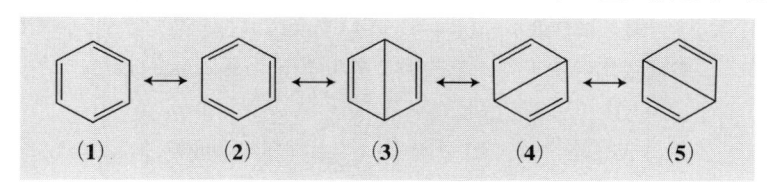

(1), (2) の構造と比べて (3), (4), (5) の構造は対角線にあたる結合が長いので不安定であり, ベンゼンの性格をきめる上での寄与が小さい. したがって, ベンゼンは, 主として (1), (2) の共鳴で表される. 下図に模式的に示したように (1) と (2) との共鳴による安定化が大きい. (3), (4), (5) の構造の性質は少ないながら, ベンゼンの性質に含まれ, そのため, ベンゼンのエネルギーは低下する. しかしそれによる安定化は小さい.

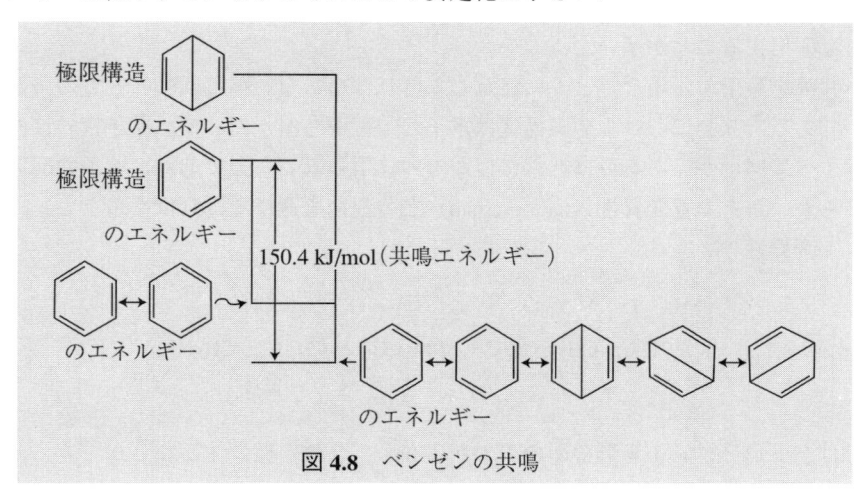

**図 4.8** ベンゼンの共鳴

共鳴によるエネルギーの低下は極限構造のエネルギーが近いほど大きいので, (1) と (2) とのようにまったくエネルギーの等しい構造が共鳴するとき, 安定化は著しい. この安定化のためにベンゼンは二重結合の持つ高い反応性を失う

のである．

　ベンゼンの安定性はつぎのような実験で確かめられる．シクロヘキセンを触媒の存在下で $H_2$ と反応させるとシクロヘキサンを生じ，その際 119.6 kJ/mol の熱を発生する．もしベンゼンに共鳴による安定化がなければ，ベンゼンに $3H_2$ を反応させシクロヘキサンを作るときに発生する熱は $3\times 119.6$ kJ/mol＝358.8 kJ/mol のはずである．しかるに，実際に測定されたベンゼンの水素化熱は 208.4 kJ/mol で，ベンゼンは $258.8-208.4=150.4$ kJ/mol だけ安定になっていることがわかる．この安定化エネルギーを**共鳴エネルギー**（resonance energy）という．

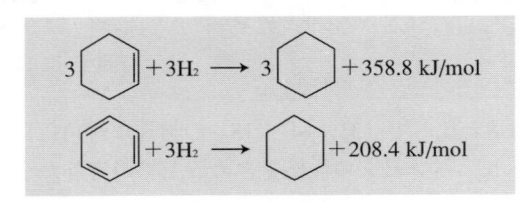

$$3\;\bigcirc + 3H_2 \longrightarrow 3\;\bigcirc + 358.8 \text{ kJ/mol}$$

$$\bigcirc + 3H_2 \longrightarrow \bigcirc + 208.4 \text{ kJ/mol}$$

極限構造式の共鳴を考えて，分子の真の姿を推論していく**原子価結合法**（共鳴理論ともいう）はポーリング（L. Pauling，1901 — 1994，1954 年ノーベル化学賞受賞，平和運動に対して 1963 年平和賞も受賞）によって展開され，化学者の直観に訴えることから広く応用されている．本書の以下の記述でも共鳴の考え方を応用することが多い．

　共鳴を適用する場合，とくに注意しなければならないのは互変異性とのちがいである．共鳴における極限構造は電子の配置がちがうだけで，原子核の位置はすべて同一か，あるいは非常に似たものに限られることであり，原子の配置にちがいがある**互変異性**（tautomerism）との混同を避けなければならない．

　互変異性

$$\underset{\text{ケト形}}{CH_3C(=O)-CH_2-C(=O)-CH_3} \rightleftarrows \underset{\text{エノール形}}{CH_3C(=O)-CH=C(OH)-CH_3}$$

ではケト形，エノール形のおのおのが実在し，分離，確認することができる．一方，共鳴の極限構造は実在ではない．

　**分子軌道法**（molecular orbital method）　原子価結合法の基本的な考え方が，「原子は価電子を所有していて，近くの原子の価電子と対を作って結合する．

## 4.6 芳香族性と共鳴

結びつき方にいろいろな場合があり（それが極限構造で表されている．）その共鳴で分子の真の姿が表される．」であるのに対し，分子軌道法では「分子の中の電子は一つの原子に占有されておらず，分子全体の作る分子軌道の中を動くことができる．分子軌道は分子中の原子の持つ原子軌道から組み立てられるが，その組合せによって，分子軌道（に入る電子）の安定性と，電子の活動範囲がきまる」という考えに基づいている．この方法は，電子が局在していない共役系の取扱いに適している．この方法で，エチレンとベンゼンの分子軌道のエネルギーを求めると図 4.9 のような結果が得られる．一つの軌道には 2 個ずつの電子を収容することができるので，エチレンの 2 個の $\pi$ 電子は a の軌道に入り，$2\times\varepsilon_1$ だけ安定する．（2 がかけてあるのは軌道 a が 2 個の電子を収容するからである．）ベンゼンには $\pi$ 電子軌道が 6 個できるが，そのうちエネルギーの低い下の三つの軌道に 6 個の電子が入る．したがって，ベンゼンの $\pi$ 電子の安定化は $2\times(\varepsilon_2+\varepsilon_3+\varepsilon_4)$ である．共鳴エネルギーは二重結合 3 個が独立してあったときと共役しているときとのエネルギーのちがいであるから，分子軌道法の考え方では，ベンゼンの共鳴エネルギーは $2\times(\varepsilon_2+\varepsilon_3+\varepsilon_4)-6\varepsilon_1$ となる．

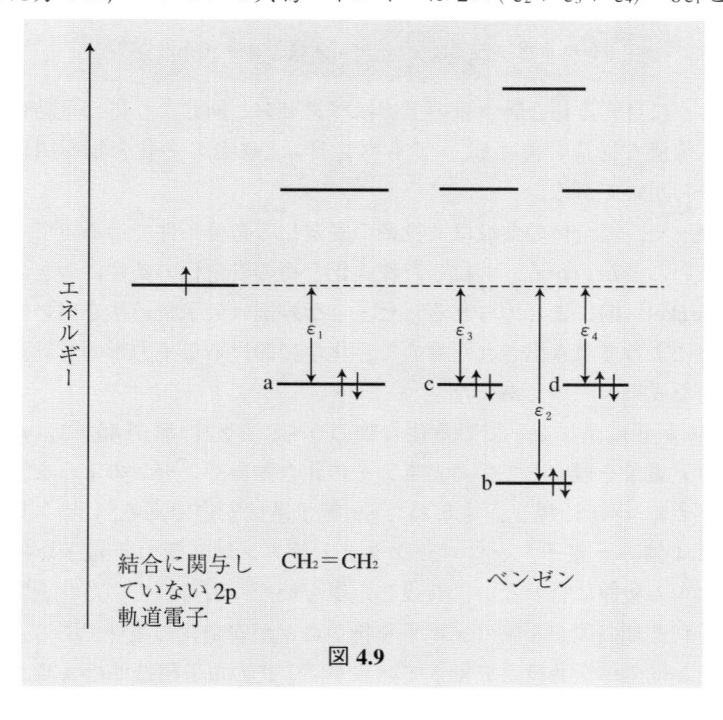

**図 4.9**

分子軌道法は原子価結合法とちがって直観的ではないが，比較的簡単な計算で数量的な結果を得ることができる．電算機の発展とともに分子軌道法によって電子状態を計算し，実測される物理的性質，化学的性質と対比させることが盛んになってきた．

　本書では直観的な原子価結合法を主に，分子軌道法の考え方を適宜用いながら分子の電子状態を考察し，化合物の物理的，化学的性質との関連を考察する．

**ヒュッケル則**　ベンゼンの安定性は環全体が共役系になっていて，電子が非局在化しているところに原因がある．しかし，環全体が共役系であるシクロブタジエン，シクロオクタテトラエンにはベンゼンのように安定性がない．シクロオクタテトラエンに $Br_2$ を作用させるとただちに付加反応をおこしてしまうし，シクロブタジエンに至ってはこの化合物を作り出すことが困難なほど不安定である．

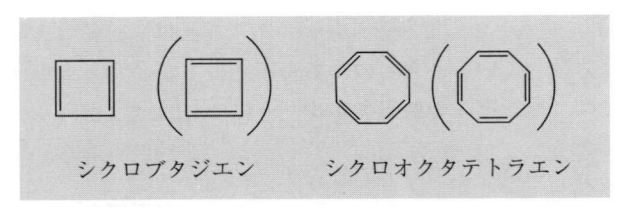

シクロブタジエン　　シクロオクタテトラエン

　同じように見える化合物（紙の上ではベンゼンと同じように二重結合の位置のちがう等価な構造も書ける．）でもベンゼンとこれらの化合物の間には天と地ほどのちがいである．

　したがって，環全体の共役は共役系の安定化の必要条件ではあっても十分条件ではないことがわかる．共役した環式化合物の安定化の条件はつぎのヒュッケル (Hückel) 則にまとめられる．**ヒュッケル則**は分子軌道法を用いた量子力学的考察によって導き出されたもので，化学における量子力学の有効性を示す記念碑的な成果の一つであった．

　「環全体が共役系になっている化合物のうち，一つの環が $4n+2$ ($n=0, 1, 2$ …) 個の $\pi$ 電子を収容しているとき，その化合物はベンゼンのような安定性を持つ．とくに $n=1$ の場合，すなわち $6\pi$ 電子系は安定である．」シクロブタジエンでは4個の $\pi$ 電子，シクロオクタテトラエンは8個の $\pi$ 電子を持つのでヒュッケルの条件に合わない．共役した環をいくつも持っている化合物にあっては，それぞれの環が6個の $\pi$ 電子を持つことが安定化の条件である．たとえばアズレンは全体が共役系でできているが，Ⅰ式の電子構造ではA環に所属す

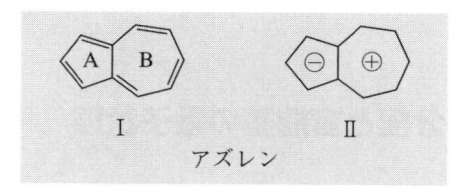

る電子は5個（AB環の接合点にある電子も数える），B環に属する電子は7個で，A，B両環とも，ヒュッケル則の条件に合わない．Bの電子1個がAに移行するとA，B両環とも6π電子の条件を満たすことになり，安定化することが予想される．事実もその通りで，アズレンでは非常に大きく電子が偏っていることが種々の実験からわかっている．

## 演習問題

**1** つぎのことがらについて簡単に解説せよ．
   s軌道，p軌道，結合性軌道，反結合性軌道，σ結合，π結合，共役二重結合，共鳴

**2** つぎの結合に関与している原子軌道を示せ．またそれがσ結合なのかπ結合なのかをも示せ．
   a) H—H   b) H—Cl   c) Br—Br   d) H—OH   e) $H_2C=NH$
   f) $N\equiv N$

**3** $NH_3$ はNを頂点とし，3個のHを底辺とする三角錐の形をしている．このことをNの $(1s)^2(2s)^2(2p_x)^1(2p_y)^1(2p_z)^1$ とH$(1s)^1$ との結合によって説明せよ．

**4** ClCH=C=CHCl には1対の鏡像異性体が存在することを図4.7（Ⅰ）を参考に示せ．

**5** ⬡ と ⬡ のπ電子系はどちらが安定であると考えられるか．

**6** $CH_2=CH-CH=CH_2$（ブタジエン）を構成する原子はすべて同一平面上にある．このことを化学結合を基に説明せよ．

# 5 結合の分極と官能基の電子状態

同種の原子が共有結合する場合には，両原子の電子を引き寄せる力にちがいがないので，結合に関与している電子はどちらの原子のまわりにも均等に分布する．しかし，異なった原子が結合すると，両原子の電子を引き寄せる力にちがいがあるため，電子が一方の原子上に大きな分布を持つようになる．また，のちにくわしく述べるように，共役系に非共有電子対を持った基が結合すると非共有電子対の電子が共役系の方に移動し，やはり電子分布に不均一が生じる．

原子単位に見ると，電子の集まったところは負に，電子が奪われたところは正に帯電する．このような結合電子の分布の偏りを**結合の分極**という．結合の分極は，種々の分子内，分子間相互作用をひきおこし，物質の物理的性質，反応性の原因となる．本章では分子中での電荷の偏りに関する基本的な考え方をややくわしく扱い，本章以下の理解の基礎とする．

電子の移動する方向を考える原則はつぎのようにまとめることができる．

1) σ結合，π結合のいずれにおいても，結合を作っている電子は電気陰性度の高い原子（電子を引きつける力の強い原子）の方に引きつけられる．

2) 二重結合や共役系に隣接して，2個の電子（非共有電子対）を持ったp軌道がある場合，非共有電子対の電子の一部が共役系の方に流れ出る．この電子移動は非共有電子対を持つ原子の電気陰性度が高い場合でもおこり，電子が電気陰性度の高いO，Nの非共有電子対から共役系の方へ流れ込む．

以下，上の原則を具体的に解説し，官能基の性質を理解するための基礎とする．本章では基本的な考え方について述べ，具体例は次章以降に展開する．

## 5.1 結合の分極

H—H，Cl—Clのように同種の原子が結合する場合には，二つの原子（核）の電子を引く力が同じなので，電子は両原子核のまわりに均等に分布する．しかし異種原子の結合したH—Clでは，Clの方がHより電子を引きつける力が強いので，結合を作っている電子はClの方に引き寄せられ，Hはいく分＋に，Clはいくぶん－に帯電する．電子の偏りの方向を⟶で，帯電をδ＋，δ－で示す．δは部分的な電子の偏りを示すもので，HClの結合が完全なイオン結合と完全な共有結合の中間的なものであることを表している．

$$H^{\delta+} \longrightarrow Cl^{\delta-}$$

## 5.1 結合の分極

　分極は物質の持つマクロな性質である誘電率と関連づけられる．蓄電器（コンデンサー）の電気容量は極板間に物質を満たすと増大する．容量の増加は分極の大きい分子の方が甚だしい．その理由は右図によって示される．すなわち分極した分子は極板の間で整列し，極板上の電荷を中和するので，蓄電器は余分の電気を蓄えられるようになるのである．電気容量を増大させる能力，誘電率から分子の**双極子モーメント**（dipole moment）を求めることができる．

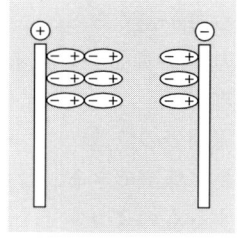

　電気的双極子は正負の電荷がある距離をへだてて存在しているもので，その特性値，双極子モーメント $\mu$ は，正負の電荷を $\pm Q$，正負電荷間の距離を $r$ とすると，$\mu = Qr$ の大きさを持ち，正電荷の中心から負電荷の中心に向うベクトル[†]として定義する．双極子モーメントはデバイ（D）単位で表される．1D は 1Å の距離（共有結合の原子間距離はほぼこの程度）に $10^{-10}$ 静電単位の電荷（電子の電荷は $4.8\times10^{-10}$ 静電単位）があるものに相当する．分子の中で電荷の偏りは随所に見られるが，分子を全体として眺めたときの極性は，分子の各所にある局所的な双極子の総合，すなわち部分的な双極子モーメントのベクトル和になる．（1D は約 $3.34\times10^{-30}$ C・m）

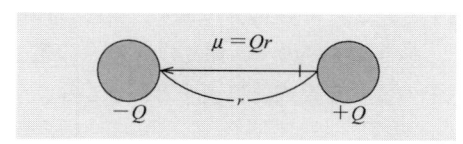

　たとえば O=C=O では，C=O の分極は強く局所的な双極子はあるが O=C=O

$$\overset{\delta_-}{O}=\overset{\delta_+}{C}=\overset{\delta_-}{O}$$

が直線分子のため双極子モーメントは打消し合い，分子を全体として見たときの極性は小さくなってしまう．$\mu$ は物質の誘電率から求めることができる．誘電率という巨視的な物性の測定によって分子内の電子状態という微視的な量が求められる例で，われわれが直接認識しうる巨視的な世界と，われわれが見ることのできない原子，分子の世界の橋渡しをするものとして重要である．

　原子の電子を引き寄せる力は周期表と関連づけて理解することができる．周期表を左から右へ，アルカリ金属からハロゲンに進むに従って電子を引きつけ

---

　† 双極子モーメントの方向を本書では正極から負極に向うものとし，正極に＋の表現であるベクトルに直角に短い線を付し ⊢→ の形で表現した．この表現は電子の移動方向とベクトルの方向が一致し化学者にはなじみやすい．しかし物理学の本などではベクトルの方向が逆になっている場合が多い．この表現にも根拠があるが，どちらを使わねばならないかについては今のところはっきりしたきまりがない．したがって，読者は種々の本にあたるとき，双極子モーメントの方向をどちらに定義しているか確認しておくことが必要である．
　ただし，方向をどう定義しようと絶対値は変らない．

る力が強くなる．$\left(\text{クーロンの法則}\left[F \propto \dfrac{Ze^2}{r^2}. \; F，\text{電子と原子核の間に働く引力}；r，\text{原子核と電子の距離}；Z，\text{外殻電子に作用する有効正電荷}=\text{原子核の正電荷から，内殻電子による遮蔽分を差し引いたもの}；e，\text{電気素量}\right]\text{を考えると，}\right.$周期表の位置が右へ進むに従い電子にかかる有効正電荷が増加することから容易に理解できる．$\Big)$ また周期表の同族においては，上に位置するものが下に位置するものより電子を引きつける力が強い．（電子に作用する有効正電荷は同じでも，周期表の上の元素ほど原子核と外殻電子との距離が小さいため，原子核と電子の間の引力が強い．）同じ N 原子でも $NH_3$ と $NH_4^+$ の場合では，正に帯電している $NH_4^+$ の N の方が，$NH_3$ の N より N—H 結合の電子を引きつける力が強い．

このことは σ 結合についても π 結合についてもいえる．カルボニル基（アルデヒド，ケトン）を例に考えてみると，C—O の σ 結合を作っている電子も π 結合を作っている電子も，ともに O の方に偏る．π 結合の電子は σ 結合の電子に比べて束縛が弱く，動きやすいので，偏りは σ 結合の電子よりも π 結合の電子の方が大きい．電子の偏りを模式的に表すと図 5.1 のようになる．

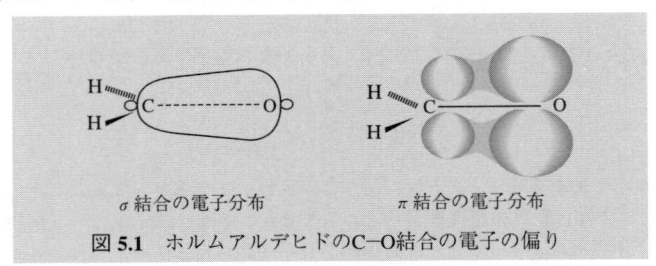

σ 結合の電子分布　　　　π 結合の電子分布

**図 5.1** ホルムアルデヒドの C—O 結合の電子の偏り

π 結合の電子の偏りを共鳴の考え方で表現すると，

$$\text{\textbackslash}C=O \longleftrightarrow \text{\textbackslash}\overset{+}{C}-\overset{-}{O}$$
$$(1) \qquad\qquad (2)$$

カルボニルの π 電子の状態は，理想的な共有結合の状態 (**1**) と π 電子が完全に O に移ってしまっている (**2**) の中間にあり，C は＋に O は－に帯電する．O の電子を引きつける力が強いため $\diagup\!\!\!C\!=\!O$ の π 電子の分極は大きく，電荷の偏りは 40% にも達する．

## 5.1 結合の分極

つぎに ⟩C=O が ⟩C=C⟨ と共役した場合を考える．p 軌道だけ取り出してみると図 5.2 のようなる．（図を見やすくするため，π結合の軌道の重なりを無視し原子間隔を大きくした．以下適宜この方法を用いる．）

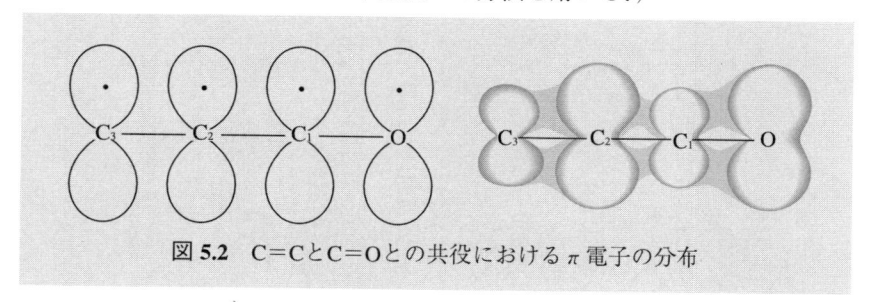

**図 5.2** C=C と C=O との共役における π 電子の分布

さきに述べたように ⟩C=O の部分だけ取り出してみると，O の軌道に電子がたまり，$C_1$ の軌道には電子が少なくなっている．この $C_1$ の軌道には $C_2$, $C_3$ の電子が流れ込むことになる．

この電子の移動を共鳴式で表すと，

$$C=C-C=O \longleftrightarrow C=C-\overset{+}{C}-\overset{-}{O} \longleftrightarrow \overset{+}{C}-C=C-\overset{-}{O}$$

⟩C=O の分極が —C—O— の分極より大きいことは前述の双極子モーメントの値によってもわかる．アセトン，$(CH_3)_2C=O$ の双極子モーメントは 2.90 D であるのに対し，ジメチルエーテル，$(CH_3)_2O$ のそれは 1.30 D である．

C=O と C=C の共役による分極では＋と－の距離が増大するため双極子モーメント（電荷×距離）の増大が予想される．実測の双極子モーメントはこの予想を裏づけている．アセトアルデヒド，$CH_3CHO$, 2.69 D に対しアクリルアルデヒド，$CH_2=CHCHO$ は 3.11 D の双極子モーメントを持つ．

$C_3=C_2-C_1=O$ の場合，$C_2$ に正電荷のたまる極限構造式は $\dot{C}_3-\overset{+}{C}_2-\dot{C}_1-\overset{-}{O}$ となり，$C_1$, $C_3$ に不対電子のある不安定な形になってしまう．すなわち，$C_2$ に正電荷の集まる構造は共鳴における寄与が小さいことが予想される．実験事実はこの予測を支持している．

さらに長い共役系 $C_5=C_4-C_3=C_2-C_1=O$ での π 電子系の電荷の偏りを考えよう．π 軌道の電子配置とそれに対応する極限構造式をつぎに示す．—— は

結合を表している．

$$C=C-C=C-C=O \leftrightarrow C=C-C=C-\overset{\oplus}{C}-\overset{\ominus}{\overset{..}{O}} \leftrightarrow \overset{あるいは}{C-C=C-C-\overset{\oplus}{C}-\overset{\ominus}{\overset{..}{O}}}$$
$$\text{A-1} \qquad\qquad \text{A-2} \qquad\qquad\qquad\qquad \updownarrow$$
$$C=C-\dot{C}-C-\dot{C}-\overset{\ominus}{\overset{..}{O}} \leftrightarrow$$
$$\text{A-3}$$

$$C=C-C=C-\overset{\oplus}{C}-\overset{\ominus}{\overset{..}{O}} \leftrightarrow \overset{あるいは}{\dot{C}-C=\dot{C}-C=C-\overset{\ominus}{\overset{..}{O}}} \leftrightarrow \overset{\oplus}{C}-C=C-C=C-\overset{\ominus}{\overset{..}{O}}$$
$$\text{A-4} \qquad\qquad\qquad \updownarrow \qquad\qquad\qquad\qquad \text{A-6}$$
$$\overset{\oplus}{\dot{C}}-C-\dot{C}=C-\dot{C}-\overset{\ominus}{\overset{..}{O}}$$
$$\text{A-5}$$

　$C_1$, $C_3$, $C_5$ が＋に帯電する A-2, A-4, A-6 の極限構造は，不対電子が残らない安定な極限構造であるのに対し，$C_2$, $C_4$ が＋に帯電する A-3, A-5 の極限構造は不対電子が 2 個残ってしまうエネルギーの高い不安定な極限構造である．49 頁に述べたように，エネルギーの低い安定な極限構造が実際の分子の性格をきめるのに大きく貢献する．すなわち，$C_5=C_4—C_3=C_2—C_1=O$ では，O に電子がたまって－に帯電し，$C_1$, $C_3$, $C_5$ が＋に帯電する極限構造 A-2, A-4, A-6 は，安定性が同程度なので，分子の性格をきめるのに同程度の貢献をする．すなわち，$C_1$, $C_3$, $C_5$ の＋電荷はほぼ同じである．

　ここで注意されるのはつぎの 2 点である．

　1) 極限構造 A-2, A-4, A-6 の安定性にそれほどのちがいがなく，共鳴に同程度の寄与するので，$C=O$ の分極は有効に共役系の末端にまで伝えられている．

　2) $C=O$ で生じた分極が共役系を伝わるとき，正電荷を帯びる炭素原子は一つおきになる．

## 5.1 結合の分極

共役系についての考え方はそのままベンゼン環に対して拡張される．

ベンゼン環に $\begin{array}{c} CH_3 \\ | \\ -C=O \end{array}$ のついたアセトフェノン（アセチルベンゼン）について考えてみよう．これは，

$$C_7=C_6-C_5=C_4-C_3=C_2-\overset{\overset{\displaystyle CH_3}{|}}{C_1}=O$$

の $C_7$ と $C_2$ とが結合した形をしている．これまで述べたきたことからわかるように，この $\pi$ 電子系の安定な極限構造は，$C_1$，$C_3$，$C_5$，$C_7$ が＋に帯電する

$$C=C-C=C-C=C-C=O \longleftrightarrow C=C-C=C-C=\overset{\oplus}{C}-\overset{\ominus}{\ddot{O}} \longleftrightarrow$$
$$C=C-C=\overset{\oplus}{C}-C=C-C-\overset{\ominus}{\ddot{O}} \longleftrightarrow C=\overset{\oplus}{C}-C=C-C=C-C=\overset{\ominus}{\ddot{O}} \longleftrightarrow$$
$$\overset{\oplus}{C}-C=C-C=C-C=C-\overset{\ominus}{\ddot{O}}$$

であり，$C_2$，$C_4$，$C_6$ が＋に帯電する極限構造は不対電子が2個残ってしまうため不安定で，実際の分子の性格を決定するのに貢献しない．

（C=C—C=C—C=O の例にならって読者は自ら確かめて下さい．）

これを環の形にしてみると，

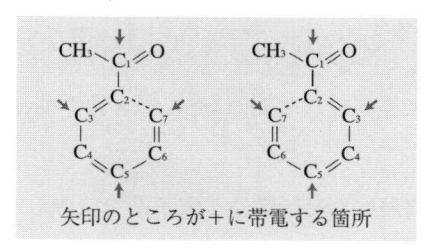

矢印のところが＋に帯電する箇所

これを見れば，$\diagdown$C=O の O が電子を求引したために生ずる＋電荷はベンゼン環の $o$-, $p$-位に分布することが理解されよう．

環の形にして，極限構造式を書いてみると，

電子不足になっている C=O の C に向って，ベンゼン環から電子が流れ込み，ベンゼン環が＋に帯電する．この場合，正電荷は C=O の $o$-, $p$-位に集まり，$m$-位は＋にならない．これは鎖状共役系で陽電荷が一つおきに分布するのと同じ原因である．$m$-位に陽電荷のくる極限構造は下のように不安定な不対電子を残すか，無理な三員環結合でなければ結合ができない．このため，共鳴において重要性が少ない．

鎖状共役系について述べられた 2) はベンゼン環の場合，つぎのようにいい直すことができる．

2′) ＼C=O の分極がベンゼン環の π 電子系を伝わるとき，分極は ＼C=O の $o$- および $p$-位に伝わり，正電荷は $o$-, $p$-に集中する．

## 5.2　非共有電子対を持つ p 軌道と共役二重結合との相互作用

同じ酸素でも結合の仕方が異なると，共役系の方へ電子をおし出す．典型的な場合として，二重結合とメトキシル基（$OCH_3$，エーテルの一種）との関係について考えよう．

$$C=C-OCH_3$$

## 5.2 非共有電子対を持つp軌道と共役二重結合との相互作用

構造式をちょっと見ただけではOとC＝Cには関連性がないように思われる．しかし，この系に含まれているp軌道を取り出してかいてみると図5.3のようになる．Oにもp軌道があって，C＝Cとの間に電子の往来が可能なことがわかる．

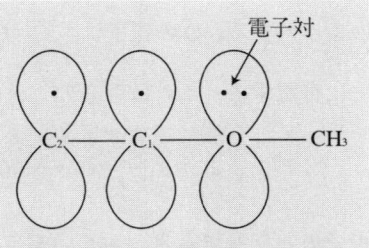

**図5.3** Oの非共有電子対とC＝Cとの共役

この場合，$C_1$，$C_2$の2個のp軌道に2個の電子が入って結合ができているのに対しOのp軌道には電子が2個（一つの軌道に入りうる電子数の限界）対になって入っていることに注意しよう．結合に関与していない軌道に，対になって入っている電子を**非共有電子対**（lone pair）とよぶが，非共有電子対は化合物の諸性質の原因として非常に重要である．

Oのp軌道とCのp軌道の重なり合いと，電子の授受を考える．Oのp軌道には収容力の限界である2個の電子がつまっているので，いかに電気陰性度が大きく，電子を引きつける力の大きいOでも，非共有電子対を収容したp軌道に電子を引き込むことはできない．

しかし，逆にC＝Cの方はp軌道2個に2個の電子を収容しているだけだから，電子を受容する能力がある．そこでC＝CとOとのp軌道の重なり合いによってOからC＝Cへの電子の移動が生じることになる．これを共鳴の表現で表してみると

B－1　　　　　B－2　不対電子が残って不安定な極限構造　　　　B－3　電子が対になり二重結合ができ安定な極限構造

B－3ではOが3価になって，一見不合理のようにも思えるが，Oが電子1個を失っているので結合ができるのである．このときOは＋に帯電していることに注意．

のようになる．Oの電子は $\diagdown_{\mathrm{C=C}}\diagup$ の方に移っていくのだからOは＋にCは－に帯電する．これはさきの

$$\mathrm{C=C-C=O} \longleftrightarrow \mathrm{C=C-\overset{+}{C}-\overset{-}{O}} \longleftrightarrow \overset{+}{\mathrm{C}}-\mathrm{C=C-\overset{-}{O}}$$

の分極と反対である．ちがいが生まれるのは，$\diagup\mathrm{C=O}$ ではCとOの2個のp軌道に2個入っている電子が，2個とも強くOの方に引きつけられ，（Oのp軌道に2個とも収容することも可能である！）Cのp軌道に電子が少なくなり，共役しているC=Cの電子をよび込むのに対し，C=C—OCH₃のOのp軌道は収容力の限界一杯の電子を持っており，C=Cと相互作用しようとすると電子をおし出さなければならないからである．

さらに長い共役系，ベンゼン環に—OCH₃が結合した場合も—OCH₃基から放出される電子（－電荷）が共役系に広く分布することになる．そのときも－電荷は炭素鎖を一つおきに伝わっていく．

C=C—OCH₃と類似の電子移動はC=C—N̈H₂，C=C—X（X＝ハロゲン）でも見られる．NはOに比べ電子を引きつけておく力が小さいので $\overset{-}{\mathrm{C}}-\mathrm{C}=\overset{+}{\mathrm{N}}\mathrm{H}_2$ の寄与は $\overset{-}{\mathrm{C}}-\mathrm{C}=\overset{+}{\mathrm{O}}\mathrm{CH}_3$ の場合より大きい．

C=C—Xにおいて，σ結合の分極の方向（C → X）とπ結合の分極の方向が逆になっていることは双極子モーメントからわかる．CH₃Brの双極子モーメントは2.13 Dであるのに対し，CH₂=CHBrのそれは1.41 Dと小さくなっている．ハロゲンの電気陰性度と分極を見る上で，つぎの化合物の双極子モーメントの値も興味深いであろう．

CH₃Cl（1.87 D），　CH₂=CHCl（1.44 D），　CH₃I（1.65 D），　CH₂=CHI（1.26 D）

## 5.3 官能基の電子状態

分子内の電子の偏りは，分子と分子との間に，また分子の内部にさまざまな電気的相互作用を引きおこす．これが物質の物理的，化学的，生物学的に諸性質の原因になっている．

電子の偏りは，原子団によって分類整理される．官能基が特有の反応性を持ち，有機化合物が官能基によって体系づけられるのもこのためである．したがって，官能基の性質を理解するために，官能基の電子の働きを理解することが肝要である．

官能基の電子の状態を考えるときに，つぎの二つの場合を区別することが必要である．

1) 官能基内部での電子の偏り
2) 官能基が有機分子の骨格になっているアルキル基，二重結合および共役系，芳香環に結合したとき，アルキル基，共役系，芳香環の電子をどう偏らせるか．

本書の後半部では，官能基の電子状態を基礎に有機化合物の性質を考察するが，本節では，前節の基本的考え方に基づいて，主な官能基の電子状態を考える．

### 5.3.1 官能基内部の電子状態

**a) —OH（アルコール，フェノール）** O—H結合の電子はOに引かれ，$O^{\delta-}$—$H^{\delta+}$に帯電している．したがってO—HはC—Hに比べ酸性が大きい．くわしくは6.3節参照．アルコールは普通の意味での酸性（リトマス紙を赤くしたり，すっぱい味がしたりすること）は示さないが，ナトリウムなどイオン化傾向の大きい金属と反応して水素を発生することで酸の性質を持つことが知れる．

**b) —NH₂（アミノ基）** NはOより電気陰性度は小さく，N—Hの分極はOHより小さい．したがって酸性は小さく，ナトリウムと反応することもない．—NH₂の特長はNの上に非共有電子対を持つことで，これがアミノ基の諸性質の原因になっている．（塩基性については第6章，その他くわしいことは第14章で扱う．）

c) $\diagup\!\!\!\diagdown$C=O（アルデヒド，ケトン）　σ結合，π結合の電子の両方ともがOの方に偏るが，π結合の電子の方が動きやすいため，π結合の分極が重要である．$\diagup\!\!\!\diagdown$C=OのC上のp軌道には電子が少なく，ここに他の分子の持つ非共有電子対を受け入れるのが，$\diagup\!\!\!\diagdown$C=Oの反応性の原因であることが多い．

d) —C≡N（カルボニトリル）　$\diagup\!\!\!\diagdown$C=Oと同じように考えることができる．π結合の電子がNに偏る．共鳴式で書くと

$$-C\equiv N \longleftrightarrow -\overset{+}{C}=\overset{-}{N}$$

OよりNの方が電気陰性度が小さいので，—CNの分極は$\diagup\!\!\!\diagdown$C=Oほどではない．

e) —NO₂（ニトロ基）　Nは3価でその一つの原子価を使ってCと，二つの原子価を使ってOと結合する．すると—N=Oで原子価は満足される．しかし，Nは非共有電子対を持っているので，オクテットに対し2個の電子を欠いているもう1個のOに対し電子対を供与して，いわゆる配位結合を作る．式で書くと $-\overset{+}{N}\!\!\diagup\!\!^{O^-}_{\diagdown\!\!\!\!=O}$ ．この式で見ると2個のOの性質がちがうように見える．しかし，NO₂の持っているπ電子系を図に示すと図5.4のようになる．ここでは配位結合をしているOがp軌道に非共有電子対を持っていることに注意しよう．この非共有電子対はN=Oのp軌道に電子供与できる．（N=Oでは電気陰性度の高いOに電子が集まり，Nは電子不足にある．一方N→OのOは配位結合で形式的に−に帯電しているので電子供与能が大きい．したがって，(2)のような電子構造が(1)と同等であることがわかる．これを極限構造式で書くと，ニトロ基は(1′)，(2′)の共鳴で表されることになる．

以上の説明では(1)，(2)の構造が別々のものとして実在するように受けとられたかも知れない．しかし，これは理解を容易にするための方便で，NO₂は(1′)，(2′)の共鳴としてただ一つの状態にある．二つのOは，Nとの原子間距離，電荷その他すべてについて等価であ

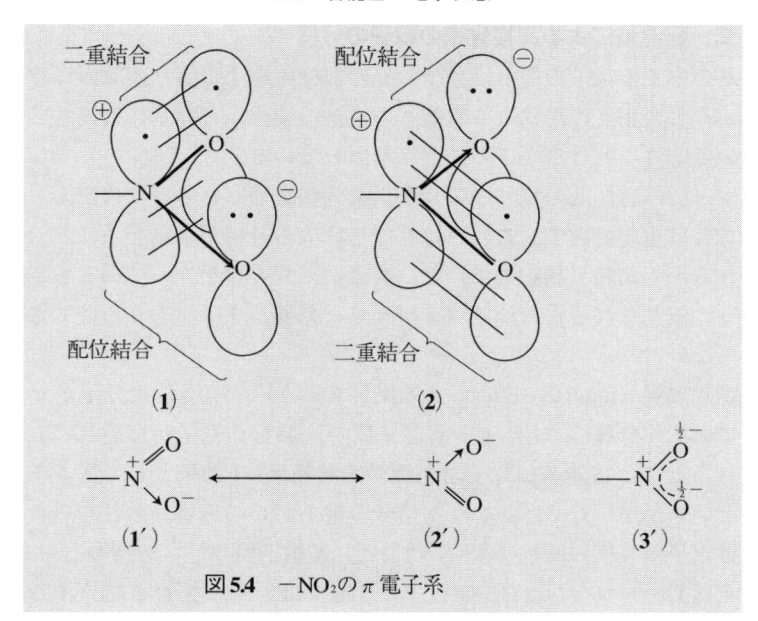

5.3 官能基の電子状態

**図5.4 −NO₂のπ電子系**

る．このことを表すのに（3′）を用いることがある．π電子は点線の範囲に非局在しており，二つのOは形式電荷をわけ合っている．

f) **−COOH**（カルボキシル基）　COOH基はNO₂と類似しており，＞C=Oと隣のOの非共有電子対との相互作用を考えると理解できる．＞C=Oの強い分極によってできたC上の電子欠乏のp軌道にOHのO上の非共有電子対が供与される．したがってC上のp軌道はアルデヒド，ケトンの場合と異なり，電子不足はやや解消されている．逆にOHのOからは電子がとられ，Hの＋の帯電は大きくなる．このことはCOOHの酸性と結びついている．

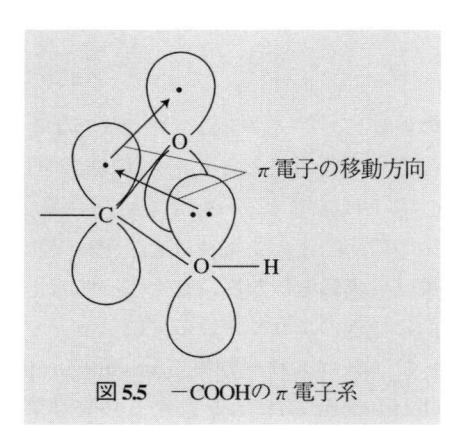

**図5.5 −COOHのπ電子系**

### 5.3.2 官能基による炭素骨格の電子の分極

　官能基の中での電子の偏りは分子の他の部分の電子の偏りの原因にもなる．官能基どうしの相互作用による官能基の性格の変化，官能基に近接している炭素骨格の反応性などはみなこのことに起因している．

　したがって，官能基の電子の偏りが炭素骨格を通じどのように伝えられるかを知ることは重要である．これには官能基による分極が単結合系にどのように伝えられるかの問題（**誘起効果**）と，共役系，芳香環を作っている $\pi$ 電子系にどのように伝えられるかの問題（**メソメリー効果**）をはっきりわけて考えなければならない．

　1) **誘起効果**（inductive effect，**I 効果**ともいう）　官能基の分極が $\sigma$ 結合の電子系におこす分極の作用．C—官能基間の $\sigma$ 結合の電子が官能基の方に引き寄せられるとき，官能基は電子求引性の誘起効果（I 効果として電子求引性）を持つといい，逆に C—官能基の $\sigma$ 結合の電子が C の方向におしやられるとき，官能基は電子供与性の誘起効果（I 効果として電子供与性）を持つという．

　たとえば C—ハロゲン，C—OH，C—$NH_2$ ではいずれも C と結合する原子の電子を引く力が強く，OH，$NH_2$，ハロゲンなどの官能基は電子求引性の I 効果を持つ．C—CO，C—$NO_2$ では 5.3.1 節に述べたように $\overset{\delta+}{C}=\overset{\delta-}{O}$，$\overset{\delta+}{N}\overset{\delta-}{O_2}$ のように分極しているため，CO，$NO_2$ は結合している C の方から電子を引きよせ，電子求引性の I 効果を持つことになる．

　つぎに I 効果の伝わり方を考えてみよう．

$$C_2 - C_1 - Cl$$

の並びについて考える．$C_1$ は Cl の電子求引性 I 効果によって＋に帯電する．$C_1$ が＋に帯電すると $C_2$—$C_1$ の結合を作っている電子は $C_1$ の方に引き寄せられ $C_2$ も＋に帯電する．しかし $C_2$—$C_1$ の電子の偏りは，$C_1$—Cl のそれよりも小さいので，$C_2$ 上の＋電荷は $C_1$ 上の＋電荷より小さい．すなわち官能基による I 効果は炭素鎖を伝わるにしたがって弱まる．したがって $C_2$—$C_1$—Cl の分極は模式的につぎのようにかける．$\overset{\delta\delta+}{C_2}-\overset{\delta+}{C_1}-\overset{\delta-}{Cl}$

　2) **メソメリー効果**（mesomeric effect，**M 効果**；エレクトロメリー効果，electromeric effect，**E 効果**；共鳴効果，resonance effect，**R 効果**ともいう）　官能基の分極が $\pi$ 電子系におこす分極の作用．C＝C—官能基の結合で，官能基が C＝C の $\pi$ 電子を引き寄せるとき，官能基は電子求引性のメソメリー効果

## 5.3 官能基の電子状態

（M効果として電子求引性）を持つといい，逆に官能基からC=Cのp軌道の方へ電子が流れ出すとき，官能基は電子供与性のメソメリー効果（M効果として電子供与性）を持つという．5.2節の記述でわかるように ＼C=O／ は電子求引性のM効果を持つ．一方，—OCH$_3$は電子供与性のM効果を持つ．

I効果と異なり，M効果は共役系が続く限り，弱まらないで伝わる．また電子求引，供与の効果は共役系のCの一つおきに現れる．

飽和炭化水素の鎖においてはI効果しか問題にならない．共役系においてはσ結合にそってのI効果とπ結合にそってのM効果との両者が同時に問題になる．したがって，共役系についての官能基の役割を検討するときは両者を考慮し，どちらが大きな役割を果しているかを評価しなければならない．

種々の官能基をI効果，M効果のそれぞれについて，電子求引　電子供与に分類した表をつぎにかかげる．表の中で，π電子も非共有電子対も持っていないアルキル基が電子供与性M効果を持つものとして，またI効果としても電子供与性に分類されている．これは今まで述べてきたことからは理解できないことであるが，実験事実はどうしてもそのような電子の動きがなければならぬことを示している．この説明のために導入された概念が**超共役**である．

**表 5.1** 種々の官能基のI効果とM効果

| | 電子供与性<br>(官能基から電子が<br>おし出される) | 電子求引性<br>(官能基の方へ電子が引っ張り<br>こまれる) |
|---|---|---|
| I 効果<br>(単結合系の電子<br>を偏らせる効果) | —O$^{\ominus}$, —S$^{\ominus}$<br>—R(—CH$_3$, —CH$_2$CH$_3$など) | —F, —Cl, —Br, —I<br>—OH, —OR, —NH$_2$, —NR$_2$, —NR$_3^{\oplus}$<br>—CHO, —COR, —COOH, —COOR<br>—CONH$_2$<br>—CN, —NO$_2$ |
| M 効果<br>(共役系の電子を<br>偏らせる効果) | —O$^{\ominus}$, —S$^{\ominus}$<br>—OH, —OR, —NH$_2$, —NR$_2$<br>—R(—CH$_3$, —CH$_2$CH$_3$など)<br>—F, —Cl, —Br, —I | —CHO, —COR, —COOH, —COOR<br>—CONH$_2$<br>—CN, —NO$_2$ |

## 5.4 超共役 (hyperconjugation)

アルキル基は二重結合と相互作用できる π 電子を持たない．しかし，アルキル基が π 電子系に対して電子供与性の M 効果をおよぼしていると考えないと説明できないことが多い（9.3-9.6節参照）．このことを説明するために，非常に無理に見えるが，つぎのような共鳴が提案された．

$$-\underset{H}{\overset{H}{C}}-\underset{H}{\overset{H}{C}}=C-C-H \leftrightarrow -\underset{H}{\overset{H^{\oplus}}{\overset{|}{C}}}{}^{\ominus}-C=C-H \leftrightarrow -\underset{H}{\overset{\ominus}{C}}-C=C\ H^{\oplus} \leftrightarrow -\underset{H^{\oplus}}{\overset{\ominus}{C}}-C=C-H$$

C—H 結合の $C^{\ominus}H^{\oplus}$ への解離はエネルギー的に無理なものと考えられる．しかし，実際に $CH_3$—CHO の $CH_3$ と CHO の距離が 1.50 Å = 150 pm と，典型的な C—C 単結合である $CH_3$—$CH_3$ の距離 154 pm より短いのは，$CH_3$—CHO の結合が二重結合性を持つことを示しており，上の一見無理な共鳴も決して単なるこじつけでないことがわかる．

上のようにアルキル基の電子が隣接の p 軌道と共役する現象を**超共役** (hyperconjugation) という．共鳴式から容易に想像されるように，超共役は $H^+$ の性質を帯びることのできる水素原子が多いほど大きな役割を果たす．すなわち

$$—CH_3 > —CH_2CH_3 > —CH(CH_3)_2$$

の順で，メチル基の超共役がもっとも大きい．

## 演習問題

**1** つぎのことがらについて簡単に説明せよ．
　結合の分極，非共有電子対，誘起効果（I 効果），メソメリー効果（M 効果）

**2** つぎの官能基の分極の状態を共鳴式を用いて示せ．
　a) $\diagdown C=O \diagup$　b) —$NO_2$　c) —CN　d) —$COO^-$　e) —$COOCH_3$

**3** つぎの官能基を I 効果，M 効果のそれぞれについて電子供与，電子求引に分類せよ．またどうしてそのような効果を持つかを説明せよ．
　a) $\diagdown C=O \diagup$　b) —$NO_2$　c) —CN　d) —$OCH_3$　e) —COOH
　f) —$COO^-$　g) —F　h) —Cl　i) —Br　j) —I　k) —$NH_2$

l）　—NHCOCH₃　　m）　—CH₃

**4** つぎの分子で，もっとも強く正電荷を帯びる位置を示せ．（同程度の箇所が2箇所以上あるときはそのすべてを示せ．）

　　a）　ClCH₃　　b）　CH₃CH＝NCH₃　　c）　CH₂＝CHCHO　　d）　CH₃COOCH₃

**5** つぎの分子のベンゼン環について，正電荷，負電荷を帯びる位置を示せ．

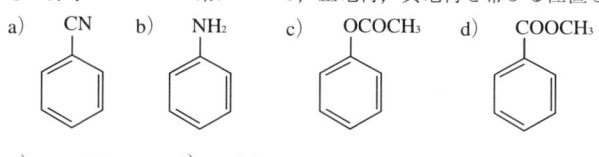

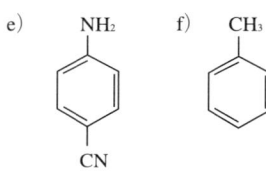

a) C₆H₅—CN　　b) C₆H₅—NH₂　　c) C₆H₅—OCOCH₃　　d) C₆H₅—COOCH₃

e) 4-NH₂-C₆H₄-CN　　f) C₆H₅—CH₃

# 6 分子の電子状態と化合物の性質

前章までで分子の中の電子の安定性＝エネルギー状態と電子の分布状態についてややくわしく見てきた．記述がやや抽象的になって，物質の世界とのつながりを見失いそうになってきたかも知れない．今後は総論で展開した基本的考え方を実際の化学現象に適用していく．ただこの本の最初に述べたように，物質の世界は限りなく複雑多様で，単純な理論ですべてが理解できるわけではない．実験事実と理論が食い違ったときは，実験事実の方が尊重されねばならぬことはもちろんである．ただ有機化学の多くの現象は，分子の立体構造と分子の中の電子状態によって理解できる．理論の限界を心におきながら以下化学現象について学んでいこう．

個々の官能基の性質に入る前に物質の持つ重要な性質である，
1) 揮発性
2) 水に対する溶解度
3) 酸性
4) 塩基性

を取り上げ，電子状態の考察によって，どのように統一的理解ができるか調べてみよう．

## 6.1 揮 発 性

物質が揮発しやすいか，しにくいかを表す尺度は**沸点**である．ここでは分子の大きさがほぼ同じである $(CH_3)_2CHCH_3$（沸点$-11.7$℃），$CH_3CH_2CH_2CH_3$（沸点$-0.5$℃），$CH_3OCH_2CH_3$（沸点$6.6$℃），$CH_3COCH_3$（沸点$56.3$℃），$CH_3CH_2CH_2OH$（沸点$97.2$℃）について，分子の状態と沸点の関係を考えてみよう．

われわれが見る**揮発**という現象は液体が気体に変化することであるが，分子のレベルで考えてみると，身を寄せ合って接触していた分子が広い自由な空間へ飛び出すことである．お互いの分子が身を寄せ合っているのは分子と分子との間に引力が働いていることで，空間に飛び出し，自由を得る

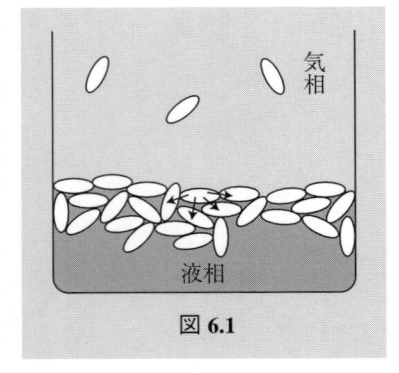

図 6.1

ということは，ある分子が近隣の分子の引力の束縛を断ち切るに十分なエネルギーを持つことである．分子の持つエネルギーは温度の上昇とともに大になり，したがって揮発性は温度の上昇とともに大きくなり，蒸気圧が外気圧と同じまで上がると沸騰する．このように，化合物の揮発性は分子間の引力の大小と関連している．分子間に働く力は，すべて電気力であるが，つぎの三つのカテゴリーに分けられる．

1) 水素結合（hydrogen bond）
2) 双極子相互作用（dipole–dipole interaction）
3) ファン・デル・ワールス力（van der Waals force）

分子の中には結合の分極によって＋に帯電した場所と－に帯電した場所ができる．この＋－の中心が他の分子の－＋の中心と引き合うことで分子間に引力を生ずる．55頁で述べたように，分極した結合を持つ分子は電気的双極子として扱うことができ，その相互作用を**双極子相互作用**とよぶ．

**水素結合**は分極の1種と考えることもできるが，その特性によって，別に取り扱われる．O，N，Fのような電気陰性度の大きい原子とHとの間で結合を作っている電子はO，N，Fの方に強く引き寄せられ，Hは＋に帯電している．この＋に帯電したHは，他の分子あるいは同一分子の－電荷のたまった原子に引きつけられる．電子を失った水素原子は1個の陽子にすぎず，非常に小さく，他の原子に接近でき，それだけに相互作用が大きいのである．このような相互作用による安定化は 8〜30 kJ/mol に達する．共有結合（たとえば C—H の結合エネルギーは約 400 kJ/mol）に比べると小さいが，1種の結合と見なして水素結合とよび O—H⋯O，N—H⋯N，N—H⋯O，F—H⋯F のように破線で表現する．

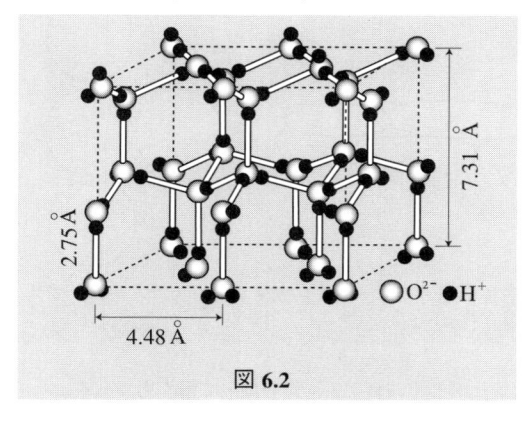

図 6.2

Hが分子内の二つの原子の間に介在するとき**分子内水素結合**（intramolecular hydrogen bond），Hが異なった分子を結びつけているとき，**分子間水素結合**（intermolecular hydrogen bond）とよぶ．

氷や水は図6.2に示したように三次元に発達した水素結合の網目を作っていて，相互に強く結びついている．したがって周囲の束縛から解き放され自由になるには，かなりのエネルギーを必要とし，その結果沸点が高い．アルコール類（ROH）も水と同様に，分子間水素結合で結合しあっており，沸点が高い．

$CH_3COCH_3$ は $>C=O$ の分極が強く，双極子になっている．しかし，水素結合ができるような水素がなく，分子間力はアルコールに比べて小さいので，沸点もそれだけ低くなる．$CH_3OCH_2CH_3$ の分極は $CH_3COCH_3$ より小さく，沸点はさらに低くなる．

$CH_3CH_2CH_2CH_3$ などの炭化水素には恒常的な分極はほとんど存在しない．しかし，無極性分子も分子の中を電子が動きまわるため瞬間的には分極している．その極性が他分子に分極を誘起する．こうして生じた瞬間的な分極によって，弱いながら分子と分子とは結びつく．このような分子間力を**ファン・デル・ワールス力**[†]という．炭化水素のような無極性分子が凝集して液体，固体になるのはこの力によるが，弱い力で切れやすい．したがって炭化水素の沸点は低い．以上の説明からわかるように，ファン・デル・ワールス力は分子と分子の接触面が大きいと強くなる．直鎖分子である $CH_3CH_2CH_2CH_3$ よりも枝わかれのある $(CH_3)_2CHCH_3$ の方が分子が球形に近く，接触面が小さいため沸点が低い．

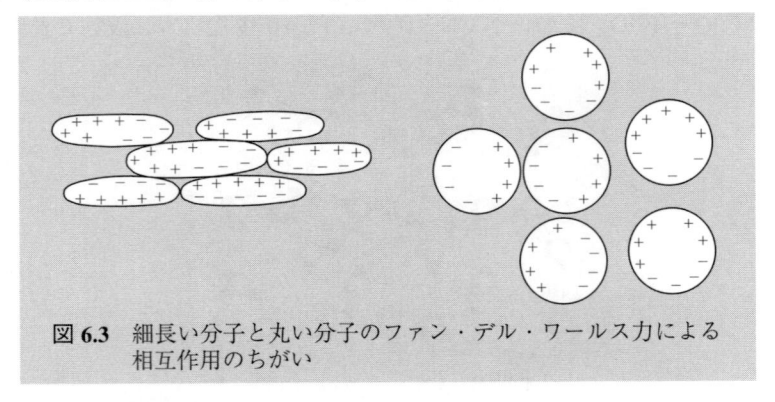

**図6.3** 細長い分子と丸い分子のファン・デル・ワールス力による相互作用のちがい

---

[†] 距離の7乗に逆比例して減衰する．短い間隔で働く力である．

## 6.2 水に対する溶解度

水に溶解するという現象を分子の立場で見ると、水素結合で結ばれた水分子の間に他の分子（M）が割り込むことである。

$$O-H\cdots O + M \longrightarrow O-H\cdots M\cdots O$$

この過程では $O\cdots M$ の水素が切れるから、割り込みが成功するためには、水素結合が切れるときのエネルギー的な損失が M と水との相互作用で補償されなければならない。水と M との相互作用が大きければ水によく溶け、小さければ溶けにくいことになる。水素結合は分子間相互作用の中でもっとも強いものであるから、水と水素結合を作りやすいものがよく溶けることになる。アルコール（ROH）、アミン（$RNH_2$）カルボン酸（RCOOH）などは水に溶けやすい。（R が大きくなると、大きな R が入り込むためにたくさんの水の水素結合を切る割に新たにできる水素結合の数は少なく、エネルギー的に不利になって溶けにくくなる。）水素結合が 1 種の双極子相互作用であることを考えるとエーテル類（ROR′）のような極性分子が水にある程度溶ける（$(C_2H_5)_2O$ の温室付近の溶解度 8 g/100 g の水）ことは理解できる。極性のない炭化水素はほとんど水に溶けない。

## 6.3 化合物の酸性と塩基性

酸、塩基は化学の中で、もっとも重要な概念の一つである。多くの現象を酸・塩基の相互作用で説明するために、塩・塩基の概念はもっとも簡単なアレニウス（Arrhenius）の定義にはじまって拡張されてきた。種々の酸・塩基の定義を一覧表にして示す。

|  | 酸 | 塩基 |
|---|---|---|
| アレニウスの定義 | 水溶液中で $H^+$ を与えるもの | 水溶液中で $OH^-$ を与えるもの |
| ブレーンステッド（Brønsted）の定義 | 相手に $H^+$ を与えるもの | 相手から $H^+$ を受け取るもの |
| ルイス（Lewis）の定義 | 相手から電子対を受け取り、相手と共有結合を作るもの | 相手に電子対を与えて、相手と共有結合を作るもの |

**酸性** 酸の強さは、酸の解離定数 $K_a$、あるいは $pK_a$ を用いて表すことができる。

$$Y-H \rightleftarrows Y^- + H^+ \text{で}$$

$$K_\mathrm{a}=\frac{[\mathrm{Y}^-]\cdot[\mathrm{H}^+]}{[\mathrm{Y-H}]}, \quad pK_\mathrm{a}=-\log(K_\mathrm{a}/\mathrm{mol\cdot dm}^{-3})^\dagger$$

$K_\mathrm{a}$ の値が大きいほど（$pK_\mathrm{a}$ の値が小さいほど）その化合物の酸性は強い．

|  | エタノール | フェノール | 酢酸 | 水 |
|---|---|---|---|---|
|  | $CH_3CH_2OH$ | ⌬–OH | $CH_3COOH$ | $H_2O$ |
| $pK_\mathrm{a}$ 値 | 18 | 9.95 | 4.76 | 14 |

これら3種の化合物はすべて$H^+$を供与することができアレニウスの定義による酸である．これらすべてはO—H結合を持つが，O—Hの結合電子がOにひかれ，Hの＋電荷が大きいほど酸性が強くなる．アルコールの酸性については5.3節で述べたが，OHがベンゼン環と結合すると，5.2節に述べたC＝C—OCH₃の共役と同様に，Oの上の非共有電子対がベンゼン環に流れ込んで，

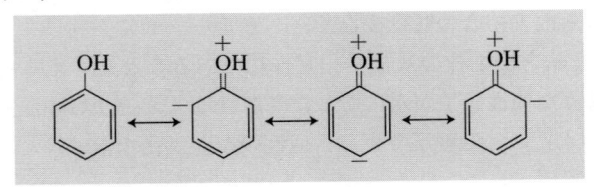

のような共鳴状態になる．したがって，Oはベンゼン環と結合することによって＋に帯電する．Oが＋になるとO—Hの結合電子を引く力も強くなり，H上の正電荷は増し，$H^+$として離れやすくなる．すなわち，酸性が増すことになる．三つの化合物のうち，$CH_3COOH$がもっとも大きな酸性を持つことの原因については5.3節で説明した．

酸の強さは大局的にはアルコール，フェノール，カルボン酸と官能基の特性によってきめられてしまうが，なお周囲に存在する置換基によって二次的な変動がある．置換基の影響には，電子的なものと立体的なものがあるが，電子的影響は，I効果とM効果とによって包括的に説明できる．

酢酸においてCOOHは飽和炭素と結合しているので他の置換基はI効果を通して影響を与える．表6.1を見ると電子求引性のI効果を持つ置換基は酢酸の酸性を上げていることがわかる．逆に電子供与性のI効果を持つ基は酸性を低下させる．

---

† $K_\mathrm{a}$ は濃度の次元を持つので，濃度の単位 $\mathrm{mol\cdot dm}^{-3}$ で割って log の中を無単位の数値にしておく必要がある．

6.3 化合物の酸性と塩基性

**表 6.1** カルボン酸の酸の強さ

| 置換酢酸の p$K_a$（水中，25℃） | | 一置換安息香酸の p$K_a$（水中，25℃） | | | |
|---|---|---|---|---|---|
| 置換基 | | 位置<br>置換基 | o- | m- | p- |
| —H | 4.757 | H | | 4.21 | |
| —F | 2.586 | —CH$_3$ | 3.91 | 4.28 | *4.36* |
| —Cl | 2.866 | —OCH$_3$ | 4.09 | 4.09 | *4.49* |
| —Br | 2.903 | —OH | 3.00 | 4.08 | *4.58* |
| —I | 3.175 | —Cl | 2.94 | 3.82 | 3.99 |
| Cl$_2$ | 1.29 | —Br | 2.85 | 3.81 | 4.00 |
| Cl$_3$ | 0.1 | —COCH$_3$ | — | 3.89 | 3.68 |
| —CH$_2$Cl | 4.08 | —CN | — | 3.60 | 3.53 |
| —CH$_2$CH$_2$Cl | 4.52 | —NO$_2$ | 2.17 | 3.49 | 3.42 |
| —CH$_3$ | *4.88* | | | | |
| —COO$^-$ | *5.69* | | | | |

＊ イタリックは酢酸より酸性が弱いもの

$$\overset{\delta-}{F}-\overset{\delta+}{C}-\overset{\delta+}{C}\overset{\displaystyle O}{\underset{\overset{\displaystyle O-H}{\delta+\ \ \delta+}}{\diagup\!\!\!\diagdown}}$$

Fのような電子求引性基は，Cの＋の電荷を誘起し，それが順にCOOHへ伝わって，Hの正電荷が増し，酸性の増加につながる．電子求引性の基の数がふえるとそれだけ酸性も強くなる．I効果は炭素鎖を伝わると減衰するので，ClCH$_2$CH$_2$COOH は ClCH$_2$COOH より弱い酸になる．（しかし，まだ電子求引の効果は残っており，酢酸より酸性が大きい．）

安息香酸のCOOHはベンゼン環に結合しているので，置換基はI効果とM効果の両方でCOOHに影響を与える．I効果は位置が近いほど大きくきき，影響は o->m->p- の順になる．M効果は主として，o-，p-位に影響を与える．o位に対する影響には電子的なものの他に，立体効果や，後に述べる特殊な効果があるのでしばらくおくことにして，m-位とp-位の置換基の影響を見てみよう．

NO$_2$，CN，COCH$_3$ は m-位，p-位のどちらにあっても酸性を強くしている．このことは，これらの置換基がI効果，M効果のいずれにおいても電子求引性でありCOOHの電子密度を下げるためとして説明される．この場合 p-置換したときの方が酸性を強くする効果が大きいことが注目される．このことはM効

果がI効果より重要であることを物語っている．もしI効果が主に働くとすると，距離の近い $m$-位の効果の方が大きいはずであるのに，事実はそれに反しているからである．$\pi$ 電子は動きやすく，分極も $\sigma$ 電子に比べると大きいので，M効果のI効果に対する優位も理解される．

OCH$_3$ 基は 5.2 節に考察したように M 効果が電子供与，I 効果が電子求引で $\pi$ 電子系と $\sigma$ 電子系の分極が逆方向になる．メトキシ安息香酸の酸性はこの二つの効果の総合であるが，$p$-位の OCH$_3$ は酸性を小さくしており，電子供与性のM効果が優勢である．一方 $m$-位の OCH$_3$ は酸性を大きくしており，電子求引性のI効果が主役になっていることがわかる．M効果が主として $o$-，$p$-位に影響を与えること，I効果は $p$-位より $m$-位に強く現れることから理解できる．OH も OCH$_3$ と同じ状況にある．

このように考えてくると，同じ条件下で測定された置換酢酸，置換安息香酸の p$K_a$ は置換基の電子求引力，電子供与力を定量的に表現したものといえる．たとえばベンゼン環についた COOH の電子密度を下げ，酸性を強くする力は $m$-位の CN の方が，$p$-位の COCH$_3$ より大きいことが表 6.1 からわかるが，同じことはカルボン酸だけでなくて，フェノールについてもいえるだろうことは想像できる．表 6.2 に置換フェノールの p$K_a$ を掲げたが，p$K_a$ の絶対値こそちがっているものの傾向は同じであることがわかる．

表 6.2 置換フェノールの酸性の強さ，p$K_a$

|   | $o$- | $m$- | $p$- |
|---|---|---|---|
| —H |  | 9.95 |  |
| —CH$_3$ | 10.29 | 10.09 | 10.26 |
| —OH | 9.45 | 9.20 | 9.91 |
| —Cl | 8.48 | 9.02 | 9.38 |
| —COO$^-$ | 13.4 |  | 9.46 |
| —NO$_2$ | 7.23 | 8.40 | 7.15 |

つぎに $o$-位の特殊性を考えてみよう．$o$-ヒドロキシ安息香酸（サリチル酸）の COOH の酸性は $o$-OCH$_3$ よりも異常に大きい．（OH と OCH$_3$ とは電子的効果が類似で，事実 $m$-，$p$-置換体では OH，OCH$_3$ 置換安息香酸の p$K_a$ がほぼ同じである．）$o$-置換体の異常性は分子内水素結合が原因になっている．COOH と OH が $o$-位にあると，ちょうど具合よく六員環の分子内水素結合ができる．この水素結合によって C=O の O への電子の集中が促進され C の陽電荷は増すので COOH の酸性は増大する．OCH$_3$ はこのような形の水素結合をしないので，OH との間にちがいが出る．こんどは反対に，OH の酸性におよぼす COOH の影響を考える†．OH の H は二つの O に引きつけられているので H$^+$ として解離しにくくなることが予想されるが，事実もその通りで，OH の p$K_a$ は 13.4 で，フェノールの 9.95，$p$-位に COOH のあるフェノールの 9.46 に比べて著しく酸性が弱い．

**塩基性**　有機塩基は主として窒素化合物で，N の上の非共有電子対を供与することが塩基性の原因である．したがって N の上の非共有電子対が局在化している場合，塩基性は高いことになる．この事情は酸性を考えたときとまったく逆で，塩基性は，

$$\text{H}_2\text{NCO}- \;<\; \text{H}_2\text{N}-\!\!\bigcirc\!\!- \;<\; \text{H}_2\text{N}-\overset{|}{\underset{|}{\text{C}}}-$$

の順になりアミド H$_2$NCO— は実際的には塩基性を持たないといってよい．芳香族アミン（アニリン）の塩基性におよぼす置換基の影響を表 6.3 に示したが，N 上の電子密度を上げる電子供与基は N のルイス塩基性を高め，電子求引基は塩基性を低めている．この関係も芳香族カルボン酸やフェノールの場合と逆

---

†　ヒドロキシ安息香酸は，COOH，OH の双方が酸としての性質を持つ二塩基酸である．ただし COOH の酸性は OH の酸性より大きい．

**表 6.3** 置換アニリンの塩基性の強さ，$pK_b$

|  | o– | m– | p– |
|---|---|---|---|
| —H |  | 9.40 |  |
| —CH$_3$ | 9.59 | 9.30 | *7.52* |
| —OCH$_3$ | 9.52 | 9.70 | 8.70 |
| —Cl | *11.37* | *10.66* | *10.01* |
| —NO$_2$ | *14.26* | *11.54* | *13.01* |

\* イタリックはアニリンより塩基性が弱いものになっている．

塩基の強さを表すのに酸の $pK_a$ に対応してつぎの式で定義される $pK_b$ が用いられる．

$$Z\text{—}OH \rightleftarrows Z^+ + OH^-$$

$$K_b = \frac{[Z^+][OH^-]}{[Z\text{—}OH]} \ ; \ pK_b = -\log(K_b/\text{mol}\cdot\text{dm}^{-3})$$

しかし，アミンはアレニウス塩基ではないので上の定義は不便である．そこでアミンの共役酸 $RNH_3^+$ の酸解離定数 $K_a$ と $K_b$ を関連させて，つぎのようにアミンの $pK_b$ を定義する．

$$RNH_2 + H_2O \rightleftarrows RNH_3^+ + OH^-$$

$$K_b = \frac{[RNH_3^+][OH^-]}{[RNH_2][H_2O]}$$

分子，分母に $[H^+]$ をかけて整理すると，

$$K_b = \frac{[RNH_3^+][OH^-]}{[RNH_2][H_2O]} \cdot \frac{[H^+]}{[H^+]} = \frac{[RNH_3^+]}{[RNH_2][H^+]} \cdot \frac{[H^+][OH^-]}{[H_2O]}$$

ここで，$\frac{[RNH_3^+]}{[RNH_2][H^+]}$ は $RNH_2$ の共役酸 $RNH_3^+$ の解離定数 $K_a$ の逆数，$\frac{[H^+][OH^-]}{[H_2O]}$ は水の解離定数（$10^{-14}\,\text{mol dm}^{-3}$）であるから，

$$pK_b = -\log K_b = \log\frac{[RNH_3^+]}{[RNH_2][H^+]} + \log\frac{[H^+][OH^-]}{[H_2O]} = 14 - pK_a$$

上の議論からアミンの塩基性の尺度として共役酸の $pK_a$ を用いてもよいことがわかるだろう．共役酸の $pK_a$ が大きいことは共役酸の酸性が小さいこと，すなわち，アミンの塩基性が大きい（アミンの $pK_b$ が小さい）ことを意味する．

ベンゼン環上にある官能基の諸性質（酸性・塩基性，反応速度など）が置換基によってどのような影響を受けるかは，ハメット則（Hammett's rule）によって統一的かつ定量的に整理することができる．すなわち，安息香酸の酸性の強さ（$pK_a$）におよぼす置換基の効果とフェノールの酸性におよぼす置換基の効果，アニリンの塩基性におよぼす置換基の効果などには直線関係がある．ハメット則については付録 B を参照のこと．ただし，安息香酸の酸性における置換基効果とアニリンの塩基性における置換基効果とは負の直線関係になる．

## 演習問題

**1** つぎのことがらについて簡単に説明せよ．
　　酸，塩基，水素結合，双極子相互作用，ファン・デル・ワールス力，$pK_a$，$pK_b$

**2** つぎの各組の化合物を酸性の強い順に並べよ．また推論の根拠を示せ．

a) 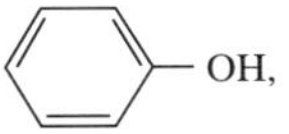 C₆H₅-OH, CH₃COOH, C₆H₁₃OH

b) CH₃COOH, FCH₂COOH, F₂CHCOOH, FCH₂CH₂COOH

c) 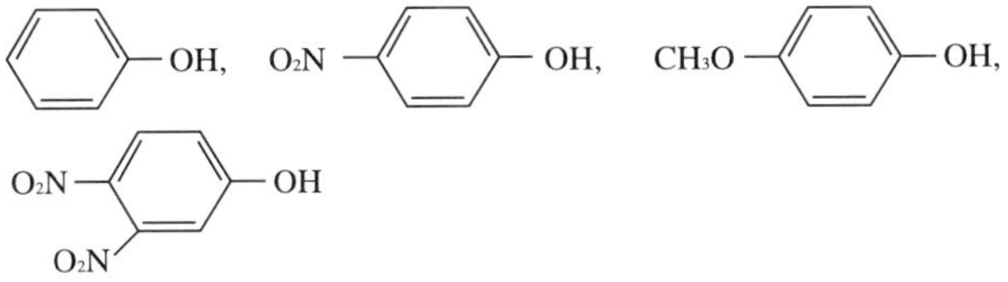 C₆H₅-OH, O₂N-C₆H₄-OH, CH₃O-C₆H₄-OH, (O₂N)₂C₆H₃-OH

d) 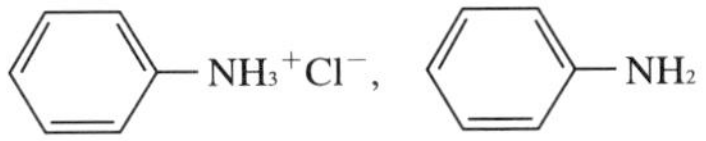 C₆H₅-NH₃⁺Cl⁻, C₆H₅-NH₂

**3** つぎの各組の化合物を塩基性の強い順に並べよ．また推論の根拠を示せ．

a) 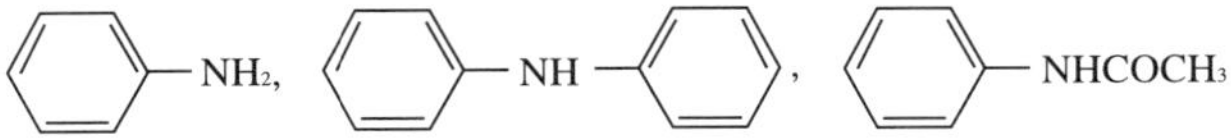 C₆H₅-NH₂, C₆H₅-NH-C₆H₅, C₆H₅-NHCOCH₃

b) 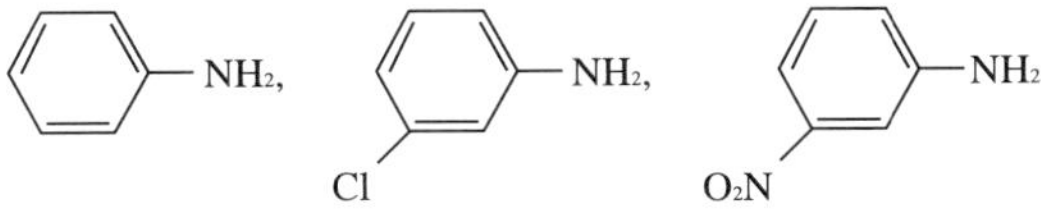 C₆H₅-NH₂, (3-Cl)C₆H₄-NH₂, (3-O₂N)C₆H₄-NH₂

c) 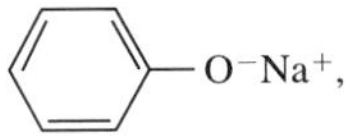 C₆H₅-O⁻Na⁺, CH₃COO⁻Na⁺, C₆H₁₃O⁻Na⁺

**4** つぎの各組の化合物を沸点の高い順に並べよ．

a) CH₃CH₂CH₂CH₃, CH₃CH₂CH₂OH, HOCH₂CH₂OH, CH₃CH₂CH₂NH₂,

b) C$_6$H$_5$—CH$_2$CH$_3$,  C$_6$H$_5$—OCH$_3$,  C$_6$H$_5$—CH$_2$OH,  C$_6$H$_5$—COOCH$_3$

**5** つぎの化合物のうち水に溶けやすいと思われるものを選び出せ．また判断の根拠を示せ．
CH$_3$OH,  CHCl$_3$,  CH$_3$NH$_2$,  C$_2$H$_5$OC$_2$H$_5$,  CH$_3$COOH,  CH$_3$COOC$_2$H$_5$,  HOCH$_2$CH$_2$OH

# 7 有機化合物の分類と命名法

　有機化合物の分子は炭素骨格と官能基からできている．化合物の性質は主として，分子の持っている官能基の種類，数によってきまる．この官能基の性質は結合する炭素骨格の状態と官能基相互の位置関係によって，二次的に変化し分子に多様な性質を与える．

　このことは，分子の性質をきめている電子の状態（結合の性質）が官能基に特有なものであり，官能基の結合している骨格（飽和系か，共役系か，芳香環か）によって，また官能基が分子内に占める空間的な位置によって二次的な影響をうけていることを示している．

　それゆえ，有機化合物の性質を理解するには，各種の官能基の性格を官能基の電子の動きと関連して理解するとともに，I効果，M効果などの概念をもとに炭素骨格や他の官能基の電子との相互作用について洞察できることが大切である．5.3節において主な官能基の電子状態の基本を学んだが，本章以下においては電子状態の考察を基礎において，重要な官能基の物理的，化学的性質を具体的に取り扱う．有機化学の基本概念を具体例で肉づけするものである．

　官能基を囲む環境の中でもっとも大きな影響を持つのは，官能基と共役系との相互作用であって，官能基がアルキル基などの飽和した炭素原子に結合している場合と，共役系，とくに芳香環に直接結合している場合とでは，官能基の性質にかなりちがいが出ることがある．本書の以下の章では，主要な官能基について，
　　1) 官能基が基本的に持っている性質．
　　2) 官能基が飽和した炭素に結合している場合と，芳香環に結合している場合の性質のちがい．
を対比しながら記述し，電子論的解説によって理解を深めたい．

## 7.1 有機化合物の分類

　有機分子は炭素骨格と官能基より成り立っている．有機化合物は，a) 官能基，b) 骨格，の二つの観点から分類される．

　a) 官能基による分類．例，ハロゲン化合物，アルコール，フェノール，アルデヒド，ケトン，カルボン酸，アミン．
多重結合は骨格の一部ともみなせるが，その特異な性質から官能基の一つに数える．

　b) 骨格による分類．

```
┌ 鎖式化合物                                                    ┐ 脂肪族化合物
│ acyclic compounds                      ┌ 脂環式化合物          │ aliphatic
│                                        │ alicyclic compounds  ┘ compounds
│ 環式化合物         ┌ 炭素環式化合物      │
└ cyclic compounds  │ isocyclic compounds │ 芳香族化合物
                    │ 複素環式化合物      └ aromatic compounds
                    └ heterocyclic compounds
```

## 7.2 有機化合物の命名

　有機化合物は官能基と骨格とを明示することによって，その姿を示すことができる．それには構造式がもっとも有用である．しかし，構造式は図形であるから，辞書のような形に整理配列するには不向きである．そこで構造を一意的に表現することのできる命名法が望まれる．このためには，国際純正応用化学連合（International Union of Pure and Applied Chemistry，IUPAC）によって制定された組織的命名法が，国際的に統一された命名法として用いられる．

　命名法は一通りで，文法的例外がないことが望ましいが，重要な化合物については慣用名を棄てることができず，また組織的命名法も幾通りもの方式があって，

$$構造式 \rightleftarrows 名称$$

の1対1対応はついていないが，IUPAC命名法はますます広く用いられるようになり，化学物質を扱う仕事に携わる限り，命名法の基本についての常識は必須のものといえる．本書ではIUPAC命名法のうち，もっとも基本的な**置換命名法**の原則を述べる．IUPAC命名法は英語での命名法なので，日本語名はそれを翻訳あるいは字訳（外国語の綴りをなるべく機械的に片仮名に移す）する．日本語への翻訳，字訳の規則は日本化学会によって検討されている．

　命名法の規則は膨大なものであり，すべてを記憶し適切に運用することはとてもできない相談である．読者は基本をのみ込んだ上は，必要なときに規則書[†]を十分に使いこなせるように訓練すべきである．命名法は規則づくめで退屈に思われるかも知れないが，化学を専門にしないで化学を手段に使う分野の人々も含め，化学情報を利用するために必須のものである．

---

[†] 規則の基本をコンパクトにまとめたものに日本化学会標準化専門委員会，化合物命名小委員会編，"化合物命名法"．演習も含めわかりやすく書かれたものに，畑一夫，"有機化合物の命名・解説と演習"培風館．

## 7.2 有機化合物の命名

有機化合物の置換命名法による組織名はつぎの原則によって組み立てられる。

| 接頭語 | 基本骨格の名称 | 接尾語 |
|---|---|---|
| 置換基，特性基の種類，数，位置を表す． | 炭化水素 複素環 | 不飽和結合の種類，数，位置を表す． / 特性基(主基)の種類，数，位置を表す． |

基本骨格の主なものを表7.1に示す．基本骨格は直鎖，あるいは環式の飽和炭化水素，ベンゼンおよびベンゼン環の連なった化合物，環の一部に，N，S，OなどC以外の原子を含む複素環である．枝わかれのある鎖式炭化水素の場合は不飽和および主基を含んだもっとも長い鎖を骨格と考え，その他の部分を置換基として扱う．

**表7.1 主な基本骨格**

| 構造 | 名称 | カナ |
|---|---|---|
| $CH_4$ | methane | メタン |
| $CH_3CH_3$ | ethane | エタン |
| $CH_3CH_2CH_3$ | propane | プロパン |
| $CH_3CH_2CH_2CH_3$ | butane | ブタン |
| $CH_3CH_2CH_2CH_2CH_3$ | pentane | ペンタン |
| $CH_3CH_2CH_2CH_2CH_2CH_3$ | hexane | ヘキサン |
| (シクロヘキサン構造式) | cyclohexane | シクロヘキサン |
| (ベンゼン構造式) | benzene | ベンゼン |
| (ナフタレン構造式) | naphthalene | ナフタレン |
| (ピリジン構造式) | pyridine | ピリジン |
| (ピロール構造式) | pyrrole | ピロール |

一般の化合物は基本骨格のHが置換基，特性基によって置き換えられたものとして表す．置換基は基本骨格を表す語幹の前後につける接頭語，接尾語によって表す．その際置換基の，(1)**種類**，(2)**数**，(3)**位置**が明確に示されな

**表 7.2** 主要基の接頭語と接尾語（主基として呼称されるための上位順に配列してある.）

| 化合物の種類 | 置換基の式 | 接頭語 | 接尾語 |
|---|---|---|---|
| カルボン酸 | —COOH | カルボキシ [carboxy–] | 酸 [–oic acid]<br>カルボン酸 [–carboxylic acid] |
| カルボン酸エステル | —COOR† | R†–オキシカルボニル [R–oxycarbonyl–] | ——酸R†<br>[R——oate] |
| 酸アミド | —CONH$_2$ | カルバモイル [carbamoyl–] | カルボキサミド [–carboxamide] |
| ニトリル | —CN | シアノ [cyano] | カルボニトリル [–carbonitrile] |
| アルデヒド | —CHO | ホルミル [formyl–] | カルバルデヒド [–carbaldehyde]<br>アール [–al] |
| ケトン | —CO— | オキソ [oxo–] | オン [–one] |
| アルコール<br>フェノール | —OH | ヒドロキシ [hydroxy–] | オール [–ol] |
| アミン | —NH$_2$ | アミノ [amino–] | アミン [–amine] |
| エーテル | —OR | Rオキシ [R–oxy–] | |
| ハロゲン化合物 | —F | フルオロ [fluoro–] | |
| | —Cl | クロロ [chloro–] | |
| | —Br | ブロモ [bromo–] | |
| | —I | ヨード [iodo–] | |
| アルキル | –R (–CH$_3$, –C$_2$H$_5$ など) | 炭化水素名の末尾–aneを–ylに代える<br>　例　メチル，エチル<br>　　　[methyl] [ethyl] | |
| フェニル | —⟨ ⟩ | フェニル [phenyl] | |

† Rはアルキル基, Arはアリール基を示す.

ければならない．置換基には順位がついていて，もっとも順位の高い置換基1種を**主基**として語尾におく．他の置換基は接頭語として表す．必要がない場合は接頭語，接尾語を欠くことがある．置換基のうち主要なものを表7.2に示す．同じ基でも接頭語として用いる場合と接尾語として用いる場合とでは異なる．主基以外の置換基は接頭語にして並べるが，順番は英語名のときのアルファベット順とする．同じ基が2個含まれているときは基名の前にジ（di），3個トリ（tri），4個テトラ（tetra），5個ペンタ（penta），6個ヘキサ（hexa）をつける．ただし基名の順序をきめる場合にはジ，トリなど数を表す言葉は無関係とする．

骨格の中に存在する不飽和結合は，二重結合なら骨格名の語尾アン（ane）をエン（ene）に，三重結合ならイン（yne）に代えて示す．数の表し方（ジ，トリなど）は置換基の場合と同じとする．

置換基，多重結合の位置は炭化水素骨格に端から番号をつけて示す．左右両方からの2通りの番号づけのうち，主基に小さな番号がつく方を選ぶ．ベンゼン環の場合は主基のついた位置を1として順番に2，3，4，5，6，と番号をつける．二置換ベンゼンの場合は，オルト（*ortho-*，*o-* ），メタ（*meta-*，*m-* ），パラ（*para-*，*p-* ）で表すことができる．日本語の表現でも *o-*，*m-*，*p-* の記号を用いてよい．

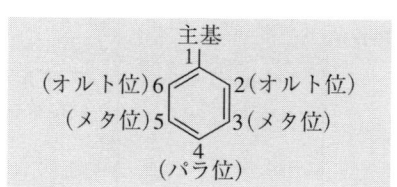

```
           主基
            1
(オルト位)6 ╱ ╲ 2(オルト位)
(メタ位)  5 ╲ ╱ 3(メタ位)
            4
         (パラ位)
```

以上の原則に基づいて行ったいくつかの化合物の命名を次ページの表に示した．

組織名は置換命名法の他に**基官能命名法**もよく用いられる．これは

| 基の名称 | ＋ | 官能基の種類 |

で組み立てられる．英語名では要素を区切って書くが，日本語名ではひと続きに書く点を注意しなければならない．比較的簡単な化合物の命名に適している．

例　　$C_2H_5OH$　　　　ethyl alcohol　　　　エチルアルコール

　　　$C_2H_5OC_6H_5$　ethyl phenyl ether　　エチルフェニルエーテル

　　　　　　　　　　　　　　　　　　　　　（基はアルファベット順）

　　　$CH_3I$　　　　　methyl iodide　　　　ヨウ化メチル

| 構造式 | 英語名 | 日本語名 | 備考 |
|---|---|---|---|
| CH₃–CH(CH₃)–CH₂–CH₂–CH₃ | 2-methylpentane | 2-メチルペンタン | メチル基の位置は4-でなく2- |
| CH₃–CH(CH₂CH₃)–CH₂–CH₃ | 3-methylpentane | 3-メチルペンタン | 太字の鎖の方が水平にかいた鎖より長い |
| CH₃–CH(CH₃)–CH=CH–CH₃ <br> 5  4  3  2  1 | 4-methyl-2-pentene | 4-メチル-2-ペンテン | 二重結合の位置が小さい番号になるように位置番号をつける |
| CH₂=C(CH₂CH₃)–CH₂–CHCl₂ | 4,4-dichloro-2-ethyl-1-butene | 4,4-ジクロロ-2-エチル-1-ブテン | 二重結合のある方を主鎖にし，二重結合に小さい番号がつくようにする |
| CH₃–CO–CH₂–CH(OH)–CH₂Br <br> 1  2  3  4  5 | 5-bromo-4-hydroxy-2-pentanone | 5-ブロモ-4-ヒドロキシ-2-ペンタノン | 接頭語の置換基はアルファベット順 aneoneで母音が重なるときは前の母音eをおとす |
| CH₃–CH(OH)–CH=CH–CH₂OH | 2-pentene-1,4-diol | 2-ペンテン-1,4-ジオール | enediolで母音が重ならないのでeはおちない |
| CH₃CHBr–CHCl–CH₂–CHO <br> 5  4  3  2  1 | 4-bromo-3-chloropentanal | 4-ブロモ-3-クロロペンタナール | CHOも鎖の中に数える．位置はCHOを1にする |
| CH₃–CH(CH₃)–CH=CH–COOH <br> 5  4  3  2  1 | 4-methyl-2-pentenoic acid | 4-メチル-2-ペンテン酸 | |
| HOOCCH₂CH₂COOH | butanedioic acid | ブタン二酸 | CHO, COOHは必ず末端なので位置不要 |
| (3-methylcyclohexene構造) | 3-methylcyclohexene | 3-メチルシクロヘキセン | |
| (m-bromoaniline構造) | 3-bromoaniline <br> *m*-bromoaniline | 3-ブロモアニリン <br> *m*-ブロモアニリン | アニリンは組織名として認められている |

化学の情報を網羅的に集積したChemical Abstractsは，化学に関係する者すべてが活用しなければならない，もっとも重要な抄録誌であるが，そこで使われている命名法には，IUPAC命名法と少し違うものがある．化学の領域において創造的な仕事をするためにはChemical Abstractsを使いこなすことが必要であり，その命名法の仕組みについても知識を持っている必要がある．

Chemical Abstractsの命名法は大筋においてIUPACの置換命名法によっているが，アミンの場合だけ大きな違いがある．$CH_3NH_2$はIUPAC法ではmethylamine（$NH_2$に$CH_3$が結合しているものとして表現する）であるが，Chemical Abstractsではmethanamine（$CH_4$のHが$NH_2$で置換されているものとして表現する）とする．⌬-$NH_2$に慣用名aniline（アニリン）がありIUPAC命名法でも使用が許されている．（IUPAC命名法の原則を適用すればphenylamineである．）しかし，Chemical Abstractsではこれをbenzenamine（ベンゼンアミン）とする．ベンゼンのHの1個が$NH_2$によって置換されたことを示す．

Chemical Abstractsの命名法の方がIUPAC命名法より合理的な面もある．それは，methaneに対してmethanol（$CH_3OH$），methanamine（$CH_3NH_2$）という風に置換命名法の原則が貫かれているためである．将来，Chemical Abstractsの影響はますます大きくなると思われるので，この命名法についても理解を持つことが必要であろう．

## 演習問題

**1** つぎの名称を持つ化合物の構造式を示せ．
　　a) 2-クロロ-3-メチルペンタン
　　b) 1,3-シクロヘキサジエン
　　c) 3-クロロ-3-ブテナール
　　d) 3-ヒドロキシペンタン二酸
　　e) 2,4,6-トリニトロトルエン
　　f) 5-amino-3-penten-2-one
　　g) 3-cyclohexene-1,2-dione
　　h) 1,2,4-benzenetriol
　　i) 2-phenylethanol
　　j) 3-ethyl-3-methyl-2,4-pentanedione

# 8 炭化水素

　炭素と水素とからなる連鎖は有機分子の骨格になっている．骨格であるだけでなく，二重結合，三重結合，共役二重結合は反応性に富んでおり，官能基と考えるのが妥当である．ベンゼン環も独特の性質を持っている．本章では飽和炭化水素（アルカン，alkane；シクロアルカン，cycloalkane），不飽和炭化水素（アルケン，alkene；アルキン，alkyne；共役ポリエン，conjugated polyene），芳香族炭化水素（アレーン，arene）の性質を比較検討する．

　アルカンよりHが1個とれた基を**アルキル基**（alkyl）とよび，Rで表す．アレーンからH1個とれた基を**アリール基**（aryl）[†]とよびAr[††]で表す．したがって，RHはアルカンを，ArHはアレーンを包括的に表す．

　ベンゼン環の表現は電子の非局在を明示するため，(**1**)のように書くこともあるが，

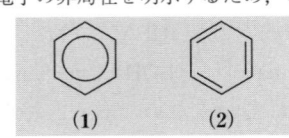

(1)　　(2)

本書では従来からの慣習に従って(**2**)のように表すことにする．

## 8.1 代表的化合物

| | 分子式 | 名称 IUPAC組織名 | 名称 一般名 | 融点 ℃ | 沸点 ℃ | |
|---|---|---|---|---|---|---|
| アルカン | CH$_4$ | メタン methane | | −182.8 | −161.5 | 天然ガスの主成分 |
| アルカン | CH$_3$CH$_3$ | エタン ethane | | −183.6 | −89.0 | |
| アルカン | CH$_3$CH$_2$CH$_3$ | プロパン propane | | −187.7 | −42.1 | |
| シクロアルカン | CH$_2$<br>／　＼<br>CH$_2$──CH$_2$ | シクロプロパン cyclopropane | | −127.5 | −32.7 | |

---

[†] アリル基（allyl）CH$_2$=CH—CH$_2$— と混同しないようにせよ．日本語ではrとlの区別がないので長音と短音で区別している．

[††] アルゴンの元素記号と混同しないこと．

8.1 代表的化合物

| | 分子式 | 名称 IUPAC 組織名 | 名称 一般名 | 融点 ℃ | 沸点 ℃ | |
|---|---|---|---|---|---|---|
| シクロアルカン | CH₂–CH₂–CH₂–CH₂–CH₂ (環) | シクロペンタン cyclopentane | | −93.5 | 49.3 | |
| | シクロヘキサン環 | シクロヘキサン cyclohexane | | 6.5 | 80.7 | |
| アルケン alkene | $CH_2=CH_2$ | エテン ethene | エチレン ethylene | −169.2 | −103.7 | ポリエチレンの単量体 |
| | $CH_2=CH-CH_3$ | プロペン propene | プロピレン propylene | −185.3 | −40.7 | ポリマーの原料 |
| | シクロヘキセン環 | シクロヘキセン cyclohexene | | −103.5 | 83.0 | |
| アルキン alkyne | $CH\equiv CH$ | エチン ethyne | アセチレン acetylene | −81.8 | −83.6 | |
| 共役ポリエン | $CH_2=CH-CH=CH_2$ | 1,3-ブタジエン 1,3-butadiene | | −108.9 | −4.4 | 合成ゴムの単量体 |
| | $CH_2=C(CH_3)-CH=CH_2$ | 2-メチル-1,3-ブタジエン 2-methyl-1,3-butadiene | イソプレン isoprene | −146.0 | 34.1 | 天然ゴムの単量体 |
| アレーン arene | ベンゼン環 | ベンゼン benzene | | 5.5 | 80 | 有機溶剤 合成原料 |
| | ナフタレン環 | ナフタレン naphthalene | | 80.5 | 218 | |
| | ビフェニル環 | ビフェニル biphenyl | | 71 | 255.3 | |

| | 分子式 | 名称 | | 融点 ℃ | 沸点 ℃ | |
|---|---|---|---|---|---|---|
| | | IUPAC 組織名 | 一般名 | | | |
| そ の 他 | CH₃-C₆H₅ | トルエン toluene | | −95.0 | 110.6 | 有機溶剤 |
| | CH₃-C₆H₄-CH₃ | p-ジメチルベンゼン p-dimethyl-benzene | p-キシレン p-xylene | 13.3 | 138.6 | 合成繊維の原料 |
| | CH=CH₂-C₆H₅ | | スチレン styrene | −30.7 | 145.2 | ポリスチレンの単量体 |

**石油化学** 現在の化学工業は石油を原料にしている.

ガソリン 100 dm³（100 ℓ, 70 kg）は 2000 cc クラスの乗用車で東京―名古屋の往復に要する燃料であるが，石油化学の原料にするとつぎのようなものが作り出せる.

ガソリン 70 kg
- エチレン 16 kg — ポリエステルワイシャツ 21 着＋ポリエチレン製灯油缶 11 個（ポリエステル 65% 混紡）
- プロピレン 11 kg — セーター（アクリル 100%）21 着
- ブタン・ブチレン 7 kg — 自動車タイヤ 1 本＋チューブ 3.6 本
- 分解油 18 kg — ナイロンパンティ・ストッキング 500 足
- 分解重油 4 kg — カーボンブラック（タイヤ・ベルトなどに使われる補強剤）
- オフガス 14 kg — 尿素肥料 50 kg（24 アール～2.5 反の水田 1 年分の肥料）

## 8.2 所在，合成法

アルカン，シクロアルカンは石油の主成分であり，組成は産地によって異なる．石油は蒸留して，合成用原料，燃料などに用いる．

石油の留分

| 沸点<br>℃ | 留分名 | 主成分の炭素数 | 用途 |
|---|---|---|---|
| 20 — 70 | 石油エーテル | $C_5$ — $C_6$ | |
| 70 — 90 | 石油ベンジン | $C_6$ — $C_7$ | |
| 80 — 120 | リグロイン | $C_6$ — $C_8$ | |
| (40 — 150) | ガソリン（ナフサ） | | 石油化学の原料，内燃機関の燃料，溶剤 |
| 200 — 300 | 灯油 | $C_{12}$ — $C_{16}$ | 石油発動機，石油ストーブ燃料 |
| 300 — 350 | 軽油 | $C_{13}$ — $C_{18}$ | ディーゼルエンジン燃料 |
| 350 — | 重油 | $C_{16}$ 以上 | |

ベンゼン，トルエンなどの芳香族化合物は，石油化学工業の発展以前は，石炭の乾留で得られるコールタールから取り出されていたが，現在では，ナフサの熱分解で作られる．適当な触媒を用いると芳香族化合物の収量を高めることができる．

## 8.3 物理的性質

アルカン，アルケン，アルキン，アレーンとも揮発性に富んだ物質．炭素数の少ないものは常温で気体．

水には溶けないが，炭化水素どうしはよく混り合う．炭化水素分子を凝集させている力はどれもファン・デル・ワールス力であるためである．密度は1 $gcm^{-3}$ 以下で水に浮く．

共役系の長いポリエンを除いて無色透明である．

## 8.4 化学的性質

| アルカン（RH） | アルケン |
|---|---|
| 各種試薬に対し安定．苛酷な反応条件でのみ反応する．<br>ハロゲンによる置換は高温か，光の作用下でおこる．<br>$$R-H + Cl_2 \xrightarrow[\text{あるいは光}]{250-400℃} RCl + HCl$$<br>反応は枝わかれの多い C の上でおこりやすい．<br>H の置き換わりやすさ．<br>$$-\overset{\mid}{C}H > -\overset{\mid}{C}H_2 > -\overset{\mid}{C}H_3$$<br>反応の選択性は高くない．単一の生成物を得るのはむずかしい． | 反応性豊かで，とくに付加反応をおこしやすい（くわしい説明は9.6節）．<br>$$-\overset{\mid}{C}=\overset{\mid}{C}- + Br_2 \longrightarrow -\overset{\mid}{C}Br-\overset{\mid}{C}Br-$$<br>$$-\overset{\mid}{C}=\overset{\mid}{C}- + HX \longrightarrow -\overset{\mid}{C}H-\overset{\mid}{C}X-$$<br>$X = Cl, Br, I, HSO_4$<br>**付加重合**<br>$$CH_2=CHX \xrightarrow{\text{過酸化物}} -(CH_2-CHX)_n-$$<br>$X = H, Cl, OCOCH_3, -\text{C}_6\text{H}_5$<br>**チーグラー（Ziegler）法**<br>$$CH_2=CH_2 \xrightarrow[\text{(Al(C}_2\text{H}_5)_3-TiCl_4)]{\text{触媒}} -(CH_2-CH_2)_n-$$ |
| **酸　化**<br>酸素と反応して燃える．おだやかな条件での部分酸化はむずかしい． | $C=C$ は酸化をうけやすい．<br>$$-\overset{\mid}{C}=\overset{\mid}{C}- \xrightarrow{KMnO_4(H^+)} -\overset{\mid}{\underset{OH}{C}}-\overset{\mid}{\underset{OH}{C}}-$$<br>温度を上げるとさらに反応して<br>$$-\overset{\mid}{\underset{OH}{C}}-\overset{\mid}{\underset{OH}{C}}- \xrightarrow{KMnO_4(H^+)} -\overset{\mid}{C}=O \quad O=\overset{\mid}{C}-$$ |
| **還　元**<br>反応しない | 触媒（Ni, Pt, Pd などの金属触媒）の存在下で水素が付加する<br>$$-\overset{\mid}{C}=\overset{\mid}{C}- \xrightarrow{H_2(\text{触媒})} -\overset{\mid}{C}H-\overset{\mid}{C}H-$$ |

## 8.4 化学的性質

| 共役二重結合 | アレーン（ArH） |
|---|---|
| アルケンと反応性は類似しているが1,2-付加の他に1,4-付加もする． $$CH_2=CH-CH=CH_2$$ $\xrightarrow{Br_2}$ $CH_2BrCHBrCH=CH_2$ （1,2-付加）　$CH_2BrCH=CHCH_2Br$ （1,4-付加） 1,4-付加が見られることは4.5節で述べた電子の非局在化の証拠． **ディールス-アルダー（Diels-Alder）反応**[†] 電子求引基を持つアルケンと反応して， （ブタジエン ＋ 無水マレイン酸 → 環状生成物） 1,4-付加の1種 | アルケンと異なり，付加反応でなく，置換反応をする．（くわしい説明は9章） ベンゼン → 各種置換体： ・$Cl_2$（触媒；$AlCl_3$, Fe粉など）→ クロロベンゼン ・$Br_2$（触媒；$AlCl_3$, Fe粉など）→ ブロモベンゼン ・$HNO_3$（$H_2SO_4$）　ニトロ化 → ニトロベンゼン ・$H_2SO_4$　スルホン化 → ベンゼンスルホン酸 ・$RCOX$（$X=$ハロゲン）（触媒；$AlCl_3$）　**フリーデル-クラフツ（Friedel-Crafts）反応**（アシル化）→ $ArCOR$ ・$RX$（$X=$ハロゲン）（触媒；$AlCl_3$）　**フリーデル-クラフツ反応**（アルキル化）→ $ArR$ |
| アルケンに同じ | 酸化に強く，トルエンでは側鎖のアルキル基が酸化される． $CH_3$-$C_6H_5$ $\xrightarrow{K_2Cr_2O_7(H^+)}$ $COOH$-$C_6H_5$ |
| アルケンに同じ | 触媒の存在下で水素と反応するが，アルケンに比べ，高温，高圧を要する．（共鳴による安定化のため．） ベンゼン $\xrightarrow{H_2(Ni)}$ シクロヘキサン |

---

[†] ディールス-アルダー反応は，ジエンと無水マレイン酸を混合すると自然に発熱して進行する．環の形成に便利で重要な反応である．反応の機構は第9章で勉強するイオン反応，ラジカル反応のいずれでもなくジエンの両端で同時に結合ができる協奏反応である．協奏反応については，付録C.1.3を見られたい．

# 9 有機反応

　第6章では分子の電子状態と物質の物理的性質の関連性について学んだ．本章では有機分子の反応を電子の動きと結びつけて理解することを試みる．本章で基本的な考えを述べ，以下の章で展開される有機化合物の諸性質の電子状態に基づく理解の基盤としたい．

## 9.1　有機反応の形式による分類

有機反応はつぎのように形式に分類される．
　（ⅰ）　**置換**（substitution）　分子中の原子あるいは原子団が他の原子あるいは原子団によって置き換わる反応．つぎのトルエンの2種類の反応はいずれも置換反応である．

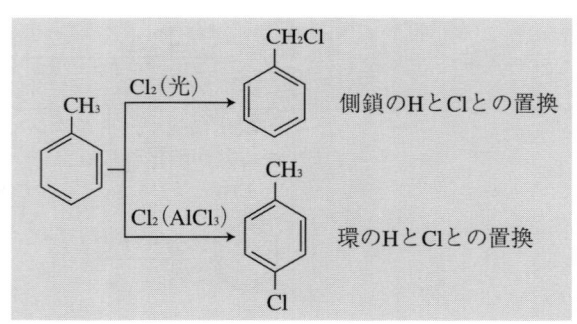

　（ⅱ）　**付加**（addition）　多重結合に，一つの分子が2個の部分に分かれて結合する反応．
　　例
$$CH_2=CH_2 + H_2O \longrightarrow CH_3-CH_2OH$$
$$CH\equiv CH + H_2 \longrightarrow CH_2=CH_2$$

　（ⅲ）　**脱離**（elimination）　付加の逆．一つの分子から分子の一部分が除去されて，多重結合を生じる反応．
　　例
$$CH_3CH_2OH \longrightarrow CH_2=CH_2 + H_2O$$

　（ⅳ）　**縮合**（condensation）　2分子が反応して，水，アンモニアのような簡単な分子がとれて2分子が結合され，新しい1個の分子を生ずる反応．

例  　　　　CH₃COOH＋CH₃OH ⟶ CH₃COOCH₃＋H₂O

（ⅴ）　**転位**（rearrangement）　分子内で結合の組替えがおこる反応．

例
$$CH_3CH_2CH_2CH_3 \xrightarrow{触媒} CH_3CHCH_3 \atop \qquad\qquad |\atop \qquad\qquad CH_3$$

シス–トランス異性化反応のような立体異性化も転位反応の仲間に入れることがある．

## 9.2　有機反応の機構（イオン反応とラジカル反応）

　化学反応では何がおこるかを知るだけでなく，「なぜ反応がおこるか．」，「どのようにして反応がおこるか．」を知ることが重要である．単純に見える化学反応も，分子，原子のレベルで見ると，いくつかの段階の組合せであることが多い．化学反応を構成している各段階の詳細を**反応機構**（reaction mechanism）という．莫大な数の反応も反応機構を検討すると，いくつかの型に分類することができ，有機化学は体系化されるのである．

　原子・分子は直接見ることはむずかしく，さらに1個の分子の一つの反応段階は$10^{-10}$秒位でおこってしまうので，反応機構の解明は巨視的に観測できる種々の"状況証拠"を総合して行う．原子・分子に目印をつけて，その行動を追跡することも有用な方法であり，目印には同位体や不斉炭素（立体配置の変化から反応機構を結論する）などが用いられる．

　無機化合物で見られる陽イオンと陰イオンの反応は一瞬のうちに終って，沈殿の生成や，色の変化が見られる．これに対して，有機化合物を完全に反応させてしまうためには，何時間も加熱を続けなければならないことが多い．これはイオン結合では，電荷が反対なら，かなり自由に相手を入れ換えられるのに，共有結合の組替えは簡単でないためである．

　有機分子に反応をおこさせる原動力にはつぎの二つがある．
　1）　静電的な相互作用
　2）　対になっていない電子（不対電子）を持つ活性種が生じ，自身の安定化のために種々の反応をする．

　前述したように有機分子の中には分極があり，この分極が分子内，分子間で作用し合い，反応にまで高められる．また触媒などの作用で，通常の状態にはない不安定なイオン種やラジカル種ができて，その大きな活性が反応をすすめ

る．弱い分極のもとで反応させるために，あるいは，活性種を作り出すためにはエネルギーが必要で，そのためには温度を上げなければならない．また活性化状態，活性種は全体の中でごくわずかな割合しか占めないであろうから，全体が反応しきってしまうには時間がかかる．

有機反応を反応の原動力になっている相互作用の面から分類すると，イオン反応とラジカル反応に分けられる．

1) **イオン反応**（ionic reaction） 電荷を持った活性種や分極した分子が電気的な相互作用によって反応するもの．

2) **ラジカル反応**（radical reaction） 不対電子を持った活性種の反応．静電的な相互作用ではなく，不安定な状態にある不対電子が種々の化合物を攻撃する反応．

化学反応は結合の組替えである．結合の組替えは，結合の切断と，連結とからなっている．結合の切断にはつぎの二つの形式がある．

a) **ヘテロリシス**（heterolysis） 結合を作っている電子が2個とも断片の一方に取り込まれ，他方に電子を持たない空の軌道が残されるような切れ方．

$$X:Y \begin{array}{c} \nearrow X:^- + Y^+ \\ \text{あるいは} \\ \searrow X^+ + :Y^- \end{array}$$

当然一方は陽に他方は陰に帯電する．ヘテロリシスはイオン反応で重要な役割を果す．

b) **ホモリシス**（homolysis） 結合を作っている電子が断片のおのおのに1個ずつ取りこまれ，2個のラジカルができるような切れ方．

$$X:Y \longrightarrow X\cdot + \cdot Y$$

$X:^-$は他の分子の陽電荷を帯びた場所を攻撃する．原子の中で陽電荷の中心は**原子核**（nucleus）であることから，「$X:^-$は原子核を目指す」というとらえ方をして，$X:^-$のような試薬を**求核試薬**（nucleophilic reagent，**親核試薬**とよばれることもある．），または多くの場合陰イオンであることから**アニオノイド試薬**（anionoid reagent）とよばれる．$NH_3$のように，非共有電子を持ったものは電子供与性で，陰イオンと同じように陽電荷の中心を攻撃するので，同じ仲間に入れられる．

$Y^+$は逆に陰電荷を持った電子をめがけて攻撃するので，**求電子試薬**（electrophilic

reagent）または**親電子試薬**あるいは**カチオノイド試薬**（cationoid reagent）とよばれる．

## 9.3 トルエンの塩素による置換反応

本節では分子の電子状態と反応性の関連性をトルエンと塩素との反応を例にして考えよう．塩素はトルエンの水素と置換するが，反応条件によってベンゼン環の H が置換されるか，$CH_3$ の H が置換されるかが変わってくる．

形式的には双方とも H の Cl による置換であるが，この二つの反応では，反応を支配している活性な中間体の性質が異なり，したがって，反応機構が異なるために反応のおこる場所がちがってきているのである．結論からいうと $AlCl_3$ などのルイス酸存在下での塩素との反応では $Cl^+$ が，光照射下の反応では $Cl\cdot$ が生成しており，それぞれイオン反応，ラジカル反応を行うのである．

なぜ $Cl^+$ は環を $Cl\cdot$ は側鎖を攻撃するか考えてみよう．攻撃されるトルエンはベンゼン環の上下に厚い π 電子の軌道を持っており，陰電荷が環の上下に張り出している．この π 電子は原子核にゆるくしか束縛されておらず，反応性が高い．一方 $CH_3$ には σ 電子しかなく，反応性に乏しい．したがって $Cl^+$ のような電子を求めて攻撃してくる試薬は環の方を選んで反応する．

$Cl\cdot$ は中性であり，静電的な引力は大きな役割を果たさない．ラジカルは不対電子の不安定さをいく分でも緩和しようとして反応する．反応にはいくつかのやり方があるが，この場合には水素原子を奪って，自身が HCl として落着く．$Cl\cdot$ が $H\cdot$ を引き抜く場として環と側鎖とのいずれが好都合かを考える．トルエンから $H\cdot$ が引き抜かれると残りの部分にはどうしても不対電子が残り，不安定なラジカルになる．ベンゼン環から引き抜かれると (**1**)，側鎖から引き抜かれると (**2**) のようなラジカルが生じる．このうち (**2**) がより安定であること

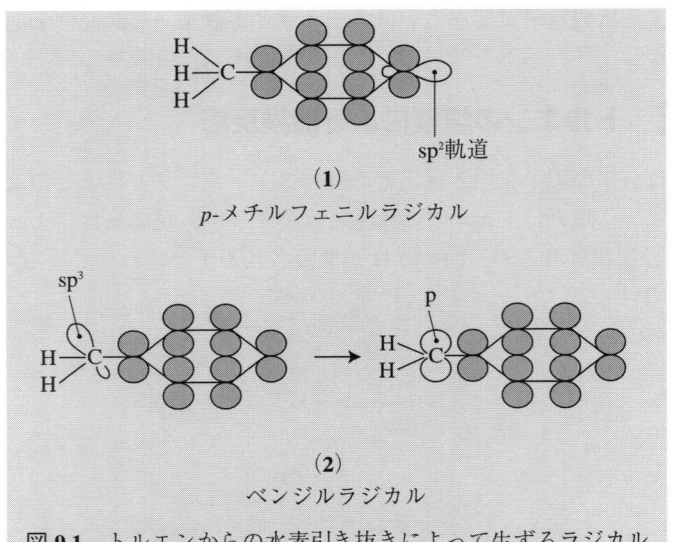

**図 9.1** トルエンからの水素引き抜きによって生ずるラジカル

(1) p-メチルフェニルラジカル
(2) ベンジルラジカル

がつぎの考察からわかる．

メチル基の H が抜かれた直後は，C の $sp^3$ 軌道に不対電子が存在することになるが，不対電子の入った軌道が p 軌道に再編成されると，不対電子はベンゼン環の π 電子と共役できることになり，不対電子が $CH_2$ 上に局在化した状態よりずっと安定になる．共鳴で書き表すと，つぎの共鳴がラジカルを安定化しているといえる．

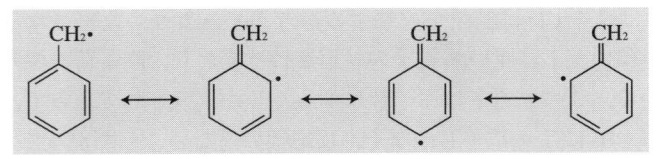

一方，環の H が引き抜かれた場合を考えると，不対電子が入っている軌道はベンゼン環の π 軌道と直交しており，この二つの軌道間で電子をやり取りすることができない．すなわち，不対電子は局在しており不安定なままである．

側鎖の H が引き抜かれたときと，環の H が引き抜かれたときの，反応の進行に伴うエネルギー変化を模式的に図にしてみると図 9.2 が得られる．ラジカルができて不安定にはなるが (1) より (2) の状態の方がエネルギーは小さくてすむ．反応はできるだけエネルギーが小さくてすむ経路をとるので，側鎖で反応がおこる．

## 9.3 トルエンの塩素による置換反応

**図 9.2** トルエンからの水素引き抜き

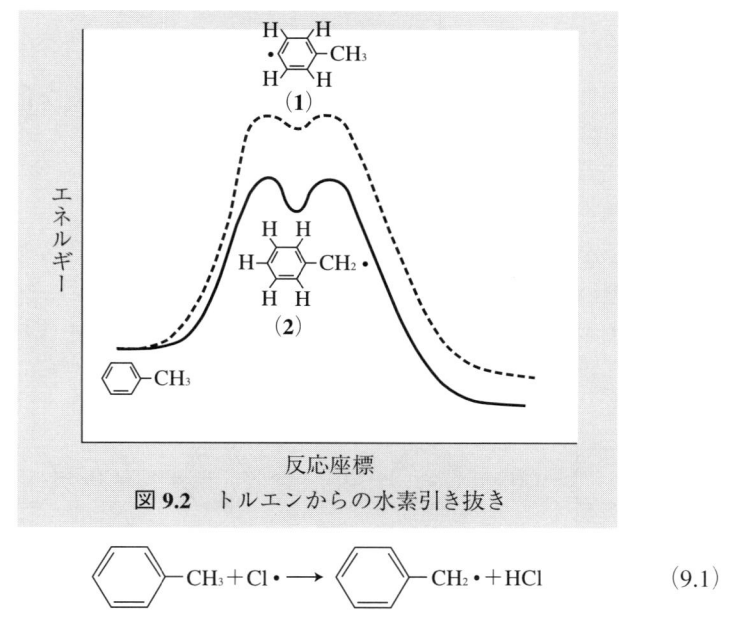

$$\text{C}_6\text{H}_5\text{-CH}_3 + \text{Cl}\cdot \longrightarrow \text{C}_6\text{H}_5\text{-CH}_2\cdot + \text{HCl} \tag{9.1}$$

図 9.2 で中間体のエネルギーがすり鉢状に落ち込んでいるのは，ごく短い時間にもせよ，不安定な中間体が実在し検知することのできる実体であることを意味している．

これに対し，反応の経過に従ってエネルギーが図 9.3 のように変化する場合は，エネルギー最高の状態は検知することができない．この状態はただちに原系か生成系のいずれかに変化してしまうからである．このエネルギー最高の状態を**遷移状態**（transition state）という．

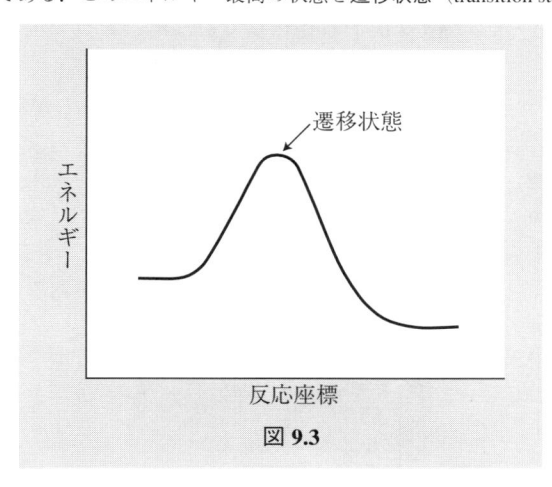

**図 9.3**

このようにして生成した C₆H₅–CH₂· はラジカルであり，エネルギーの高い状態にある．このラジカルは $Cl_2$ と反応して，自分自身は安定な化合物になると同時に Cl· を再生する．

$$\text{C}_6\text{H}_5\text{–CH}_2\cdot + \text{Cl}_2 \longrightarrow \text{C}_6\text{H}_5\text{–CH}_2\text{Cl} + \text{Cl}\cdot \tag{9.2}$$

Cl· は $CH_3$ 基から H を引き抜くので，この反応は繰り返しおこることになる．このような型の反応を**ラジカル連鎖反応**（radical chain reaction）という．

連鎖が停止するのはラジカルどうしの反応で不対電子が対を作る反応である．

$$\text{C}_6\text{H}_5\text{–CH}_2\cdot + \cdot\text{Cl} \longrightarrow \text{C}_6\text{H}_5\text{–CH}_2\text{Cl} \tag{9.3}$$

$$\text{C}_6\text{H}_5\text{–CH}_2\cdot + \cdot\text{CH}_2\text{–C}_6\text{H}_5 \longrightarrow \text{C}_6\text{H}_5\text{–CH}_2\text{CH}_2\text{–C}_6\text{H}_5 \tag{9.4}$$

$$\text{Cl}\cdot + \text{Cl}\cdot \longrightarrow \text{Cl}_2 \tag{9.5}$$

これらはホモリシスの逆反応である．

ラジカル反応は必ずしも連鎖になるとはかぎらない．ラジカルの活性が弱いと (9.2) の反応のような安定な分子を分解する反応がおこらないので，一番エネルギーの要らないラジカルどうしの反応（(9.3), (9.4), (9.5) の型の反応）だけがおこって反応が停止してしまう．

トルエンの $Cl^+$ による求電子置換反応はメチル基の $o$– 位と $p$– 位におこって $m$– 置換体は非常に少量しか得られない．種々の置換ベンゼンの塩素化を調べてみると，塩素の入る位置が前から存在していた基によって規定されることがわかった．

塩素化が $o$–, $p$– 位におこる化合物にはつぎのようなものがある．

C₆H₅–CH₃, C₆H₅–OH, C₆H₅–OCH₃, C₆H₅–Cl, C₆H₅–Br, C₆H₅–I

塩素化が $m$– 位におこる化合物にはつぎのようなものがある．

C₆H₅–COOH, C₆H₅–CN, C₆H₅–NO₂

このことを置換基による配向性というが，その原因については次節で解説する．

## 9.4 芳香族化合物の求電子置換反応と配向性

前節の末尾で述べた，塩素化のおこる位置が，あらかじめ存在する置換基によって規定されるという配向性の問題は塩素化に止まらず，ニトロ化，スルホン化，フリーデル–クラフツ反応などを包含して，芳香族化合物の置換反応における**配向性**（orientation）として，非常に一般的な形で，つぎのようにいうことができる．

「ベンゼン環にニトロ化，ハロゲン化，スルホン化，フリーデル–クラフツ反応（アルキル化，アシル化）などがおこる場合，反応がおこる位置は，あらかじめ存在していた基によって規定される．あらかじめ存在していた基が—OH，—OR，ハロゲン，アルキルなど電子供与性の M 効果を持つものであると反応は $o$-, $p$- 位におこる．あらかじめ存在していた基が—$NO_2$, —CN, —COOH, —COOR, —$CONH_2$, —COR などの電子求引性の M 効果を持つものであると反応は $m$- 位におこる．」

なお，これに付随してつぎのことも注目される．$o$-, $p$- 位の反応がおこる場合は，一般に反応が容易で反応条件は穏やかでよい．――反応温度を低くし，試薬の濃度をうすくする．一方，$m$- 位に反応がおこる場合は反応が困難で，反応条件を苛酷にする必要がある．――反応温度を高めたり，試薬の濃度を上げたりする．

例

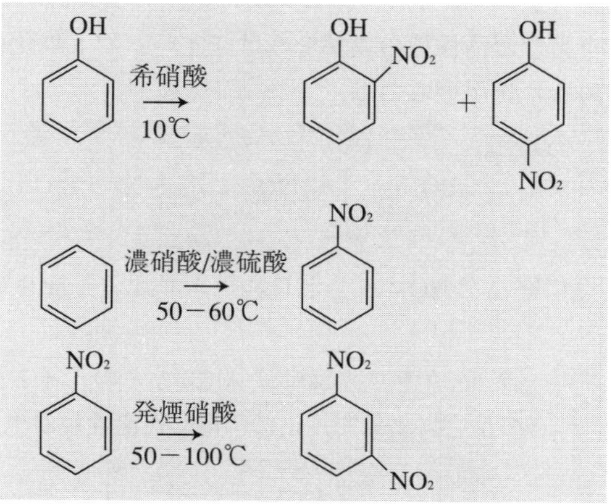

配向性は，はじめてこれを学ぶ人に混乱をおこしやすい．

あとから入る基の位置が前から存在していた基によって規定されるのであって，新たに導入される基の性格によってきまるのでもなければ，新，旧二つの基の電子効果のかね合いによってきまるのでもない．あくまでも"先住権"が強いのである．したがって二置換ベンゼンを作る場合，置換基を入れる順番によって異なった化合物ができることがある．

このことは化合物を合成する場合大変重要である．碁，将棋などのときと同じように"手順前後"があると合成は成功しない．

## 9.5 配向性の原因

配向性とそれに伴う反応条件のちがいは，電子論的な考察によって明快に理解できる．9.3 節で述べたようにベンゼン環は電子の雲で覆われており，したがって，陽電荷を帯びた活性種の攻撃をうけやすい．ニトロ化に硝酸と硫酸の混合物（**混酸**という）を用いるのは，

$$HNO_3 + H_2SO_4 \rightleftharpoons HON^+\!\!\begin{array}{c}O\\OH\end{array} + HSO_4^- \rightleftharpoons NO_2^+ + H_2O + HSO_4^-$$

によって，反応性に富んだ $NO_2^+$（ニトロニウムイオン）を生成させるためである．

ハロゲン化，フリーデル-クラフツ反応に $AlCl_3$ などのルイス酸が触媒として用いられるのは，つぎの反応によって，正に帯電した活性種が生ずるからである．

$$:\!\ddot{B}r\!-\!\ddot{B}r\!: \;+\; \begin{array}{c}Cl\\Al:Cl\\Cl\end{array} \longrightarrow \;:\!\ddot{B}r^+ \left[:\!\ddot{B}r\!:\begin{array}{c}Cl\\AlCl\\Cl\end{array}\right]^- \;(=[AlCl_3Br]^-)$$

## 9.5 配向性の原因

$$CH_3COCl + AlCl_3 \longrightarrow CH_3\overset{+}{C}=O + [AlCl_4]^-$$
$$CH_3CH_2Cl + BF_3 \longrightarrow CH_3CH_2^+ + [BF_3Cl]^-$$

ルイス酸は他の分子から電子を奪って，陽イオンを生成させる．

スルホン化を行う活性種であると考えられている $SO_3$ は全体としては正電荷を持っていないが，

の共鳴構造からわかるように S が陽電荷を帯びている．このようにベンゼン環に変化をおこすことができるものは共通に陽性のものである．

一方攻撃を受ける側を考える．置換基を持っていないベンゼンではどの炭素にも均等に電子が存在するのに，置換基があると，ベンゼン環上の電子が分極し，電子密度の大小を生じる．5.2 節の考察によって明らかなように π 電子の偏りは，M 効果を基に考えられる．

—OH，—OCH$_3$，—CH$_3$，ハロゲン，などの基がベンゼン環についていると，置換基から流れ出した電子は環の $o-$，$p-$ 位に集中する．これに対し $m-$ 位の電子密度は上昇しない．このことは $o-$，$p-$ 位が $m-$ 位に比べ陽性の活性種の攻撃をうけやすいことを示している．また，置換基のないベンゼンに比べて，電子供与性置換基を持つベンゼン環の $o-$，$p-$ 位の電子密度は大きいので，電

子供与基を持つ置換ベンゼンの反応性はベンゼンよりも高くなり，したがって，穏やかな条件でも反応することが理解される．

一方—COR，—$NO_2$，—CN などの電子求引性の M 効果を持つ置換基はベンゼン環の $o-$, $p-$ 位の電子を求引してしまう．これに対し，$m-$ 位は直接 M 効果の影響をうけない．したがって，$m-$ 位の電子密度は $o-$, $p-$ 位の電子密度に比べ大きいので反応がおこるとすれば $m-$ 位である．しかし，$o-$, $p-$ 位の電子密度の減小は二次的な I 効果によって $m-$ 位の電子密度をも低下させるので，ベンゼンに比べてきびしい反応条件が必要になる．

以上のようにして，配向性の問題が理解できる．これまでの議論は正に帯電した活性種とベンゼン環の π 電子が相互作用しはじめる初期の段階，図9.4 の A の部分について，どの位置での反応がエネルギーの高まりが少なくてすむかを目安に反応の容易さを考察したのであるが，反応の過程で生じる中間体の安定性を基礎に考察することもできる．図9.4 の B の部分に焦点を合わせた見方である．M 効果で電子供与性の —OH 基を持つフェノール，M 効果で電子求引性の —$NO_2$ を持ったニトロベンゼンのニトロ化の中間体の共鳴式を図 9.5 に示した．

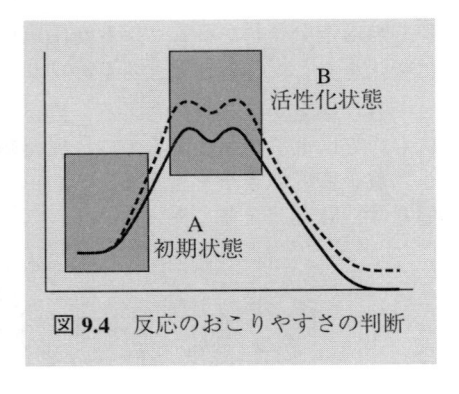

**図9.4** 反応のおこりやすさの判断

これらの中間体は安定なベンゼン環の共役が破壊されており，エネルギーの高い状態であるが，どの構造が一番エネルギーが少なくて済むかを考察してみる．フェノールでは，—$NO_2$ が —OH の $o-$, $p-$ 位に結合したものは正電荷が電子供与の OH に分布し，正電荷が中和されている．(極限構造式 (**3**)，(**10**))一方 $m-$ 位の結合したものでは —OH による＋電荷の中和が期待できない．したがって，—OH の $o-$, $p-$ 位にニトロ基が結合した形は $m-$ 位に結合した形より安定である．反応は，できるだけ活性化エネルギーが小さくて済む経路を通るので，フェノールは $o-$, $p-$ 位がニトロ化される．フェノールの $o-$, $p-$ 位に —$NO_2$ 基がついた中間体は —OH 基のない場合，すなわちベンゼンのニトロ化中間体に比べ安定化されているので，フェノールのニトロ化の条件はベンゼンのそれより穏やかでよい．

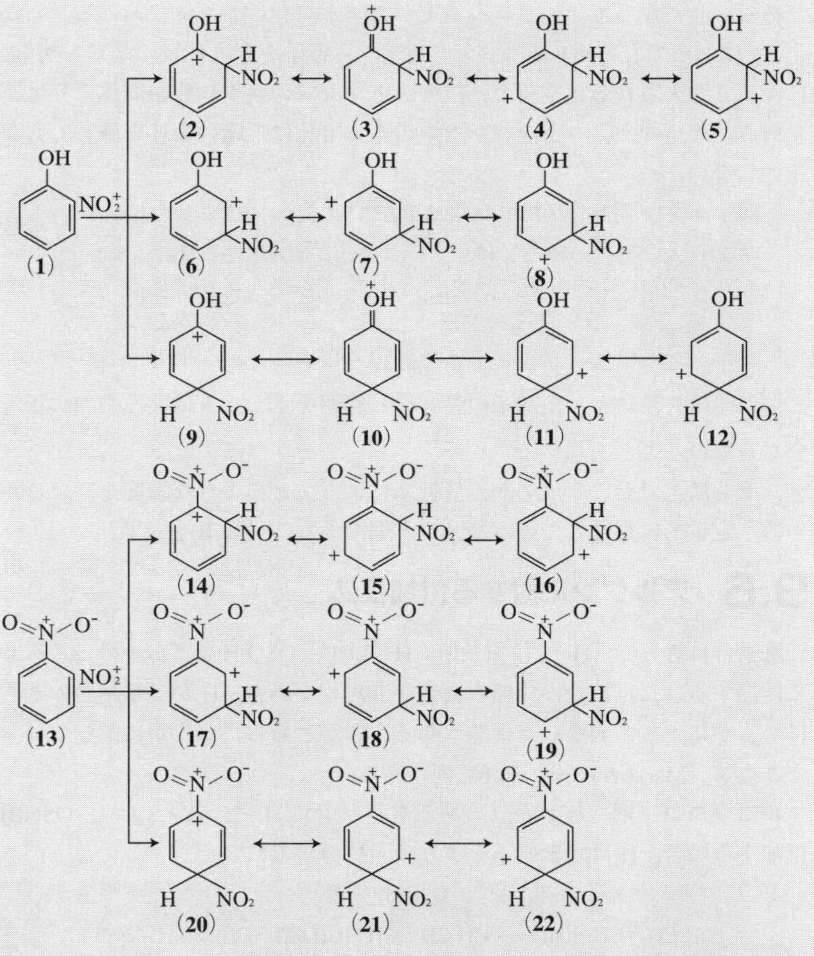

## 9.5 配向性の原因

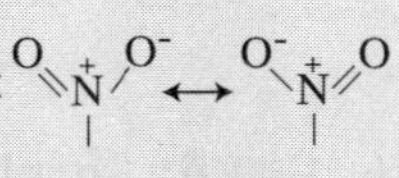

図 9.5 フェノールとニトロベンゼンのニトロ化中間体の共鳴構造

ここでは $-NO_2$ の電子状態を $O\!\!=\!\!\overset{+}{\underset{|}{N}}\!\!-\!\!O^-$ で代表させた．正確には $O\!\!=\!\!\overset{+}{\underset{|}{N}}\!\!-\!\!O^- \leftrightarrow {}^-O\!\!-\!\!\overset{+}{\underset{|}{N}}\!\!=\!\!O$

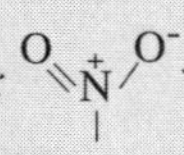

これに反し，ニトロベンゼンでは，o-, p- 位に $-NO_2$ の結合した形には (**14**)，(**20**) のように正電荷が向い合ったような極限構造式が関与している．この＋と＋のぶつかり合いはエネルギーを高める．m- 位に $-NO_2$ の結合した形は＋

と＋の鉢合せが回避させており，o-, p- 位に —NO₂ のついた形よりも安定な形である．したがって，ニトロベンゼンのニトロ化は m- 位におこる．しかし，m- 位ではあっても—NO₂ 基はベンゼン環から電子を奪う性質の基で $NO_2^+$ の付加によって導入される正電荷と拮抗し，ベンゼンのニトロ化中間体よりは不安定である．それゆえ，ニトロベンゼンのニトロ化は反応の条件を厳しくしないと進行しない．

ベンゼンに $NO_2^+$ の付加した中間体の共鳴構造を下のように表すことがある．

⌣の印は共役によって電子の動き得る範囲を示し，＋は共役系内に正電荷が分布していることを示す．

ベンゼン環上でおこる反応が，置換基によってどのような影響をうけるかを統一的，定量的に整理したのがハメット則である．付録Bを参照．

## 9.6　アルケンに対する付加反応

二重結合に対して，H—Cl，H—Br，H—I，H—OSO₃H などが—のところで切れて付加する．二重結合の両側の構造が非対称な場合，Hが二重結合のどちら側につくかによって異なった構造になる．Hがどちらにつくかに関してはマルコヴニコフ（Markovnikov）の経験則がある．

マルコヴニコフ則：枝わかれのあるアルケンに H—Y（Y＝Cl, I, OSO₃H）が付加する場合，Hは水素原子をより多く持つ炭素につく[†]．

$$CH_3CH=CH_2 + HI \longrightarrow CH_3\underset{|}{\overset{I}{C}}H-\underset{|}{\overset{H}{C}}H_2 \quad (CH_3\underset{|}{\overset{H}{C}}H-\underset{|}{\overset{I}{C}}H_2 は生じない)$$

$$CH_3-\underset{\underset{CH_3}{|}}{C}=CH-CH_3 + HI \longrightarrow CH_3-\underset{\underset{CH_3}{|}}{\overset{\overset{I}{|}}{C}}-\underset{|}{\overset{H}{C}}H-CH_3 \quad (CH_3-\underset{\underset{CH_3}{|}}{\overset{\overset{H}{|}}{C}}-\underset{|}{\overset{I}{C}}H-CH_3 は生じない)$$

これらの中にあってHBrは特殊な存在であって，アルケンとHBrを十分精製し，純粋なものを，光の当らないところで反応させると，マルコヴニコフ則に

---

[†] この規則は覚えやすい．"富めるものはますます富む"のである．

## 9.6 アルケンに対する付加反応

合った生成物ができる．しかし，特別の注意を払わず反応させると，マルコヴニコフ則と逆，すなわちHはHの数の少ない炭素につく．マルコヴニコフ則に合わない生成物は光や過酸化物（後述）によって非常に促進される．

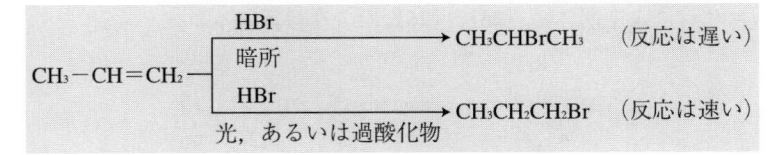

$$CH_3-CH=CH_2 \begin{array}{c} \xrightarrow{HBr,\ 暗所} CH_3CHBrCH_3 \quad (反応は遅い) \\ \xrightarrow{HBr,\ 光，あるいは過酸化物} CH_3CH_2CH_2Br \quad (反応は速い) \end{array}$$

歴史的にいうとHBrはマルコヴニコフ則の例外と考えられていた．反応条件のちがいが生成物の相違につながることを見い出したのはアメリカのカラーシ（Kharasch）とメイヨー（Mayo），日本の漆原義之（1901 — 1972）で，1934年のことであった．この発見は，反応機構，とくにラジカル反応の研究発展の機縁になり，現在の合成高分子に至るまでの広い応用の基盤を作ったのである．有機化学者は通常の合成反応を行うとき，酸素や光に対して特別の顧慮を払わないことが多かった．したがって，HBrの"正常付加（マルコヴニコフ則に合う付加）"を見い出すのには実験に対する異常な注意と技術が必要だったのである．

マルコヴニコフ則は，電子論の立場でどのように理解できるであろうか．$CH_3-CH=CH_2$ について考えてみよう．アルケンの二重結合は分子の上下にひろがった$\pi$電子でできており，ベンゼンの反応と同じように陽イオン（この場合$H^+$）の攻撃をうけるだろう．さて$H^+$が付加したあとの中間体として，

$$\underset{(23)}{\overset{H}{\underset{|}{CH_3CH}}-\overset{+}{CH_2}}, \quad \underset{(24)}{\overset{H}{\underset{|}{CH_3\overset{+}{CH}}}-CH_2}$$

の二つが考えられる．$C^+$（炭素陽イオン，カルボニウムイオン，carbonium ion）は6個の電子しか持たず不安定な形であるが，周囲に電子供与基があると陽電荷が中和され，不安定さの度合が弱まる．5.4節で述べたように，アルキル基，とくに$CH_3$基は超共役で電子を供与する．(24) の $C^+$ は2個の $CH_3$ に取り囲まれ陽電荷が中和されているのに対し，(23) の $C^+$ は $CH_3$ よりも電子供与能力の劣る $C_2H_5$ の，それも1個としか結合していない．したがって(24)は(23)より安定で，(24)だけが生成する．(24)の $C^+$ に $Cl^-$，$Br^-$，$I^-$，$^-OSO_3H$ などが結合することによって反応は完結する．以上の考え方に従うと，電子求引基を持ったつぎの化合物が見かけ上マルコヴニコフ則に合致しない生成物を与えることも理解できる．

$$CH_2=CHCOOH + HI \longrightarrow ICH_2CH_2COOH$$

**HBrの付加**　光や酸素存在下での HBr の付加はラジカル反応によって進行する．この場合 Br・(臭素原子) の二重結合に対する攻撃が反応全体を支配する．Br・は非共有電子を持つので，中間体もラジカルになる．$CH_3CH=CH_2$ に Br・の付加したラジカル中間体は (**25**), (**26**) のように書ける†．

$$\underset{(25)}{CH_3-\underset{\underset{Br}{|}}{CH}-CH_2\cdot} \quad \text{あるいは} \quad \underset{(26)}{CH_3\overset{\cdot}{C}HCH_2Br}$$

(**25**), (**26**) の安定性が反応をきめるが，この場合もより多くのアルキル (あるいはハロアルキル基) にかこまれた (**26**) の方が安定である．ラジカルの場合もカルボニウムイオンの場合と類似のアルキル基による超共役によって，ラジカルが安定化すると結論されている．共鳴式で表すと，つぎのような極限構造式の間の共鳴が安定化に寄与すると考えられている．

$$\underset{(27)}{H-\underset{\underset{H}{|}}{\overset{\overset{H}{|}}{C}}-\overset{\cdot}{\underset{\underset{H}{|}}{C}}-} \leftrightarrow \underset{(28)}{H-\underset{\underset{H}{|}}{\overset{\overset{H\cdot}{}}{C}}=\underset{\underset{H}{|}}{C}-} \leftrightarrow \underset{(29)}{H\cdot \underset{\underset{H}{|}}{C}=\underset{\underset{H}{|}}{C}-} \leftrightarrow \underset{(30)}{H-\underset{\underset{H\cdot}{}}{\overset{\overset{H}{|}}{C}}=\underset{\underset{H}{|}}{C}-}$$

上のような単結合を切った極限構造式は，不自然で共鳴における寄与も小さいように思われるかも知れないが，5.4節に述べたように量子力学的な理論的取扱いは超共役が十分根拠のあるものであることを示している．ラジカルを安定化する力は，カルボニウムイオンの場合と同じように $—CH_3 \rangle —C_2H_5 \rangle —CH(CH_3)_2$ である．

したがって，(**26**) は (**25**) より安定であって，(**26**) が選択的に生成する．反応はこのあとつぎのように連鎖反応で進む．

$$\left. \begin{array}{l} CH_3\overset{\cdot}{C}HCH_2Br + HBr \longrightarrow CH_3CH_2CH_2Br + Br\cdot \\ Br\cdot + CH_3CH=CH_2 \longrightarrow CH_3\overset{\cdot}{C}HCH_2Br \end{array} \right\} \text{連鎖反応}$$

過酸化物というのは —O—O— 結合を持った化合物である．過酸化物の一つ R—O—O—H (ヒドロペルオキシド) は R—O—H (アルコール) と異なり，

---

†　Br・は二重結合に対する付加反応性も大きい．トルエンの場合に見られる水素引抜き反応は

のような場合に著しい．付加がおこるか，水素引抜きがおこるかは攻撃をうける化合物の構造によって左右される．

O—O 結合が弱く，ホモリシスによって切れ，ラジカルを生じる．

$$R-O{\sim}O-H \longrightarrow RO\cdot + \cdot OH$$

ラジカルは HBr と反応して，つぎのようにして Br・を発生させる．

$$RO\cdot + HBr \longrightarrow ROH + Br\cdot, \quad あるいは \quad \cdot OH + HBr \longrightarrow H_2O + Br\cdot$$

いったんラジカルができると反応は連鎖によって将棋倒し式に進んでしまう．すなわち，過酸化物は反応のきっかけを作るだけなので少量でよい．

有機化合物を空気に触れさせながら貯えると，わずかずつでも反応して

$$R-H + O_2 \longrightarrow R-O-O-H$$

の反応によって過酸化物ができる．光があたると，この反応は非常に促進される．

試薬を貯えるとき，褐色びんに入れ，空気を遮断して，冷暗所に貯えることが推奨されるのは，過酸化物の生成による劣化を防止するためである．ジエチルエーテルのような化合物はとくに過酸化物ができやすい．過酸化物は爆発性であり，熱をかけることは危険である．古いジエチルエーテルを蒸留していて，うっかり蒸留フラスコがからからになるまで加熱をつづけてしまうと，温度が上がってしばしば爆発事故がおこる．（ジエチルエーテルが残っている間は沸点以上に温度が上らないので爆発の危険は少ない．）

このマルコヴニコフ則に合わないラジカル反応がなぜ HBr だけで見られるかはつぎのようにして理解できる．HCl は H—Cl の結合が強くて，ラジカルが H を引き抜くことができない．一方 H—I 結合は弱く I・は生成しやすいが，I・が安定になりすぎて二重結合を攻撃する能力をもたないからである．すなわち HBr は Br・の発生，Br・の反応性ともにバランスがとれていて，ラジカル連鎖反応がおこるのである．

ラジカル反応は有機反応に広く見られるが，とくに付加重合において重要である．$CH_2=CHY$ 型 [Y=Cl（塩化ビニル），⌬—（スチレン），$CH_3COO$—（酢酸ビニル），—$COOCH_3$（アクリル酸メチル）] の化合物はラジカル R・によって連鎖的に反応し多くの分子が連結され高分子化合物になる．

$$R\cdot + CH_2=CHCl \longrightarrow RCH_2-\dot{C}HCl$$

$$RCH_2-\dot{C}HCl + CH_2=CHCl \longrightarrow RCH_2-\underset{\underset{Cl}{|}}{CH}-CH_2\dot{C}HCl$$

## 演習問題

**1** つぎのことがらについて簡単に解説せよ．
　　求電子置換反応，ラジカル置換反応，連鎖反応，マルコヴニコフ則，HBrの異常付加，配向性

**2** つぎの反応の生成物の構造式を示せ．

a) $(CH_3)_2C=C(H)(CH_2CH_3) + HBr$　　イ）（暗所，$O_2$ なし）
　　　　　　　　　　　　　　　　　　　ロ）（光）

b) $CH_3CH=CHCH_2CH_3 + HCl \longrightarrow$

c) $C_6H_5-CH_2CH_3 + Cl_2 \xrightarrow{光}$

d) $C_6H_5-Br + O_2N-C_6H_4-COCl \xrightarrow{(AlCl_3)}$

e) $C_6H_5-CH=C(CH_3)_2 + HCl \longrightarrow$

f) $C_6H_5-CH=CHCOOCH_3 + H_2 \xrightarrow{(Ni\ 触媒)}$

g) $CH_2=CH-CH=CH_2 + Br_2 \xrightarrow{(1\ モル)}$

h) シクロペンタジエン + 無水マレイン酸 $\longrightarrow$

i) シクロヘキセン + $KMnO_4$（希薄溶液）$\xrightarrow{(冷)}$

j) シクロヘキセン + $KMnO_4 \xrightarrow{(H^+,\ 熱)}$

k) 2-(ベンゾイル)ベンゾイルクロリド $\xrightarrow{(AlCl_3)}$

**3** つぎの化合物のモノニトロ化（$NO_2$ を 1 個だけ導入する）生成物の構造を示せ．

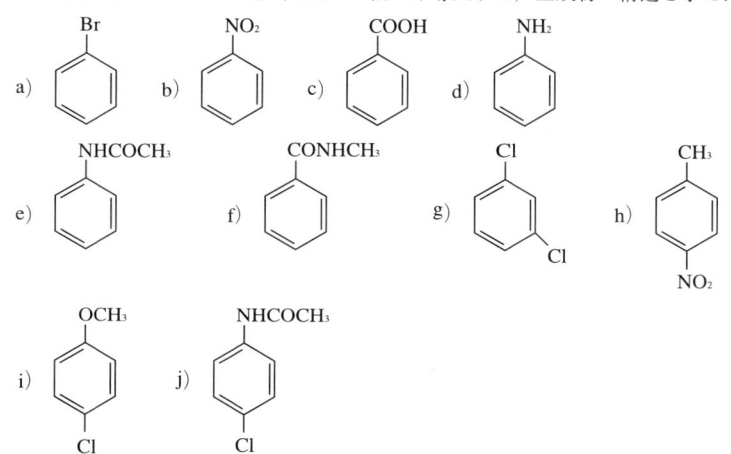

a) ブロモベンゼン　b) ニトロベンゼン　c) 安息香酸　d) アニリン

e) アセトアニリド　f) N-メチルベンズアミド　g) m-ジクロロベンゼン　h) p-ニトロトルエン

i) p-クロロアニソール　j) p-クロロアセトアニリド

**4** つぎの各組の反応中間体を安定な順に並べよ．

a) $CH_3\cdot$, $(CH_3)_2CH\cdot$, $(CH_3)_3C\cdot$, $C_6H_5-CH_2\cdot$

b) $CH_3^+$, $(CH_3)_2CH^+$, $(CH_3)_3C^+$, $C_6H_5-CH_2^+$

c) (イ) p-COOH置換アレニウムイオン, (ロ) m-COOH置換アレニウムイオン, (ハ) 無置換アレニウムイオン, (ニ) p-$OCH_3$置換アレニウムイオン, (ホ) m-$OCH_3$置換アレニウムイオン

**5** ベンゼンを原料にしてつぎの化合物を合成する経路を考えよ．

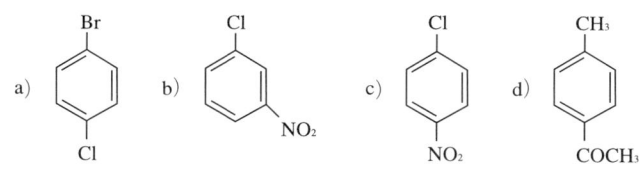

a) p-ブロモクロロベンゼン　b) m-クロロニトロベンゼン　c) p-クロロニトロベンゼン　d) p-メチルアセトフェノン

**6** ベンゼン，ニトロベンゼン，フェノールのモノニトロ化生成物の構造を示せ．モノニトロ化生成物を得るための反応条件はどのように異なるか，反応生成物の構造のちがい，反応条件のちがいの原因を電子論によって説明せよ．

# 10 ハロゲン化合物

ハロゲン（総括してXで表す）の電気陰性度は炭素のそれより著しく大きいので，C—X σ結合の電子はハロゲン側に偏り，Cは陽にXは陰に帯電している．この分極がハロゲン化合物の反応性の原因である．ハロゲンが共役系に結合すると，ハロゲン上の非共有電子対が共役系に流れ出し，σ結合の分極と反対の分極がπ結合でおこることになり，共役系，芳香環に結合したハロゲンの反応性は飽和炭素に結合した場合と異なることになる．

## 10.1 代表的化合物

| 分子式 | 名称，[ ]内は基官能命名法，\| \|内は慣用名 | 融点 ℃ | 沸点 ℃ | 用途その他 |
|---|---|---|---|---|
| $CH_3Cl$ | クロロメタン<br>chloromethane | −97.72 | −23.76 | |
| $CH_2Cl_2$ | ジクロロメタン<br>dichloromethane | −96.8 | 40.21 | |
| $CHCl_3$ | トリクロロメタン<br>trichloromethane<br>\|クロロホルム　chloroform\| | −63.5 | 61.2 | 麻酔性，溶媒 |
| $CCl_4$ | テトラクロロメタン<br>tetrachloromethane<br>[ 四塩化炭素<br>carbon tetrachloride] | −24 | 76.74 | 溶媒 |
| $CCl_2F_2$ | ジクロロジフルオロメタン<br>dichlorodifluoromethane<br>\|フレオン-12　freon\| | −158 | −29.8 | 冷凍機の冷媒 |
| $CF_2=CF_2$ | テトラフルオロエテン<br>tetrafluoroethene | −142.5 | −76.4 | テフロン樹脂の原料 |
| $CH_2=CHCl$ | クロロエテン　chloroethene<br>[塩化ビニル　vinyl chloride] | −159.7 | −13.70 | ポリ塩化ビニルの単量体 |
| ⌬—Cl | クロロベンゼン<br>chlorobenzene | −45 | 132 | |
| Cl—⌬—Cl | p–ジクロロベンゼン<br>p-dichlorobenzene | 54 | 174.12 | 殺虫剤 |

生物は$Cl^-$をたくさん含む海で誕生したというのに生体物質の中に，C—Cl結合を持つものはほとんどない．それどころか，有機ハロゲン化合物は，いわゆる"ダイオキシン"をはじめ毒になるものが多い．ふしぎなことである．生物の存続にとって脅威となっている有害有機物質については第19章参照のこと．

## 10.2 合成法

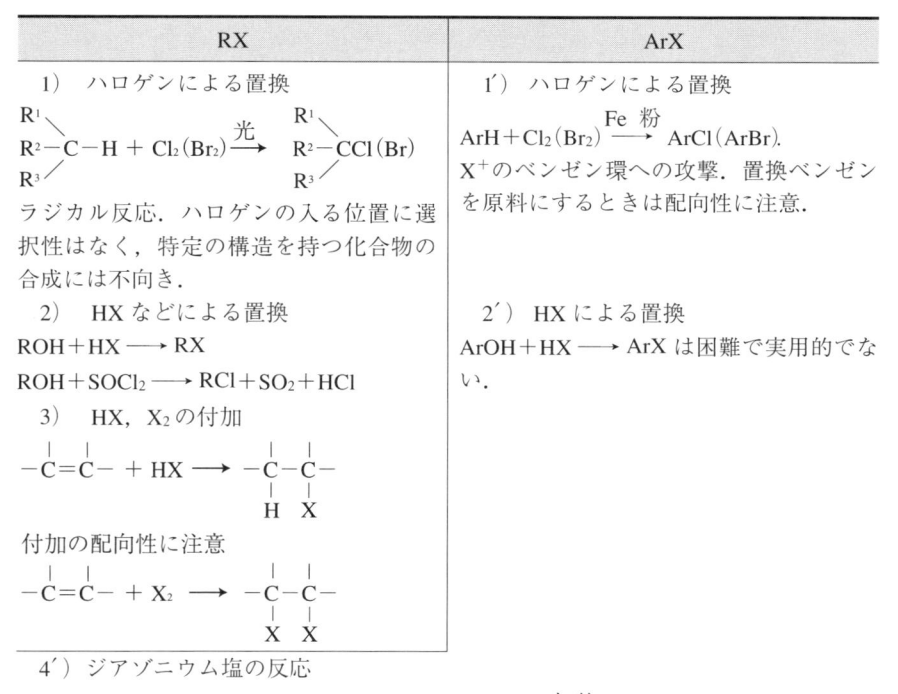

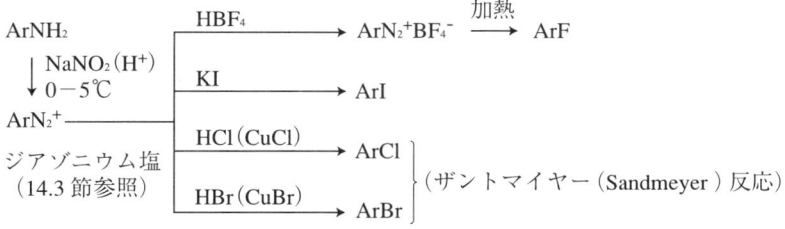

| RX | ArX |
|---|---|
| 1) ハロゲンによる置換<br>$R^2-\underset{R^3}{\overset{R^1}{C}}-H + Cl_2(Br_2) \xrightarrow{光} R^2-\underset{R^3}{\overset{R^1}{C}}Cl(Br)$<br>ラジカル反応．ハロゲンの入る位置に選択性はなく，特定の構造を持つ化合物の合成には不向き． | 1′) ハロゲンによる置換<br>$ArH + Cl_2(Br_2) \xrightarrow{Fe 粉} ArCl(ArBr)$．<br>$X^+$のベンゼン環への攻撃．置換ベンゼンを原料にするときは配向性に注意． |
| 2) HX などによる置換<br>$ROH + HX \longrightarrow RX$<br>$ROH + SOCl_2 \longrightarrow RCl + SO_2 + HCl$ | 2′) HX による置換<br>$ArOH + HX \longrightarrow ArX$ は困難で実用的でない． |
| 3) $HX, X_2$ の付加<br>$-\overset{|}{C}=\overset{|}{C}- + HX \longrightarrow -\overset{|}{\underset{H}{C}}-\overset{|}{\underset{X}{C}}-$<br>付加の配向性に注意<br>$-\overset{|}{C}=\overset{|}{C}- + X_2 \longrightarrow -\overset{|}{\underset{X}{C}}-\overset{|}{\underset{X}{C}}-$ | |

4′) ジアゾニウム塩の反応

$ArNH_2 \xrightarrow[0-5℃]{NaNO_2(H^+)} ArN_2^+$ (ジアゾニウム塩，14.3節参照)

- $\xrightarrow{HBF_4} ArN_2^+BF_4^- \xrightarrow{加熱} ArF$
- $\xrightarrow{KI} ArI$
- $\xrightarrow{HCl(CuCl)} ArCl$
- $\xrightarrow{HBr(CuBr)} ArBr$

$\}$ (ザントマイヤー (Sandmeyer) 反応)

## 10.3 物理的性質

C—X の分極によって，ハロゲン化炭化水素分子は双極子になる．双極子相互作用による引力のため，ハロゲン化炭化水素の沸点は炭化水素より高い．しかし ＞C＝O のような動きやすい π 電子の分極に比べ，σ 電子の分極は小さく，また水素結合の可能性もないため，ハロゲン化炭化水素の沸点はそれほど高くない．

水に対してもほとんど溶けない．液体ハロゲン化炭化水素の密度は一般に $1\,\mathrm{g\,cm^{-3}}$ より大きい．

## 10.4 化学的性質

| RX | ArX |
|---|---|
| 1) 置換反応<br>$RX + Nu^- \longrightarrow RNu + X^-$<br>$Nu^-$ は陰イオンまたは非共有電子対を持つもの，**求核試薬**とよばれる．<br><br>RX ─── NH₃ → RNH₂<br>　　　　NaCN → RCN<br>　　　　R′ONa → ROR′<br>　　　　R′SNa → RSR′<br><br>$OH^-$ とも同様の反応をするが，X のついた C の隣の C が H を持っていると，アルケンの生成との競争になる．<br><br>$-\underset{\vert}{\overset{H}{C}}-\underset{\vert}{\overset{X}{C}}- \xrightarrow{OH^-} -\underset{\vert}{\overset{H}{C}}-\underset{\vert}{\overset{OH}{C}}- + -C=C-$ | 1′) 置換反応<br>RX と異なり，ArX の X は置換反応しにくい．反応をおこさせるためには高温，高圧を要する．<br><br>Ph–Cl $\xrightarrow[350℃,\ 300\ \mathrm{atm}]{6-8\%\ \mathrm{NaOH}}$ Ph–OH<br><br>Ph–Cl $\xrightarrow[200℃,\ 60\ \mathrm{atm}]{\mathrm{NH_3\ (Cu_2O\,触媒)}}$ Ph–NH₂ |

2) RX，ArX に共通の反応

**グリニャール (Grignard) 反応**（乾燥エーテル中でハロゲン化物は Mg, Li などの金属と反応し，反応活性な金属化合物を作る．反応は 11.2 節に記載）

$$RX + Mg \longrightarrow RMgX \quad (\text{グリニャール試薬})$$
$$RX + Li \longrightarrow RLi$$

# 10.5 求核置換反応 (nucleophilic substitution)

アルキル基に結合したハロゲンは，種々の陰イオンあるいは $NH_3$ のような非共有電子対を持つ試薬によって置換される．これがハロゲン化合物のもっとも特色ある反応の一つである．この反応がなぜおこるか，どのような経過をたどっておこるかを明らかにし，有機反応の機構を学問として確立したのはイギリスのインゴルド (C. K. Ingold, 1893—1970) に率いられたグループであった．目で見ることのできない分子の，それもごく短時間におこってしまう反応を，結合の組替えの経過まで明らかにした研究は，フィッシャーの糖の構造決定を静的有機化学の粋とすれば，こちらは動的有機化学の粋といってよかろう．これを機縁にして有機化学は新しい時代に入り，動的なものに肉薄して行くことになった．前章で述べた，C—H のハロゲンによる置換反応のラジカル機構，イオン機構もこの領域の研究の大きな成果である．

ハロゲンは電気陰性度が高く，C—X 結合の電子は X に引きつけられ，C は陽に帯電する．この陽電荷と求核試薬の電子との引き合いが反応の原動力であるが，反応の過程について，つぎの二つが区別されている．

（i） **$S_N1$ 反応**（単分子的求核置換反応，unimolecular nucleophilic substitution）C—X のハロゲンが自発的に陰イオンとして解離し，生じたカルボニウムイオンと求核試薬が結合する．

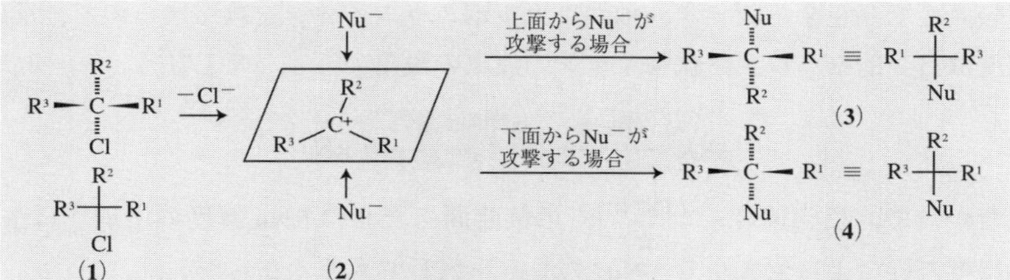

**図 10.1** $S_N1$ 反応

カルボニウムイオンは平面構造をとる．$Nu^-$ が上の方から攻撃すると (**3**)，下方から攻撃すると (**4**) になる．このような立体配置の変化は通常は気づかれることはないが，$R^1$, $R^2$, $R^3$ がすべて異なっている鏡像異性体を反応物に用いると，この状況がはっきりする．反応物として旋光性のある (**1**) の立体配置を持った化合物を用いると，生成物の立体配置は (**2**), (**3**) となり，鏡像異性体が 1 : 1 の割合で生じることになる．すなわち生成物は旋光性を失ってしまう．

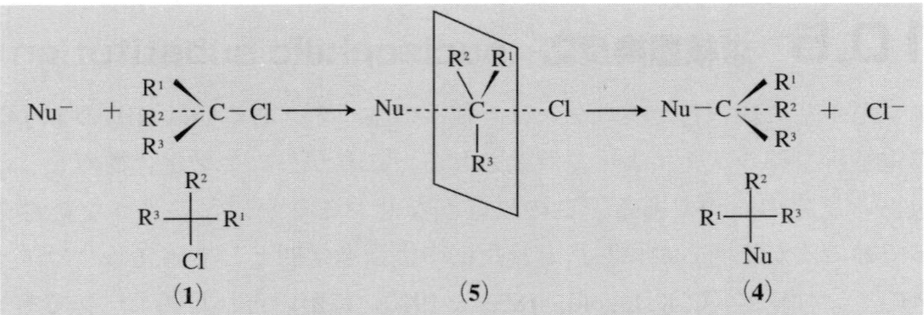

図 10.2　$S_N2$反応

（ii）　**$S_N2$ 反応**（2分子的求核置換反応，bimolecular nucleophilic substitution）
$Nu^-$ が Cl の反対側から攻撃し，$Cl^-$ を追い出す．

　Cl の強い電子求引によって Cl と結合した C は陽に帯電しており，そこへ陰電荷を持った $Nu^-$ が攻撃し，（**5**）ような遷移状態を通って $Cl^-$ を追い出し新しい化合物を生じるのである．この過程は暴風のときに傘がおちょこになってこわれるのに似ており，（**1**）の立体配置を持つ反応物を用いると（**4**）の立体配置のものだけが生じる．すなわち旋光性のある反応物から，旋光性のある生成物が生じる．このような実験によって，目に見えない原子・分子の動きを知ることができ，同じように見える反応過程の相違も知ることができる．

　$S_N1$ と $S_N2$ とは反応速度の濃度依存性の解析によっても区別される．$S_N1$ では，反応物が自発的にハロゲン陰イオンを放出しさえすれば，あとは $Nu^-$ がある程度の濃度で存在する限りすみやかにカルボニウムイオンを攻撃するので，反応速度は自発的なハロゲン化物イオンの放出の段階できまってしまう．

$$RX \xrightarrow{\text{(遅い)}} R^+ \xrightarrow{Nu^- \text{(速い)}} RNu$$

したがって，反応速度 $\left(\dfrac{d\,[RNu]}{dt}\text{，単位時間あたりの RNu 濃度の増加}\right)$ は RX の濃度だけによってきまり，$Nu^-$ の濃度を増しても速くならない．

　一方 $S_N2$ は RX と $Nu^-$ の協同作業によって反応が完遂されるので，反応速度は RX の濃度と $Nu^-$ の濃度の双方に比例する．すなわち，

$$\frac{d\,[RNu]}{dt} = k[RX]\,[Nu^-]$$

（[　] は濃度を表す．$k$ は比例定数で反応速度定数とよばれる．）

　したがって，反応の $Nu^-$ 濃度依存性を調べれば $S_N1$ か $S_N2$ かを判別することができる．

## 10.5 求核置換反応

立体化学的判別法はすべての場合に使えるとは限らない．ハロゲンのついているCが必ずしも不斉炭素であるとは限らないからである．これに対し，反応速度による判別法はこのような制約がない．

化合物の構造，反応条件と$S_N1$，$S_N2$のおこりやすさ——反応が$S_N1$経路をとるか$S_N2$の経路をとるか——は，ハロゲン化合物の構造や反応条件によってかわる．$S_N1$は中間に生じるカルボニウムイオンが安定なほど，すなわち，ハロゲンに結合した炭素が多くのアルキル基やアリール基で置換されているほどおこりやすい．$C^+$の陽電荷はベンゼン環との共役，アルキル基との超共役によって中和され安定化するので，枝わかれの多いカルボニウムイオンほど安定になる．一方，枝わかれの多い炭素に$Nu^-$が近づくことには障害が多く，$S_N2$は，枝わかれが多いほどおこりにくくなる．反応のおこりやすさとハロゲン化合物の構造の関係を模式的に表すと図10.3のようになる．すなわち$S_N1$は枝わかれの多い炭素上で，$S_N2$は枝わかれの少ない炭素上でおこりやすい．

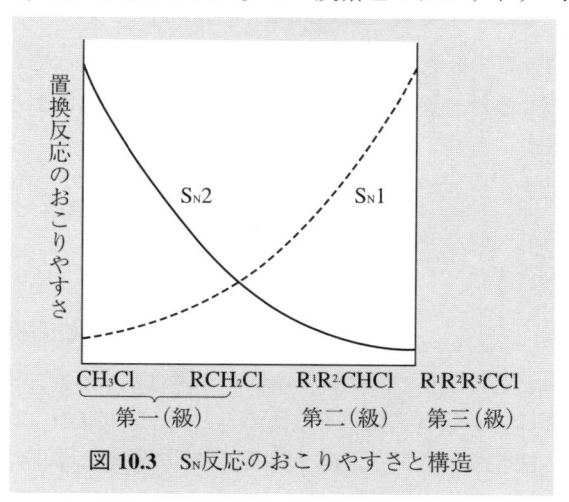

**図 10.3** $S_N$反応のおこりやすさと構造

カルボニウムイオンは極性の大きい溶媒中で安定化される．一方$S_N2$の遷移状態では陰電荷が$Nu^-$と$Cl^-$に分配され，全体としてイオン性が弱くなっており，極性溶媒中での安定化がそれほど期待できない．したがって$S_N1$は極性溶媒中でおこりやすいことになる．

以上をまとめるとつぎの表のようになる．

| | $S_N1$ | $S_N2$ |
|---|---|---|
| 反応過程 | $\geq$C−Cl ⟶ C⁺ + X⁻<br>↓ Nu⁻<br>$\geq$C−Nu + Nu−C$\leq$ | Nu⁻ + $\geq$C−X ⟶ Nu⋯C⋯X<br>⟶ Nu−C$\leq$ + X⁻ |
| 反応速度 | [RX] に比例<br>[Nu⁻] によらない | [RX]·[Nu⁻] に比例 |
| 立体配置 | ラセミ化 | 反転 |
| 反応のおこりやすさ | $R^2$−C−X > $R^2$−C−X > H−C−X<br>($R^1, R^2, R^3$ / $R^1, H$ / $R^1, H$) | H−C−X > $R^2$−C−X > $R^2$−C−X<br>($R^1, H, H$ / $R^1, H$ / $R^1, R^3$) |
| 溶媒 | 極性溶媒中でおこりやすい | 無極性溶媒中でおこりやすい |

## 10.6 置換反応と脱離反応

ハロゲンの結合している炭素の隣の炭素が水素原子を持っている化合物にアルカリを作用させると，置換反応と平行して，HX の脱離によるアルケンの生成反応がおこる．

$$-\underset{X}{\underset{|}{C}}-\underset{H}{\underset{|}{C}}- \xrightarrow{OH^- あるいは RO^-} \begin{cases} -\underset{OH}{\underset{|}{C}}-\underset{H}{\underset{|}{C}}- \text{(置換反応)} \\ (OR) \\ -C=C- \text{(脱離反応)} \end{cases}$$

ハロゲンは電子求引性で，結合している C を陽性にするが，その I 効果は結合を伝わって H および H に陽性を与える．したがって $OH^-$ は（6）のように陽性の H を引き抜くこともでき，$H^+$ の脱離と $X^-$ の脱離とが同時におこると二重結合ができる．一方，$S_N1$ 機構で途中に生成するカルボニウムイオン（7）も C 上の陽電荷が大きく，その影響で隣接した C 上の H が $H^+$ として抜けやすい．

$$\begin{array}{cc}
\underset{X}{\underset{|}{-C}}-\underset{H}{\underset{|}{C}}- & -\underset{}{\overset{+}{\underset{|}{C}}}-\underset{H}{\underset{|}{C}}- \\
\quad\uparrow & \quad\uparrow \\
OH^- & OH^- \\
(6) & (7)
\end{array}$$

一般的に脱離反応は，

（ⅰ）　第三（級）ハロゲン化合物＞第二（級）＞第一（級）の順で，1分子機構，2分子機構のいずれにおいても枝わかれの多い分子でおこりやすい．

（ⅱ）　高温で優勢になる．

（ⅲ）　強い塩基を高濃度で用いたときにおこりやすい．（よく用いられるのは濃いアルコール性水酸化カリウムである．）

**脱離の配向性**　ハロゲンの結合した炭素が二つ以上の炭素と結合していると，どちらの炭素の水素が抜けるかによって，2種以上のアルケンができることがある．ハロゲン化水素の脱離（HCl，HBr，HI が抜ける反応，ただし HF は例外）については**ザイツェフ**（Saytzeff）**則**という経験則が知られている．ザイツェフ則はつぎのように述べられる．「ハロゲン化合物からハロゲン化水素が脱離してアルケンが生成する場合，二重結合を作っている炭素が，できるだけ多くの置換基を持つようなアルケンが選択的に生成する——すなわち H の数の少ない C から H が取り去られる．」[†]

例

$$CH_3CHCH_2CH_3 \xrightarrow{\text{アルコール性KOH}} CH_3CH=CHCH_3 + CH_2=CHCH_2CH_3$$
$$\text{|}$$
$$\text{Br} \qquad\qquad\qquad 81\% \qquad\quad 19\%$$

枝わかれの多いアルケンの二重結合は置換基であるアルキル基との超共役によって安定化する．ザイツェフ則は生成物の安定性が反応経路を規定しているものとして理解されている．

**求核性と塩基のかたさ・やわらかさ**　求核置換反応は，－に帯電した（あるいは非共有電子対を持った）Nu（ここでは $Nu^-$ と書くことにする）と＋に帯電した C との引き合いによっておこる．また，脱離反応も，－に帯電した塩基と＋に帯電した H との引き合いが原動力になる．正負電荷の引力の強さが反応性の高さをきめるであろうこの二つの反応のおこりやすさには，平行関係があってもよさそうに思える．しかし，実際はそうならないことが多い．たとえば，$SH^-$ の塩基性は，$OH^-$ の塩基性の千万分の一（共役酸 $H_2S$ の酸解離定数が $H_2O$ のそれの $10^7$ 倍である）であるのに，$S_N2$ の反応性は $OH^-$ より高い．逆に，$SH^-$

---

[†] ザイツェフ則はマルコヴニコフ則と対にして覚えるとよい．「富めるもの（H の多い側）は増々富み，…マルコヴニコフ則，貧しい者（H の少ない側）は増々貧しくなる…ザイツェフ則」

はハロアルカンからのハロゲン化水素の脱離をほとんどおこさないのに，$OH^-$ はハロゲン化水素の脱離による二重結合の生成反応をおこす．

この問題は，化学の難問の一つであったが，酸・塩基に「強さ・弱さ」と「かたさ（hardness）・やわらかさ（softness）」の概念を持ち込むことによって説明できるようになった．

塩基性の強さとは，塩基と$H^+$との親和力で，求核性とは$C^+$との親和性である．$H^+$は水素の原子核であり，非常に小さなところに＋電荷が集中していて，かたい酸である．これに対し，$C^+$は内殻の電子軌道が境界になっていて大きな図体を持っている．（原子核の半径は$10^{-14}$〜$10^{-15}$ m，原子の半径＝外殻電子軌道の半径は$10^{-10}$ m＝1 Å 程度．）したがって，$C^+$の正電荷は大きな空間にひろがっているやわらかい酸である．$H^+$のような「かたい酸」には負電荷が小さな範囲に局在している「かたい塩基」が相性がよい．$C^+$のような「やわらかい酸」には，負電荷の分布に広がりのある「やわらかい塩基」が好んで反応する．"やわらかさ"には，正負電荷の接近によって誘起される分極が重要である．やわらかい塩基は$S_N2$反応性（求核性）が高い．

求核性の順はつぎのようになっている．

$$SH^- \sim CN^- > I^- > SCN^- > NH_3 > OH^- > Br^- > Cl^- >$$
$$CH_3COO^- > F^- > NO_3^- > H_2O$$

## 演習問題

**1** つぎのことがらについて簡単に解説せよ．
　　求核置換反応（$S_N$反応），$S_N1$反応，$S_N2$反応，グリニャール反応，ザイツェフ則，求核性，酸・塩基のかたさ・やわらかさ

**2** つぎの反応の生成物の構造式を示せ（平行していくつかの反応がおこる場合は併記すること）．

a) $CH_3CH_2CH_2CH_2Br$ $\xrightarrow{C_6H_5NH_2}$

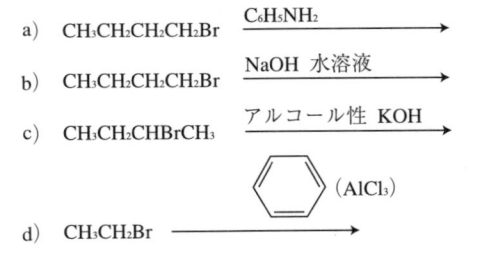

b) $CH_3CH_2CH_2CH_2Br$ $\xrightarrow{NaOH \text{ 水溶液}}$

c) $CH_3CH_2CHBrCH_3$ $\xrightarrow{\text{アルコール性 KOH}}$

d) $CH_3CH_2Br$ $\xrightarrow{\text{○}\ (AlCl_3)}$

e) $CH_3CH_2CH_2CH_2Br \xrightarrow{\text{NaI（アセトン中）}}$

f) $C_6H_5-CCl_3 \xrightarrow{H_2O(H^+)}$

g) $BrCH_2CO-C_6H_4-Br \xrightarrow{C_6H_5-COONa}$

**3** a) つぎの化合物を，無水アセトン中でヨウ化カリウムと反応させる場合，反応性の高い順に並べよ．（極性の比較的小さい溶媒中では $S_N2$ 反応がおこりやすい．）

$CH_3Cl$, $CH_3CH_2Cl$, $CH_3CHClCH_3$, $C_6H_5-Cl$

b) つぎの化合物を水－アルコール混合溶液（80％水）中で加水分解する反応について，反応のおこりやすい順に並べよ．（極性溶媒中では $S_N1$ 反応がおこりやすい．）

$CH_3Br$, $CH_3CH_2Br$, $CH_3CHBrCH_3$, $(CH_3)_3CBr$, $C_6H_5-Br$, $C_6H_5-CHBr-C_6H_5$

**4** つぎの反応のうち求核置換反応であるものを指摘せよ．

a) シクロヘキサン $+ Cl_2 \xrightarrow{h\nu}$ クロロシクロヘキサン

b) シクロヘキセン $+ Br_2 \longrightarrow$ 1,2-ジブロモシクロヘキサン

c) フェノール $+ Br_2 \longrightarrow$ 2,4,6-トリブロモフェノール

d) $CH_3CH_2OH + HBr \longrightarrow CH_3CH_2Br$

e) $CH_3CH_2Cl + KI \longrightarrow CH_3CH_2I$

# 11 アルコール, フェノール, エーテル

　官能基 OH（水酸基）が飽和炭素に結合したものを**アルコール**（alcohol）とよび, 芳香環に結合したものを**フェノール**（phenol）とよぶ. 第5章, 第6章で述べたように, 水酸基共通の性質は, 電気陰性度の大きい O によって O—H 結合の電子が引き寄せられておこる分極に基づいている. フェノールでは O の非共有電子対が芳香環に流れ出るため, $H^+$ の解離が強められるとともに, 芳香環の性質も影響を受ける.
　アルコールは水酸基のついた炭素に何個のアルキル基がついているかによって以下に分類される[†].

　　第一［級］アルコール（primary alcohol）アルキル基0個の $CH_3OH$ と1個の $RCH_2OH$
　　第二［級］アルコール（secondary alcohol）アルキル基が2個の $RR'CHOH$
　　第三［級］アルコール（tertiary alcohol）アルキル基が3個の $RR'R''COH$

## 11.1　代表的化合物

| 化学式 | 名称, [ ]内は基官能命名法 | 融点 ℃ | 沸点 ℃ | 用途その他 |
|---|---|---|---|---|
| **第一アルコール** | | | | |
| $CH_3OH$ | メタノール（methanol）[メチルアルコール（methyl alcohol）] | −97.78 | 64.65 | 合成原料, 溶媒 |
| $CH_3CH_2OH$ | エタノール（ethanol）[エチルアルコール（ethyl alcohol）] | −114.5 | 78.32 | 酒の成分, 溶媒 |
| $CH_3(CH_2)_7OH$ | オクタノール（octanol）[オクチルアルコール（octyl alcohol）] | −15 | 195 | エステルの形で合成樹脂の可塑剤 |
| ⌬—$CH_2OH$ | フェニルメタノール（phenylmethanol）[ベンジルアルコール（benzyl alcohol）] | −15 | 205 | |

---

[†]　第一［級］, 第二［級］, 第三［級］の分類の他に, 一つの分子が何個の OH を持つかによって一価（1個の OH を持つ）, 二価, 三価などの分類も用いられる.

## 11.1 代表的化合物

| 化学式 | 名称，[ ]内は基官能命名法，{ }内は慣用名 | 融点 ℃ | 沸点 ℃ | 用途その他 |
|---|---|---|---|---|
| **第二アルコール** | | | | |
| $(CH_3)_2CHOH$ | 2-プロパノール<br>(2-propanol)<br>[イソプロピルアルコール<br>(isopropyl alcohol)] | −86 | 82.5 | 溶媒として広く用いられる |
| ⌬-OH | シクロヘキサノール<br>(cyclohexanol) | 25.15 | 161.10 | ナイロン合成の中間体 |
| **第三アルコール** | | | | |
| $(CH_3)_3COH$ | [$t$-ブチルアルコール<br>($t$-butyl alcohol)] | 25.5 | 83 | |
| **多価アルコール** | | | | |
| $HOCH_2CH_2OH$ | 1,2-エタンジオール<br>(1,2-ethanediol)<br>{エチレングリコール<br>(ethylene glycol)} | −16 | 197 | |
| $CH_2(OH)CH(OH)CH_2OH$ | 1,2,3-プロパントリオール<br>(1,2,3-propanetriol)<br>{グリセロール (glycerol)} | 17.8 | 290 | 天然の油脂は高級脂肪酸とグリセロールのエステル |
| **フェノール** | | | | |
| ⌬-OH | フェノール (phenol) | 40.95 | 181.75 | 合成原料 |
| ⌬(CH₃)-OH | {$o$-クレゾール ($o$-cresol)} | 31 | 191 | 消毒剤 |
| **多価フェノール** | | | | |
| HO-⌬-OH | {ヒドロキノン<br>(hydroquinone)} | 174 | | 写真の現像剤 |

## 11.2 合成法

| アルコール (ROH) | フェノール (ArOH) |
|---|---|
| 1) $RCl + NaOH \longrightarrow ROH$<br>求核置換反応．反応は容易におこるがアルケンを副生することが多い．<br><br>2) $\diagdown C=C\diagup + H_2O \xrightarrow{H^+} -\overset{\mid}{\underset{H}{C}}-\overset{\mid}{\underset{OH}{C}}-$<br><br>マルコヴニコフ則によってOHは枝わかれの多いCにつく．したがって，第一アルコールはエタノール以外は作れない．<br><br>3) カルボニル化合物の還元<br>還元には金属水素化物 ($LiAlH_4$, $NaBH_4$ など) による方法と，接触水素化 (触媒として Ni, Pt, Pd などの金属触媒を用いる) が広く用いられる．$LiAlH_4$ はエステルを第一アルコールに還元できる (同じことは触媒による水素化では困難). | 1′) $ArCl + NaOH \longrightarrow ArOH$<br>RCl に比べ ArCl は反応困難で高温高圧が必要．<br><br>$ArSO_3Na + NaOH \longrightarrow ArONa \xrightarrow{H^+} ArOH$<br><br>固体の原料をニッケルルツボ中で300℃で融解する．<br><br>5′) $ArN_2^+HSO_4^- + H_2O \xrightarrow{加熱} ArOH$<br>ジアゾニウムの反応 (14.3 節参照)<br><br>6′) クメンヒドロペルオキシド法<br><br>Ph-CH(CH₃)₂ $\xrightarrow{O_2(ラジカル源)}$ Ph-C(CH₃)₂-OOH (クメンヒドロペルオキシド)<br><br>$\xrightarrow{H_2SO_4}$ Ph-OH + $CH_3CCH_3$ (O) |

$$RCHO \xrightarrow{LiAlH_4} RCH_2OH, \qquad RCHO \xrightarrow{H_2(Ni 触媒)} RCH_2OH$$

$$RCOOR' \xrightarrow{LiAlH_4} RCH_2OH$$

$$R^1COR^2 \xrightarrow{LiAlH_4} R^1CH(OH)R^2, \quad R^1COR^2 \xrightarrow{H_2(Ni 触媒)} R^1CH(OH)R^2$$

金属水素化物のHは電子を供与する力の強い金属と結合しており，$H^-$の性格をもつ．$H^-$は電子を放ちやすく，したがってよい還元剤である．

4) グリニャール反応

$$RX + Mg \xrightarrow{乾燥エーテル中} RMgX, \quad ArX + Mg \xrightarrow{乾燥エーテル中} ArMgX$$

で生成する**グリニャール試薬 (RMgX)** は単離困難な安定性のよくない物質であるが，その高い反応性 (不安定さ) によって種々の合成に利用される．C—Mg の結合は $C^{\delta-}$—$Mg^{\delta+}$ に強く分極しており，$C^{\delta-}$ は $\diagup C^{\delta+}=O^{\delta-}$ の＋中心を攻撃する．アルキルリチウム (RLi)，アリールリチウム (ArLi) も同様に反応する．

| アルコール（ROH） |
|---|

第一アルコールの合成

$$RMgX + HCHO \longrightarrow RCH_2OMgX \xrightarrow{H^+} RCH_2OH$$

$$\left[ \begin{array}{c} R^{\delta-} \cdots \overset{\delta+}{C}-H \\ | \quad \quad \| \\ Mg^{\delta+} \cdots O^{\delta-} \\ | \\ X \end{array} \right]$$

$$RMgX + CH_2\!-\!\!-\!\!CH_2 \longrightarrow RCH_2CH_2OH$$
$$\diagdown O \diagup$$
オキシラン（エチレンオキシド）

$\overset{\delta+}{CH_2}\!-\!\overset{\delta+}{CH_2}$
$\diagdown O \diagup$
$\quad \delta-$
の分極に対する $R^-$ の攻撃．三員環に歪がかかっていて開きやすい．$S_N2$ 反応の一つと考えられる．

第二アルコールの合成（アルデヒドとの反応）

$$R^1MgX + R^2CHO \longrightarrow R^1CH(OH)R^2$$

第三アルコールの合成（ケトン，エステルとの反応）

$$R^1MgX + R^2COR^3 \longrightarrow R^1 - \underset{\underset{R^2}{|}}{\overset{\overset{OH}{|}}{C}} - R^3$$

$$2R^1MgX + R^2COOR^3 \longrightarrow R^1 - \underset{\underset{R^1}{|}}{\overset{\overset{OH}{|}}{C}} - R^2$$

本反応は炭素骨格を組み上げる方法としてきわめて重要である．

## 11.3 物理的性質

同程度の分子量を持った炭化水素，エーテルなどより著しく沸点が高い．

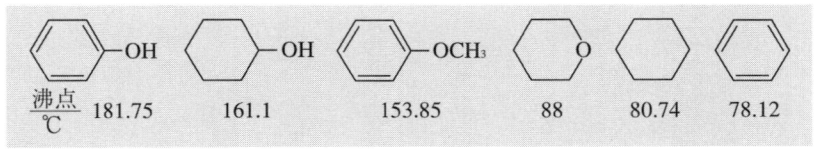

| | C₆H₅–OH | C₆H₁₁–OH | C₆H₅–OCH₃ | C₅H₁₀O | C₆H₁₁–O– | C₆H₅– |
|---|---|---|---|---|---|---|
| 沸点 ℃ | 181.75 | 161.1 | 153.85 | 88 | 80.74 | 78.12 |

水にもかなり溶ける．低級アルコールの $CH_3OH$, $C_2H_5OH$, $(CH_3)_2CHOH$ は

水とどんな割合にでも混じる．フェノールは 25℃で水 100 g に 9.3 g 溶ける．
これらの性質は水酸基が水と同じように水素結合を作るためである．

## 11.4 化学的性質

| アルコール（ROH） | フェノール（ArOH） |
| --- | --- |
| 1） 酸性<br>水（p$K_a$14）より弱い酸（$C_2H_5OH$ の p$K_a$＝18）．したがって，水溶液は中性．アルカリ金属と反応して水素ガスを発生．<br>$$2ROH + 2Na \longrightarrow 2RONa + H_2$$<br>ナトリウムアルコラート | 1′） 酸性<br>弱い酸（$C_6H_5OH$ の p$K_a$＝9.95）<br>$Na_2CO_3$ のような強い塩基と反応してナトリウム塩となって溶けるが，$NaHCO_3$ のような弱い塩基とは反応しない．<br>$$\text{Ph-OH} + Na_2CO_3 \longrightarrow \text{Ph-ONa} + NaHCO_3$$<br>ナトリウムフェノラート<br>ベンゼン環上の置換基によって酸の強さが異なる． |
| 2） 求核試薬としての働き<br>O 上の非共有電子対によって，さまざまな求核反応を行う．<br>求核性は $RO^-Na^+ > ROH$<br>$$R^1O^-Na^+ + R^2X \longrightarrow R^1OR^2$$<br>$$ROH + HX \longrightarrow RX$$<br>$$R^1OH + R^2COOH \xrightarrow{H^+} R^2COOR^1$$<br>$$R^1OH + R^2COCl \longrightarrow R^2COOR^1$$<br>エステル<br>RCOCl は高い反応性をもち，エステルの合成に便利． | 2′） 求核試薬としての働き<br>環との共役によってアルコールより求核性やや小．$ArO^-$ は十分な求核性を有する．<br>$$ArO^-Na^+ + RI \longrightarrow ArOR$$<br>ArOH は HX と容易に反応しない．<br>しかし，RCOCl とは反応する．<br>$$ArOH + RCOCl \longrightarrow ArO\overset{O}{\overset{\|}{C}}R$$ |

| アルコール (ROH) | フェノール (ArOH) |
|---|---|
| 3) 酸化<br>　第一アルコールはアルデヒドを経てカルボン酸に，第二アルコールはケトンに酸化されるが，第三アルコールは酸化されにくい．<br><br>$RCH_2OH \xrightarrow{KMnO_4 \text{ または } CrO_3} RCHO \xrightarrow{CrO_3} RCOOH$<br><br>$R^1CH(OH)R^2 \xrightarrow{CrO_3 \text{ または } KMnO_4} R^1COR^2$<br><br>$R^1R^2R^3COH \xrightarrow{KMnO_4}$ 反応せず | 3′) 酸化<br>　酸化によってキノンを生成する．<br><br>フェノール $\xrightarrow{K_2Cr_2O_7(H^+)}$ ベンゾキノン<br><br>ヒドロキノン $+ 2Ag^+ \longrightarrow$ キノン $+ 2Ag + 2H^+$<br><br>（写真の現像の原理である．） |

4′) 水酸基によるベンゼン環の活性化

　—OH は電子供与性の M 効果を持つので，フェノールはおだやかな条件で求電子置換反応し，$o-$, $p-$位に置換基が入る（9.5 節参照）．

$$\text{C}_6\text{H}_5\text{OH} + Br_2 \longrightarrow \text{2,4,6-トリブロモフェノール}$$

$Ar^1O^-Na^+$ はジアゾニウム塩（14.3 節参照）$Ar^2N_2^+$ のような弱い求電子試薬とも反応する．

$$\text{2-ナフトキシドNa} + \text{C}_6\text{H}_5\text{N}_2^+ \xrightarrow{(H^+)} \text{アゾ化合物}$$

（アゾ化合物）

# 11.5 エーテル

2個の炭化水素基が1個のOに結合した化合物で，炭化水素基はアルキル基のときもアリール基のときもある．

### 代表的化合物

| 化学式 | 名称，{ }内は慣用名 | 融点 ℃ | 沸点 ℃ | 用途 |
|---|---|---|---|---|
| $CH_3CH_2OCH_2CH_3$ | ジエチルエーテル（diethyl ether）[†] | −116.3 | 34.48 | 溶媒 |
| ⌬—$OCH_3$ | メトキシベンゼン（methoxybenzene） {アニソール（anisole）} | −37.5 | 153.85 | |
| $CH_2$—$CH_2$ の O環 | オキシラン（oxirane） {エチレンオキシド（ethylene oxide）} | −112 | 10.37 | 合成原料 |
| $CH_2$—$CH_2$ — $CH_2$ $CH_2$ O 環 | オキソラン（oxolane） {テトラヒドロフラン（tetrahydrofuran）} | −108.5 | 66 | 溶媒 |
| 1,4-ジオキサン環 | 1,4-ジオキサン（1,4-dioxane） | 11.80 | 101.40 | 溶媒 |

### 合成法

1) ウィリアムソンの合成

$$RX + R'ONa \longrightarrow ROR', \quad RX + ArONa \longrightarrow ROAr$$

この反応は$R'O^-$の$RX$に対する求核置換．同類の反応は硫酸エステルでもできる．

$$(RO)_2SO_2 + 2ArONa \longrightarrow 2ArOR + Na_2SO_4$$

2) アルコールの分子間脱水

$$2ROH \xrightarrow{H_2SO_4} ROR + H_2O$$

炭素数が大きくなるとアルケンの生成が優勢になるので$C_4$以下のアルコールにしか使えない．

---

[†] 基官能命名法

$$2HOCH_2CH_2OH \xrightarrow{H_2SO_4} \text{(ジオキサン)}$$

**物理的性質**　比較的揮発性の大きい化合物．エーテルの特色は非常に多種類の化合物と混り合うことである．ジエチルエーテルは種々の有機化合物を溶かし，水にはそれほど溶けない（25℃で体積比で6%，しかし，炭化水素類よりははるかに水に溶ける）こと，また沸点が低く，蒸留で分離することが容易なこと，のために水の中に存在する有機物の抽出に用いられる．ジオキサン，テトラヒドロフランは水とも自由に混じり，広い範囲の溶媒として用いられる．

**化学的性質**　エーテル結合は歪みのかかった $CH_2\overset{O}{-\!\!-}CH_2$ のような場合を除くと，反応性に乏しい．自身反応性に乏しいことは溶媒としてすぐれた性質の一つである．

エーテルの O は非共有電子対を供与して金属イオンに配位する性質が強い．グリニャール反応がエーテル中で行われるのも，Mg にエーテルが配位し安定化するためと考えられている．

**クラウンエーテル**（crown ether）[†]と名づけられた一群の環状ポリエーテルは注目すべきエーテルである．これらは環の中心に金属イオンを取り込んで，種々の新しい反応性を示す．金属イオンの大きさと環の大きさから，金属イオンの取込みに選択性がある点も，生体の取込みにおける高い選択性と対比され興味を持たれている．

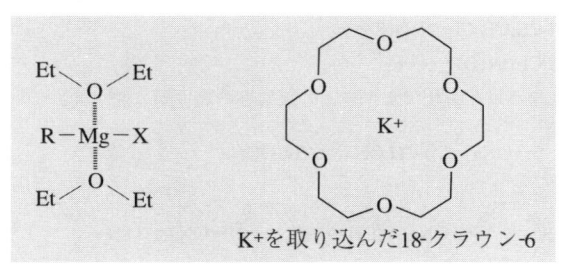

K⁺を取り込んだ18-クラウン-6

たとえば 18-クラウン-6（18 は環の原子数，6 は O 原子の数を表す．）とよばれる化合物はカリウムイオンを取り込む．金属イオンを取り込んだクラウンエーテルは炭化水素に溶けるので，クラウンエーテル存在下で金属塩は無極性

---

[†]　分子の形が王冠に似ているために名づけられた．

溶媒に可溶化される．これを利用すると有機物と無機塩の反応を無極性溶媒中で進行させることができる．

**オキシラン（エチレンオキシド）** オキシランは三員環で，著しく歪みがかかっているのでエーテルとしては例外的な反応性を示し環が開いて反応する．反応は C—O の分極によって生じた C 上の $\delta_+$ に対する求核試薬の攻撃として理解されるものが多い．

$$\delta_+CH_2 - CH_2^{\delta_+}$$
$$\underset{\delta_-}{O}$$

$$CH_2-CH_2 + H_2O \xrightarrow{H^+} HOCH_2CH_2OH, \quad CH_2-CH_2 + RMgX \longrightarrow RCH_2CH_2OH$$
$$\underset{O}{\phantom{X}} \qquad\qquad\qquad\qquad\qquad\qquad \underset{O}{\phantom{X}}$$

## 演習問題

**1** つぎの反応の生成物の構造式を示せ．

a) $CH_3CH_2COO-\bigcirc + LiAlH_4 \longrightarrow$

b) $\bigcirc-OH + CH_3COCl \longrightarrow$

c) $\bigcirc-ONa + ClCH_2COOH \longrightarrow$

d) $CH_3CH_2CH=CH_2 + H_2O \xrightarrow{(H^+)}$

e) $CH_3CH_2CH_2CH_2Cl + NaOH \longrightarrow$

f) $(CH_3)_3CCl + NaOH \longrightarrow$

**2** つぎの化合物をハロゲン化アルキルとの反応性の高い順に並べよ．

a) $\bigcirc-ONa$, $CH_3CH_2ONa$, $CH_3COONa$

b) $CH_3-\bigcirc-ONa$, $CH_3O-\bigcirc-ONa$, $O_2N-\bigcirc-ONa$,

$\underset{Cl}{\bigcirc}-ONa$

**3** つぎの化合物を $CH_3CH_2MgBr$ を原料にして合成する場合，反応の相手に何を用いればよいか．

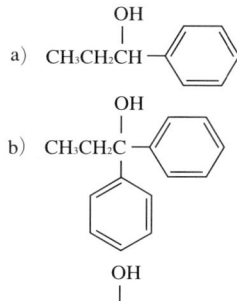

a) $CH_3CH_2\underset{\underset{\text{OH}}{|}}{C}H-C_6H_5$

b) $CH_3CH_2\underset{\underset{\text{OH}}{|}}{C}(C_6H_5)_2$

c) $CH_3CH_2\underset{\underset{C_6H_5}{|}}{C}(OH)CH_2CH_3$

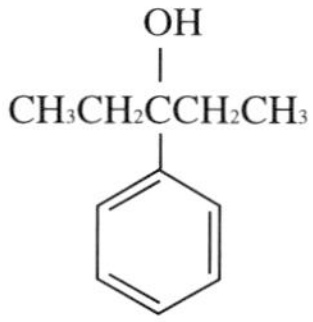

d) $CH_3CH_2CH_2CH_2OH$

**4** グリニャール反応を繰り返し用いて，つぎの化合物を炭素数1個あるいは2個の化合物から合成する方法を考えよ．

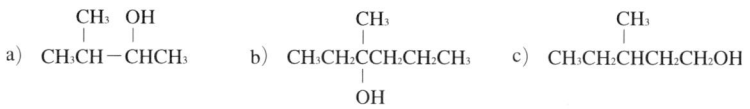

a) $CH_3\underset{\underset{CH_3}{|}}{C}H-\underset{\underset{OH}{|}}{C}HCH_3$

b) $CH_3\underset{\underset{OH}{|}}{\overset{\overset{CH_3}{|}}{C}}CH_2CH_2CH_3$

c) $CH_3CH_2\underset{\underset{CH_3}{|}}{C}HCH_2CH_2OH$

**5** つぎの各組の化合物を識別するにはどのような実験を行えばよいか．（イ）用いる試薬，（ロ）実験方法，（ハ）観察されるであろう現象，（ニ）なぜそのようなちがいが見られるかの理由，を各項目別に答えよ．

a) 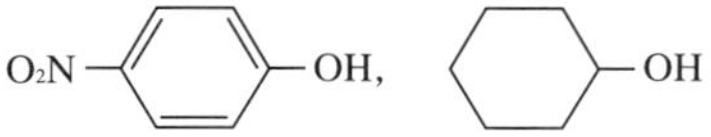 $O_2N-C_6H_4-OH$， シクロヘキシル-OH

b) $CH_3CH_2CH_2OH$，$(CH_3)_3COH$

c) 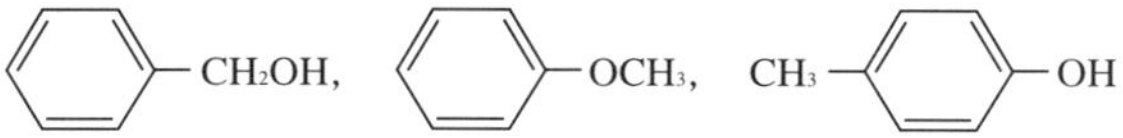 $C_6H_5-CH_2OH$， $C_6H_5-OCH_3$， $CH_3-C_6H_4-OH$

# 12 アルデヒド, ケトン, キノン

アルデヒド, ケトンはカルボニル基 $\left(\diagdown C=O\right)$ を持ち, **カルボニル化合物**と総称され, 類似の性質を示す. カルボニル基を特徴づけるのは $\diagdown C\overset{\delta+}{=}\overset{\delta-}{O}$ の大きな分極である. 化合物の性格の大部分が $\diagdown C=O$ の分極によってきまってしまう. したがって, カルボニル基は, アルキル基と結合している場合でもアリール基と結合している場合でも同じような性質を示す. それゆえ本章では脂肪族と芳香族のカルボニルを区別することなく取り扱うこととする.

$\diagdown C=O$ の大きな分極は $\diagdown C=O$ に結合する基に大きな影響を与える. とくに重要なのは, つぎの2点である.

1) $\diagdown C=O$ に結合した C—H ($-\underset{|}{\overset{H}{C}}-C=O$, α-水素) 結合の活性化.

2) $\diagdown C=O$ と共役した二重結合の分極. (5.1節で説明した.)

## 12.1 代表的化合物

| 化学式 | 名称, ｜｜内は通俗名 | 融点 ℃ | 沸点 ℃ | 用途その他 |
|---|---|---|---|---|
| アルデヒド | | | | |
| HCHO | メタナール (methanal) ホルムアルデヒド (formaldehyde) | $-118$ | $-19.3$ | 防腐剤 樹脂の原料 |
| CH₃CHO | エタナール (ethanal) アセトアルデヒド (acetaldehyde) | $-123.5$ | 20.2 | |
| ⌬—CHO | ベンズアルデヒド (benzaldehyde) | $-56.5$ | 178 | |
| ⌬—CH=CHCHO | ｛シンナムアルデヒド (cinnamaldehyde)｝ | $-7.5$ | 129 (20mmHg) | 香料(ケイ皮油の成分) |

| 化学式 | 名称，{ }内は通俗名 | 融点 ℃ | 沸点 ℃ | 用途その他 |
|---|---|---|---|---|
| OH, OCH$_3$, CHO (構造式) | {バニリン（vanillin）} | 83 | 284 | 香料（食品添加剤） |
| **ケトン** | | | | |
| CH$_3$COCH$_3$ | プロパノン（propanone） アセトン（acetone） | −94.82 | 56.3 | 溶媒 |
| CH$_3$CO—C$_6$H$_5$ | アセトフェノン（acetophenone） | 19.65 | 202 | |
| C$_6$H$_5$—CO—C$_6$H$_5$ | ベンゾフェノン（benzophenone） | 48 | 305.9 | |
| **キノン** | | | | |
| O=C$_6$H$_4$=O | $p$-ベンゾキノン（$p$-benzoquinone） | 115.5 | 昇華 | |
| アントラキノン構造 | アントラキノン（anthraquinone） | 287 | 379.8 昇華 | 染料などの合成原料 |

## 12.2 アルデヒド，ケトンの合成

**一般的方法**

1) アルコールの酸化

$$RCH_2OH \xrightarrow{K_2Cr_2O_7(H^+)} RCHO \left[ \xrightarrow{K_2Cr_2O_7(H^+)} RCOOH \right]$$

$$R^1CH(OH)R^2 \xrightarrow{K_2Cr_2O_7(H^+)} R^1COR^2$$

ケトンはこれ以上酸化されないが，アルデヒドはカルボン酸に酸化されてしまう．アルデヒドを得るためには生成したアルデヒドをすみやかに系から取り除いて，酸化剤との接触を断つ必要がある．炭素数の少ないアルデヒドを作る際にはアルデヒドの沸点がアルコールより低いことを利用する．たとえば，エタノール（沸点78℃）の酸化を60℃で行うと，発生したアセトアルデヒド（沸

点20℃）は気体となって反応系から出てくるので，それを捕集する．

2) 酸塩化物の還元

$$RCOCl（あるいは ArCOCl）+ LiAlH(OBu^t)_3 \dagger \longrightarrow RCHO（あるいは ArCHO）$$

$$RCOCl \xrightarrow[\text{（触媒 Pd）}]{H_2} RCHO \quad （ローゼンムント(Rosenmund)の還元）$$

### 芳香族アルデヒド，ケトンの合成法

3) 側鎖の酸化．ベンゼン環は側鎖のアルキル基より酸化に強いことを利用．

$$O_2N\text{-}C_6H_4\text{-}CH_3 \xrightarrow[\text{溶媒}(CH_3CO)_2O-CH_3COOH]{CrO_3(H^+)}$$

$$O_2N\text{-}C_6H_4\text{-}CH(OCOCH_3)_2 \xrightarrow{\text{加水分解}} O_2N\text{-}C_6H_4\text{-}CHO$$

アセタール

酸化で生成したアルデヒドは酢酸—無水酢酸によってただちにアセタールになり，酸化剤の攻撃から守られる．

4) ハロゲン化合物の加水分解

$$C_6H_5\text{-}CH_3 \xrightarrow{Cl_2(光)} C_6H_5\text{-}CHCl_2 \xrightarrow{H_2O} [C_6H_5\text{-}CH(OH)_2] \xrightarrow{-H_2O} C_6H_5\text{-}CHO$$

5) フリーデル-クラフツのアシル化反応

$$RCOCl（あるいはAr'COCl）+ ArH \xrightarrow{AlCl_3} RCOAr（あるいはAr'COAr）$$

## 12.3 物理的性質

$\text{C=O}$ の大きな分極のため，かなり沸点が高い．（水素結合をしているアルコールやアミンよりは沸点が低い．）炭素数の小さいものはよく水に溶ける．カルボニル化合物は水素供与体にはなれないが，負電荷のたまったO原子が水のHと水素結合することができるので水の溶けるものと考えられている．

$$\underset{H}{\overset{}{\phantom{.}}} O-H \cdots O = C \underset{CH_3}{\overset{CH_3}{\phantom{.}}}$$

---

† $Bu^t$, $t\text{-}Bu$ は $t$-ブチル基 $(CH_3)_3C-$ を表す．

## 12.4 化学的性質

**C=O 自体の性質**　アルデヒド，ケトンに共通の性質

1) 付加反応

C=O の O は π 電子を強くひきつけ，C の p 軌道はほとんど空のような状況にある．その p 軌道をめがけて，非共有電子対を持った求核試薬が攻撃する．この場合 $H^+$ が触媒になることが多いが $H^+$ の役割は ⟩C=O の π 電子を O 上に固定し，C 上の p 軌道の電子密度をますます減少させ，非共有電子対を受け入れやすくすることである．

$$\text{\textbackslash C=O} + H^+ \longrightarrow \text{\textbackslash C}^+\text{--OH}$$

求核試薬との反応のあと $H_2O$ が脱離して二重結合ができる場合が多い．求核試薬としては非共有電子対を持つ N を含んだ種々の化合物，$CN^-$，$HSO_3^-$ のような陰イオン，$H_2O$ などがあり，すべて同類の反応として理解される．

イ)

$$Ar-\overset{H}{\underset{O^{\delta-}}{\overset{|}{C}^{\delta+}}} \quad H_2\ddot{N}-R \longrightarrow Ar-\overset{H}{\underset{OH}{\overset{|}{C}}}-\overset{H}{\underset{H}{\overset{|}{N}^+}}-R \xrightarrow{-H^+} Ar\overset{H}{\underset{OH}{\overset{|}{C}}}-\overset{}{\underset{H}{\overset{|}{N}}}-R$$
$$(H^+)$$

$$\xrightarrow{-H_2O} Ar\overset{H}{\overset{|}{C}}=N-R$$
シッフ(Schiff)塩基

第二アミンとの反応では，

ロ)

$$R^1CH_2\overset{}{\underset{R^2}{\overset{|}{C}}}=O + HNR^3R^4 \longrightarrow R^1CH_2\overset{OH}{\underset{R^2}{\overset{|}{C}}}-NR^3R^4 \xrightarrow{-H_2O} R^1CH=\overset{}{\underset{R^2}{\overset{|}{C}}}-NR^3R^4$$
エナミン

脱水で失われる H の位置が第一アミンと異なる．生成物は二重結合（ene）と

アミン (amine) の二つの基を持つのでエナミン (enamine) と総称される.
同様に,

ハ)

$$R^1R^2C=O + H_2NNH\text{-}C_6H_5 \longrightarrow {R^2 \atop R^1}\!\!>\!\!C=NNH\text{-}C_6H_5 \quad \text{フェニルヒドラゾン}$$

$$R^1R^2C=O + H_2NOH \longrightarrow {R^1 \atop R^2}\!\!>\!\!C=NOH \quad \text{オキシム}$$

陰イオン，アルコールなどとの反応.

ニ)

$${R^1 \atop R^2}\!\!>\!\!C=O + HCN \longrightarrow \underset{\text{シアンヒドリン}}{R^1\!\!-\!\!\underset{R^2}{\underset{|}{C}}\!\!\underset{OH}{\overset{CN}{-}}}$$

この方法は3.3節フィッシャーのグルコースの構造決定の際利用された.

ホ)

$${R^1 \atop R^2}\!\!>\!\!C=O \xrightarrow{R^3OH(H^+)} \underset{\text{ヘミケタール}}{R^1\!\!-\!\!\underset{R^2}{\underset{|}{C}}\!\!\underset{OH}{\overset{OR^3}{-}}} \underset{\text{ケタール}}{\overset{R^3OH(H^+)}{\rightleftarrows}} R^1\!\!-\!\!\underset{R^2}{\underset{|}{C}}\!\!\underset{OR^3}{\overset{OR^3}{-}}$$

$R^2=H$のときヘミアセタール　　$R^2=H$のときアセタール

$${R^1 \atop R^2}\!\!>\!\!C=O + {HOCH_2 \atop HOCH_2} \xrightarrow{H^+} R^1\!\!-\!\!\underset{R^2}{\underset{|}{C}}\!\!\overset{O\text{-}CH_2}{\underset{O\text{-}CH_2}{<}}$$

容易に加水分解され，アルデヒド，ケトンを再生するので $>$C=O の保護に用いられる.

ヘ) **グリニャール試薬との反応** グリニャール試薬の Mg—C 結合は強く $Mg^{\delta+}$—$C^{\delta-}$ に分極しており，$C^{\delta-}$ は $>$C=O の陽性のCを攻撃する.

2) **還元** アルデヒド，ケトンはアルコールにも，炭化水素にも還元することができる・

イ) アルコールへの還元

$${R^1 \atop R^2}\!\!>\!\!C=O \xrightarrow{[H]} R\!\!-\!\!\underset{R}{\underset{|}{C}}\!\!\underset{H}{\overset{OH}{-}}$$

還元には金属水素化物，接触水素化が用いられる.

ロ）炭化水素への還元．

$$\begin{matrix} R^1 \\ R^2 \end{matrix}C=O \xrightarrow{Na-Hg(ナトリウムアマルガム)+HCl} \begin{matrix} R^1 \\ R^2 \end{matrix}CH_2 \quad クレメンセン還元$$

$$\begin{matrix} R^1 \\ R^2 \end{matrix}C=O \xrightarrow{H_2NNH_2} \begin{matrix} R^1 \\ R^2 \end{matrix}C=NNH_2 \xrightarrow[封管中]{NaOH,\ 180-200℃} \begin{matrix} R^1 \\ R^2 \end{matrix}CH_2 \quad ウォルフ-キッシュナー還元$$

酸に弱いものはウォルフ-キッシュナー（Wolff-Kishner）法，アルカリに弱いものはクレメンセン（Clemmensen）法と使いわけることができる．

**アルデヒドとケトンの性質のちがい**　ケトンは容易に酸化されないが，アルデヒドは酸化剤との反応はもとより，空気中の酸素によっても徐々に酸化される．このちがいは $C=O$ に直接結合している水素があるかないかによっている．―CH=O の H は水素原子として引き抜かれやすく，つぎのようなラジカル連鎖反応でカルボン酸に変化する．

$$-\overset{H}{\underset{|}{C}}=O+Y\cdot \longrightarrow -\overset{\cdot}{C}=O+YH \quad (1)$$
（遊離基）

$$-\overset{\cdot}{C}=O+O_2 \longrightarrow -\overset{O-O\cdot}{\underset{|}{C}}=O \quad (2)$$

$$-\overset{O-O\cdot}{\underset{|}{C}}=O + -CHO \longrightarrow -\underset{過酸}{\overset{O-O-H}{\underset{|}{C}}=O} + -\overset{\cdot}{C}=O \quad (3)$$

(2) と (3) との反応が繰り返され連鎖反応になる．

　過酸はカルボン酸より O を多く含んだ不安定な物質で，アルデヒドを酸化し相手のアルデヒドも自身も，ともにカルボン酸に変化する．$K_2CrO_7$ などの酸化剤による酸化はラジカル反応ではなく，イオン反応であると考えられているが，この場合―CHO の H は $H^+$ として脱離する．いずれにしても $C=O$ に H を持たないケトンではこの種の反応をおこさないので酸化を受けないことになる．

**α-水素の反応**　$C=O$ の強い電子求引によって $C=O$ に隣接した C に結合した H の陽性が増す．この H はアルカリによって $H^+$ として引き抜かれ，非

共有電子対を持った炭素, **カルボアニオン**（carbanion, 炭素陰イオン）を生じる.（この性質はα-水素のない芳香族アルデヒド,$(CH_3)_3CCHO$ などにはない.）

（イ）アルドール縮合

$$2CH_3CHO \xrightarrow{\text{少量のNaOH}} CH_3\underset{|}{\overset{OH}{C}}H-CH_2CHO \xrightarrow{85℃} CH_3CH=CHCHO$$
$$\text{アルドール}$$

$CH_3CHO$ の 1 分子が $OH^-$ と反応してカルボアニオンとなり, これがもう 1 分子の $CH_3CHO$ の陽電荷の中心 C を攻撃する.

$$\left[ CH_3CHO \xrightarrow{OH^-} \underset{CHO}{\overset{H}{\underset{|}{\ddot{C}H_2^-}}} \right] \overset{\delta+}{C}=\overset{\delta-}{O} \longrightarrow \underset{CHO}{\overset{H}{\underset{|}{CH_2}}}-\underset{CH_3}{\overset{|}{C}}-O^- \xrightarrow{H^+} CH_3\overset{OH}{\underset{|}{CH}}CH_2CHO$$

同様に,

$$\text{C}_6\text{H}_5-CHO + CH_3CHO \xrightarrow{OH^-} \text{C}_6\text{H}_5-CH=CHCHO \quad \text{シンナムアルデヒド}$$

（ロ）ケト-エノール互変異性（keto-enol tautomerism）

α-位に H を持ったケトン, アルデヒドはつぎに示すようにエノールと平衡にある.

$$-\underset{|}{\overset{H}{C}}-\underset{}{\overset{O}{\overset{\|}{C}}}- \rightleftarrows -\overset{}{\underset{}{C}}=\underset{}{\overset{OH}{\underset{|}{C}}}-$$
$$\text{ケト形} \quad\quad \text{エノール形}$$

このように平衡が成り立って, 相互に変換できる異性体を**互変異性体**という. ケト形, エノール形は H の結合している位置が異なっており, はっきり区別でき, おのおのを分けることもできる. 共鳴と互変異性は混同されやすいが, 共鳴の極限構造式の一つ一つは実在の分子を表すものでなく, 極限構造式のすべてを総合した性格が一つの分子の状態を表しているのである. $CH_3COCH_3$ では 99.9998％がケト形として存在するが, $C=O$ が 1,3-位にある, 1,3-ジケトンはエノール形になることによって共役系が広がり安定化するため, エノール形の含量が大になる. 1,3-ジケトンではエノール形が安定な六員環の水素結合を作っており, これもエノールへの平衡のかたよりに有利に働く.

$$CH_3-\overset{O}{\underset{\|}{C}}-CH_2-\overset{O}{\underset{\|}{C}}-CH_3 \rightleftharpoons CH_3-\underset{\underset{H}{|}}{C}=\underset{|}{C}-CH_3 \quad (室温,溶媒なし)$$

24％　　　　　　　　　　　76％

**C＝Oと共役したC＝Cの反応**　C＝Oの分極がC＝Cに伝わって，下のような共鳴があり，1,4-付加をおこすことがある．

$$C=C-C=O \longleftrightarrow C=C-\overset{+}{C}-\overset{-}{O} \longleftrightarrow \overset{+}{C}-C=C-\overset{-}{O}$$

$$RCH=CH-\overset{O}{\underset{\|}{C}}-R'+HCN \longrightarrow R-\underset{\underset{}{|}}{\overset{CN}{C}H}-CH=\underset{\underset{}{|}}{\overset{OH}{C}}-R' \xrightarrow{異性化} R-\underset{\underset{}{|}}{\overset{CN}{C}H}-CH_2-\overset{O}{\underset{\|}{C}}-R'$$

## 12.5　キノン (quinone)

式 (**1**), (**2**) の構造を持つ化合物を**キノン**という．$m$-ベンゾキノン (**3**) は実在しない．C＝Oが$m$-位にあると残りのπ電子系が安定な結合状態をとれないからである．

(**1**) $p$-ベンゾキノン　(**2**) $o$-ベンゾキノン　(**3**) は存在しない．

キノンは反応性の高いケトンの性格と安定性の高いベンゼン環の性格の谷間にあって特殊な性質を示す．ケトンの性格，環の安定性はともに弱められている．反応ではベンゼンの構造を回復するような過程がおこりやすい．

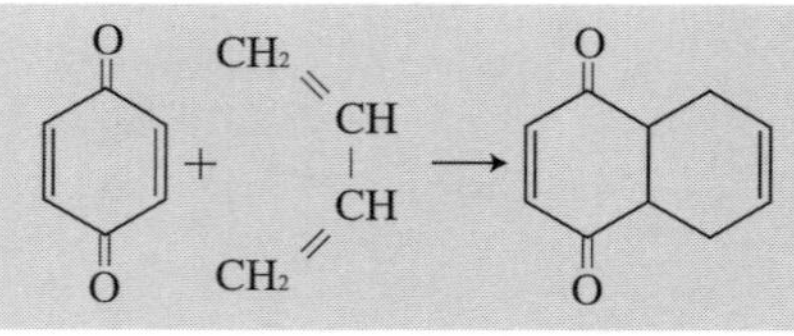

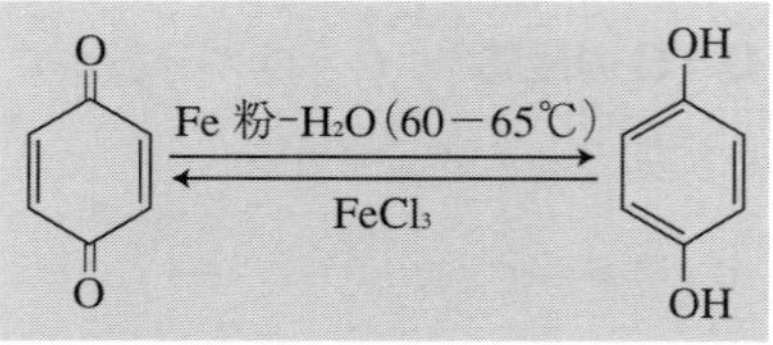

$p$-ベンゾキノンはヒドロキノンの酸化で容易に生成するが，逆にヒドロキノンは $p$-キノンの還元で容易に生成する．

## 演習問題

**1** つぎの変換に必要な試薬（触媒を含む）を示せ．

a) 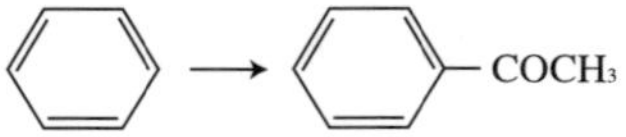 C₆H₆ ⟶ C₆H₅COCH₃

b) O₂N-C₆H₄-CH₃ ⟶ O₂N-C₆H₄-CHO

c) 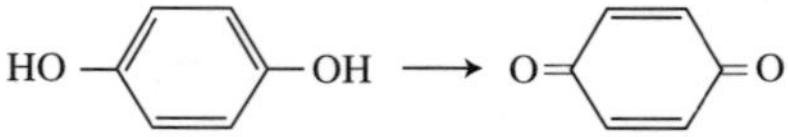 HO-C₆H₄-OH ⟶ O=C₆H₄=O

d) C₆H₅-CHO ⟶ C₆H₅-CH(OH)CN

e) 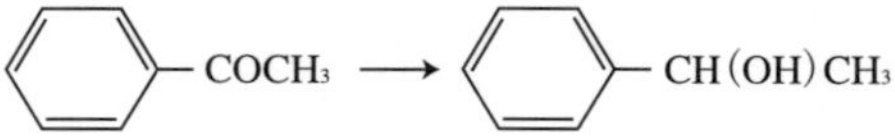 C₆H₅-COCH₃ ⟶ C₆H₅-CH(OH)CH₃

f) 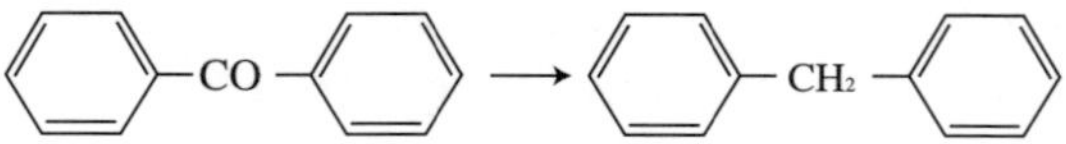 C₆H₅-CO-C₆H₅ ⟶ C₆H₅-CH₂-C₆H₅

g) C₆H₅-CHO ⟶ C₆H₅-CH=CHCOCH₃

h) C₆H₅-CHO ⟶ C₆H₅-CH=CHNO₂

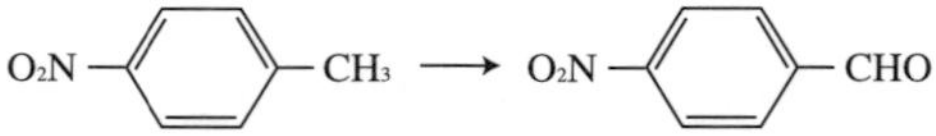

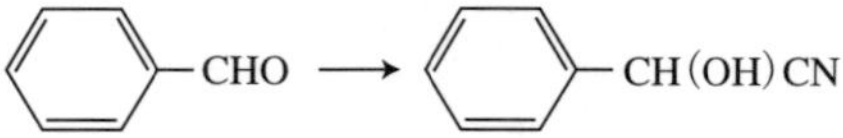

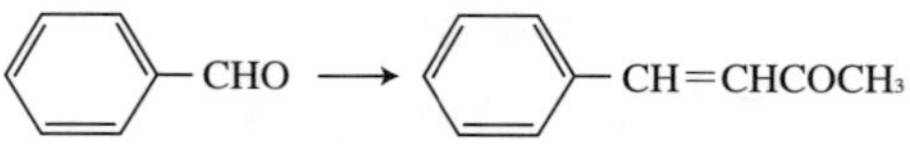

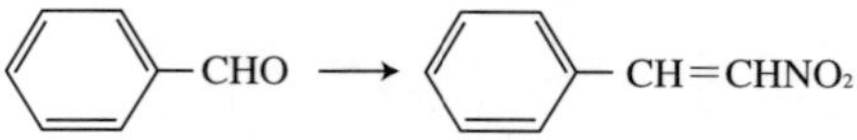

i) 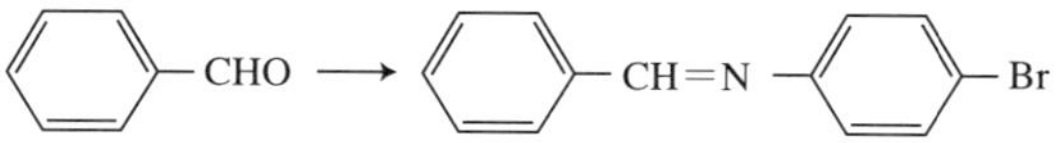 [PhCHO → PhCH=N-C₆H₄-Br]

j) 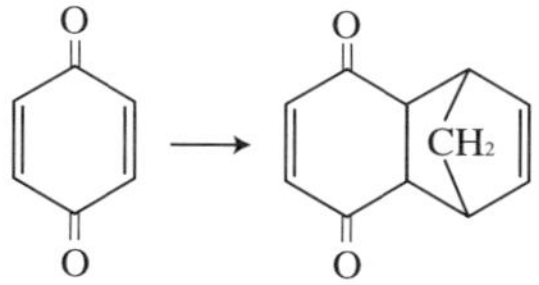 [1,4-benzoquinone → Diels-Alder adduct with cyclopentadiene]

**2** つぎの化合物を常温でエノール含量の多いものから順に並べよ．また理由を示せ．

a)　CH₃COCH₃　　b)　CH₃COCH₂COCH₃　　c)　CH₃COCH₂COOCH₃

d) 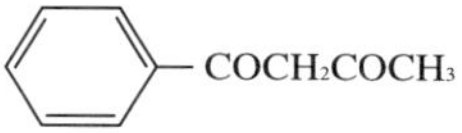　C₆H₅—COCH₂COCH₃

**3** つぎの化合物を区別する実験的方法を考案せよ．

CH₃COCH₂CH₃，CH₃CH₂CH₂CHO，CH₃COOCH₃

**4** C₆H₅—**N**HNH₂ や H₂NCO**N**HNH₂ がアルデヒド，ケトンと反応するとき，太字で示した **N** のところで反応する理由を説明せよ．

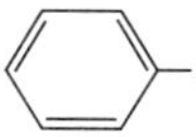

# 13 カルボン酸とその誘導体

　カルボン酸やカルボン酸の誘導体であるアミド，エステルは生体中に広く存在し，重要な役割を果たしている．カルボン酸，アミド，エステルは $\diagup$C=O 基の隣に非共有電子を持っており，それが $\diagup$C=O に流れ込むために C の陽電荷が中和され，カルボニルの特性が弱められ，アルデヒド，ケトンとは異なった性質を示す．一方電子を供与した―OH，―$NH_2$ もアルコール，アミンと異なった性質を持ち，カルボニル基とそれに結合する基の強い相互作用の上にカルボン酸誘導体の特性が発現する．
　カルボン酸は古くから知られていたものが多く，その原料などにちなんだ名称が定着してしまって，今から変えることがむずかしいので慣用名の使用が正式に認められているものが多い．

## 13.1　カルボン酸（carboxylic acid）

### 13.1.1　代表的化合物

| 化学式 | 名称，[ ]内は慣用名（ただし正式に認められている） | 融点 ℃ | 沸点 ℃ $\left(\dfrac{圧力}{mmHg}\right)$ | 備考 |
|---|---|---|---|---|
| HCOOH | メタン酸 (methanoic acid) [ギ酸 (formic acid)] | 8.4 | 100.8 | |
| $CH_3COOH$ | エタン酸 (ethanoic acid) [酢酸 (acetic acid)] | 16.635 | 117.8 | 食酢の成分 |
| $CH_3(CH_2)_2COOH$ | ブタン酸 (butanoic acid) [酪酸 (butyric acid)] | −5.26 | 164.05 | バターの成分 |
| $CH_3(CH_2)_{14}COOH$ | [パルミチン酸 (palmitic acid)] | 62.65 | 167.4 (1 mmHg) | 油脂の成分 |
| $CH_3(CH_2)_{16}COOH$ | [ステアリン酸 (stearic acid)] | | 283 (17 mmHg) | 油脂の成分 |

| 化学式 | 名称，[ ]内は慣用名（ただし正式に認められている） | 融点 ℃ | 沸点 ℃ （圧力 mmHg） | 備考 |
|---|---|---|---|---|
| HOOCCOOH | ［シュウ酸（oxalic acid）］ | 182 | | |
| HOOCCH$_2$COOH | ［マロン酸（molonic acid）］ | 134† | | |
| HOOC(CH$_2$)$_4$COOH | ［アジピン酸（adipic acid）］ | 153 | 205.5 (20 mmHg) | |
| CH$_2$=CHCOOH | ［アクリル酸（acrylic acid）］ | 14 | 141 | |
| HOOCCH=CHCOOH (*cis*) | ［マレイン酸（maleic acid）］ | 133 | | 融点で無水物に変化 |
| HOOCCH=CHCOOH (*trans*) | ［フマル酸（fumaric acid）］ | 300 | | |
| C$_6$H$_5$COOH | ［安息香酸（benzoic acid）］ | 122.5 | 250.03† | |
| C$_6$H$_4$(COOH)$_2$ (*o*-) | ［フタル酸（phthalic acid）］ | 234 | 分解 | |
| C$_6$H$_4$(COOH)$_2$ (*p*-) | ［テレフタル酸（terephthalic acid）］ | | 300 昇華 | 合成繊維の原料 |

† 分解

## 13.1.2 合 成 法

1) 第一アルコール，アルデヒドの酸化．芳香族化合物では側鎖の酸化．

$$RCH_2OH \xrightarrow{K_2Cr_2O_7-H^+} (RCHO) \xrightarrow{K_2Cr_2O_7-H^+} RCOOH$$

$$ArCH_3 \xrightarrow{K_2Cr_2O_7-H^+} (ArCHO) \xrightarrow{K_2Cr_2O_7-H^+} ArCOOH$$

2) 二重結合の酸化．

$$R^1-\overset{H}{\underset{|}{C}}=\overset{H}{\underset{|}{C}}-R^2 \xrightarrow{KMnO_4} R^1-\overset{OH}{\underset{|}{C}H}-\overset{OH}{\underset{|}{C}H}-R^2 \xrightarrow{KMnO_4} R^1COOH + R^2COOH$$

3) ニトリルの加水分解.

$$RCN \xrightarrow{H_2O-H^+} RCONH_2 \xrightarrow{H_2O-H^+} RCOOH$$

4) グリニャール試薬あるいはリチウム化合物と $CO_2$ との反応.

$$RMgX + CO_2 \longrightarrow RCOOMgX \xrightarrow{H^+} RCOOH$$

$CO_2$ として一般にはドライアイスを用いる.

### 13.1.3 物理的性質
水素結合のため沸点の高い,水に溶けやすいものが多い.

### 13.1.4 化学的性質
1) 酸性　カルボン酸のもっとも重要な性質は酸性であるが,このことについてはすでにくわしく説明した(6.3節).

2) OHの種々の基による置換　$\diagdown$C=OのC上の陽電荷はOHの非共有電子対によっていく分中和されているが,電子供与体の攻撃を受ける.ただし,ケトン,アルデヒドに比べ反応は困難で,加温や触媒が必要である.エステル化のとき $H^+$ を触媒に用いるのも 12.4節1)に述べたと同じく,C上の陽電荷を増強するためである.

$$R-C\begin{matrix}O\\OH\end{matrix} \xrightarrow{H^+} R-\overset{+}{C}\begin{matrix}OH\\OH\end{matrix} \xrightarrow{R'OH} R-C\begin{matrix}OH\\\underset{+}{OH}\end{matrix}H-R' \longrightarrow R-C\begin{matrix}O\\O\end{matrix}-R'$$

RCOCl(酸塩化物),RCO-O-COR(酸無水物)はCOにつく基の非共有電子対を供与する力が弱く,$\diagdown$C=O 上のC上の陽電荷が大きくなり,反応性が高くなる.

カルボン酸誘導体の相互変換を図13.1に示した.

セッケンは天然の高級カルボン酸($C_{16}$,$C_{18}$の酸)のナトリウム塩である.

13.2 カルボン酸誘導体

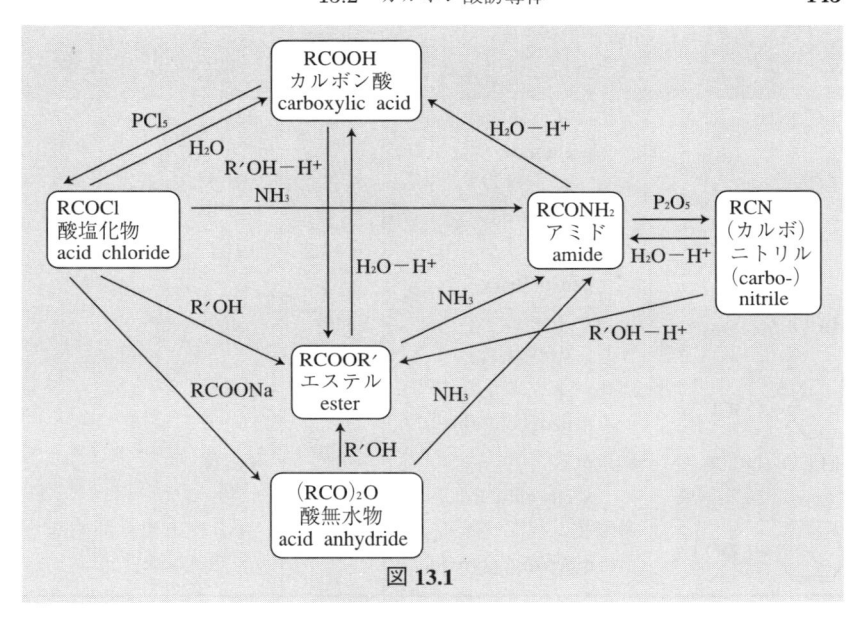

図 13.1

## 13.2 カルボン酸誘導体

### 13.2.1 代表的化合物

| 化学式 | 名称 | 融点 ℃ | 沸点 ℃ | 備考 |
|---|---|---|---|---|
| $CH_3COOC_2H_5$ | 酢酸エチル ethyl acetate | $-83.6$ | 76.82 | 溶媒，リンゴ臭 |
| $CH_3(CH_2)_2COOC_2H_5$ | 酪酸エチル ethyl butyrate | $-100.8$ | 121.55 | パイナップル臭 |
| $C_6H_5COOCH_3$ | 安息香酸メチル methyl benzoate | $-12.21$ | 199.5 | |
| ベンゼン環-OH, COOCH₃ | サリチル酸メチル methyl salicylate | $-0.8$ | 223.3 | 香料，医薬品 |
| ベンゼン環-COOC₈H₁₇, COOC₈H₁₇ | フタル酸ジオクチル dioctyl phthalate | | 231 (5 mmHg) | 合成樹脂の可塑剤 |

| 化学式 | 名称 | 融点 ℃ | 沸点 ℃ | 備考 |
|---|---|---|---|---|
| $CH_3CONH_2$ | アセトアミド<br>acetamide | 82 | 221 | |
| $CH_3CN$ | アセトニトリル<br>acetonitrile | $-45.72$ | 81.77 | 溶媒 |
| C₆H₅—CN | ベンゾニトリル<br>benzonitrile | $-13.2$ | 191.1 | |
| $CH_3COCl$ | 塩化アセチル<br>acetyl chloride | $-112$ | 50.9 | |
| C₆H₅—COCl | 塩化ベンゾイル<br>benzoyl chloride | $-0.5$ | 196 | |
| $(CH_3CO)_2O$ | 無水酢酸<br>acetic anhydride | $-68$ | 140.0 | |
| $(C_6H_5-COO)_2$ | 過酸化ジベンゾイル<br>dibenzoyl peroxide | 105 | | 重合開始剤 |

### 13.2.2 エステル (ester)

**物理的性質**　揮発性の水に溶けにくい物質（水素結合ができないことに基づく）．芳香のあるものが多く，香料に用いられる．

天然の油脂は高級脂肪族カルボン酸とグリセロールのエステルである．また高級天然脂肪族カルボン酸と高級アルコールのエステルがロウである．

$C_{17}H_{35}COOCH_2$　　　　$CH_3(CH_2)_4CH=CHCH_2CH=CH(CH_2)_7COO-CH_2$
$C_{17}H_{35}COOCH$　　　　　$CH_3(CH_2)_4CH=CHCH_2CH=CH(CH_2)_7COO-CH$
$C_{17}H_{35}COOCH_2$　　　　$CH_3(CH_2)_4CH=CHCH_2CH=CH(CH_2)_7COO-CH_2$
トリステアリン酸グリセリル　　　　トリリノール酸グリセリル
　　　（固体）　　　　　　　　　　　　（液体）

合成繊維のテトロンはテレフタル酸とエチレングリコールのポリエステルである．

$$-(CH_2CH_2-OOC-C_6H_4-COO)_n-$$

### 13.2.3 酸アミド (acid amide)

炭素数の小さな酸アミドは水に溶けて中性を示す．—$NH_2$ を持つが，塩基性の原因である N 上の非共有電子対が，$\diagdown C=O$ との共役によって非局在化するので塩基性はほとんど示さない．

酸アミドの反応で重要なものは，図13.1に示したものの他にホフマン (Hofmann) 分解がある．

$$RCONH_2 + Br_2 + KOH \longrightarrow RNH_2$$

ホフマン分解の反応の過程は複雑である．

$$RCONH_2 \xrightarrow{Br_2} RCONHBr \xrightarrow{OH^-} RCO\bar{N}Br \xrightarrow{-Br^-} O=C=NR \xrightarrow{H_2O} CO_2 + RNH_2$$
$$\text{イソシアナート}$$

矢印のような R の移動（転位）の過程が含まれている．

### 13.2.4 カルボニトリル (carbonitrile)

—$COO^-NH_4^+$，—$CONH_2$ の脱水された形を持つ．合成にはアミドの脱水の他につぎのようなものがある．

$$RX + NaCN \longrightarrow RCN$$
$$ArN_2^+Cl^- + NaCN \xrightarrow{CuCN} ArCN$$

—$C\equiv N$ 基の $\pi$ 電子は N の方に偏り，C は陽電荷を持つ．$\diagdown C=O$ と類似であり加水分解，アルコールとの反応によるエステルの生成は，陽性の C に対する求核性の水，アルコールの攻撃として理解できる．

反応は表のものの他に水素化が重要である．

$$RCN \xrightarrow{H_2 (Co \text{ 触媒})} RCH_2NH_2$$

### 13.2.5 酸ハロゲン化物 (acid halide)

—COX 基を持つ化合物．ハロゲンは電気陰性度が大きく，$\diagdown C=O$ の求電子性が高く，種々の求核試薬と反応する．

エステル，アミドの合成に欠くことのできない化合物である．

### 13.2.6 酸無水物 (acid anhydride)

2個のカルボキシル基から水がとれて結合した形を持つ．—OH に比べ，—O—C(=O)—R 基は電子求引性が大きいため，酸塩化物の場合と同じく求電子性が大きい．

### 13.2.7 過酸化物

酸塩化物に過酸化水素を作用させると生じる．

$$2\ C_6H_5\text{-COCl} + H_2O_2 + 2\text{NaOH} \longrightarrow C_6H_5\text{-CO-O-O-CO-}C_6H_5$$

過酸化ジベンゾイル

酸無水物に似ているように見えるが中央のOが1個多い．過酸化水素のHが $C_6H_5CO$ で置き換わった形を持つ．O—O 結合は弱いので，加熱によって，ホモリシスをおこして分解し，遊離基が生成する．

$$C_6H_5\text{-CO-O}\ |\ \text{O-CO-}C_6H_5 \xrightarrow{加熱} 2\ C_6H_5\text{-CO-O}\cdot \longrightarrow 2\ C_6H_5\cdot + 2CO_2$$

ベンゾイル遊離基　　　フェニル遊離基

この性質のため過酸化物はビニル化合物の重合に用いられる．

## 演習問題

**1** つぎの反応の生成物の構造式を示せ．

a) $C_6H_5\text{-CH=CH-}C_6H_4\text{-NO}_2 + \text{KMnO}_4 \xrightarrow{H^+}$

b) $C_6H_5\text{-CCl}_3 + H_2O \xrightarrow{H^+}$

c) $CH_3CH_2CH_2Br + \text{NaCN} \longrightarrow$

d) $CH_3CH_2COOCH_3 + NH_3 \longrightarrow$

e) $C_6H_5\text{-CN} + CH_3OH \xrightarrow{H^+}$

**2** つぎの各組の化合物を識別するにはどのような実験を行えばよいか．（イ）用いる試薬，（ロ）実験方法，（ハ）観察されるであろう現象，（ニ）なぜそのようなちがいが見られる

かの理由，を各項目別に答えよ．

a) 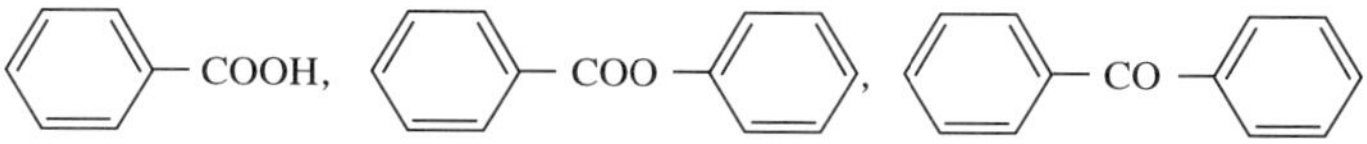 C₆H₅—COOH, C₆H₅—COO—C₆H₅, C₆H₅—CO—C₆H₅

b) 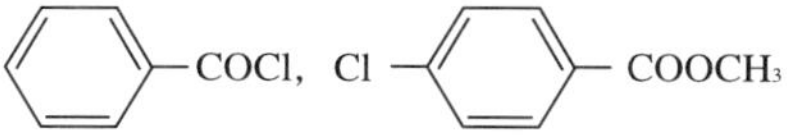 C₆H₅—COCl, Cl—C₆H₄—COOCH₃

c) 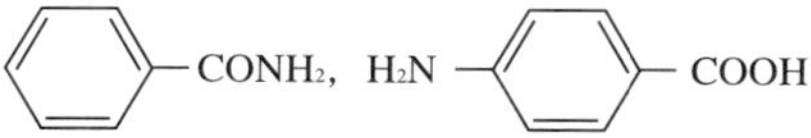 C₆H₅—CONH₂, H₂N—C₆H₄—COOH

**3** ¹⁴CO₂(Ba¹⁴CO₃に酸を加えて発生させる．) を用いて CH₃¹⁴COOCH₂CH₃ と CH₃COO¹⁴CH₂CH₃ を合成する方法を考えよ．¹⁴C を含まない有機化合物は何を用いてもよい．

**4** フェノールと安息香酸とを含む水溶液から，抽出操作だけでフェノールと安息香酸とを別々に取り出す方法を工夫せよ．

**5** つぎの対になった反応はどちらが容易であると推定されるか．推定の根拠とともに述べよ．

a) 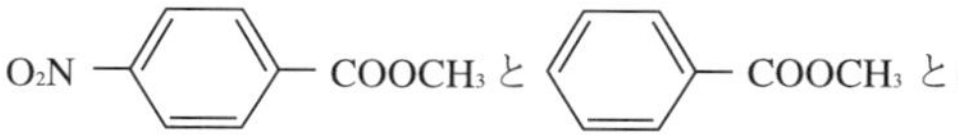 O₂N—C₆H₄—COOCH₃ と C₆H₅—COOCH₃ との加水分解

b) 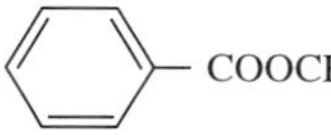 C₆H₅—COOCH₃ の H₂O との反応と NH₃ との反応

c) 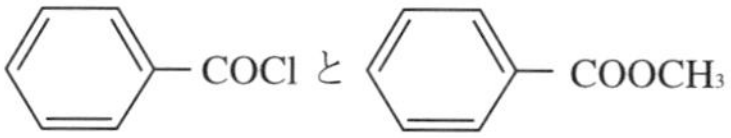 C₆H₅—COCl と C₆H₅—COOCH₃ の NH₃ に対する反応

# 14 窒素化合物

窒素を含む官能基の中でもっとも重要なものはアミン（amine）であり，生体の中で果たす役割は大きい．ニトロ化合物は天然にはほとんど存在しないが有機合成の中間体として重要である．

## 14.1 ニトロ化合物 (nitro compound)

クロラムフェニコール（抗生物質，クロロマイセチンとして種々の細菌性疾患に用いられる）を除くと，ニトロ化合物は天然にはほとんど見い出されないが，芳香族のニトロ化合物は合成化学の中間体として欠くことのできない重要な化合物である．ニトロ化合物—$NO_2$ は亜硝酸エステル—$ONO$ と異性体になっており，混同を避けなければならない．また，ダイナマイトの成分である"ニトログリセリン"は硝酸エステルである．ニトロ基の電子状態については 5.3.1 節でくわしく説明した．

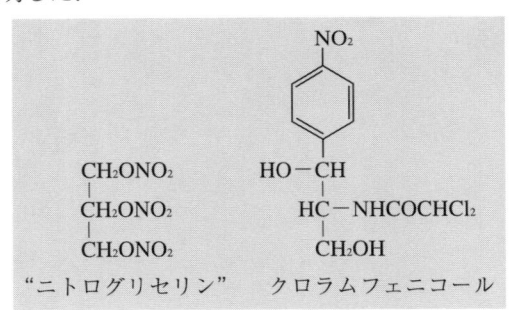

$$
\begin{array}{c}
CH_2ONO_2 \\
| \\
CH_2ONO_2 \\
| \\
CH_2ONO_2
\end{array}
\qquad
\begin{array}{c}
NO_2 \\
| \\
C_6H_4 \\
| \\
HO-CH \\
| \\
HC-NHCOCHCl_2 \\
| \\
CH_2OH
\end{array}
$$

"ニトログリセリン"　　　クロラムフェニコール

### 14.1.1 代表的化合物

| 化学式 | 名称 | 英語名 | 融点 ℃ | 沸点 ℃ | 用途 |
|---|---|---|---|---|---|
| $CH_3NO_2$ | ニトロメタン | nitromethane | −28.3 | 101.3 | 溶媒 |
| $C_6H_5-NO_2$ | ニトロベンゼン | nitrobenzene | 5.9 | 221 | 合成原料, 溶媒 |

## 14.1 ニトロ化合物

| 化学式 | 名称 | 英語名 | 融点 ℃ | 沸点 ℃ | 用途 |
|---|---|---|---|---|---|
| $O_2N$-(CH₃ ベンゼン環 2,4,6位 NO₂)-$NO_2$ / $NO_2$ | 2,4,6-トリニトロトルエン | 2,4,6-trinitrotoluene (TNT) | 104 | 290—310 | 爆薬 |

### 14.1.2 合成法

| $RNO_2$ | $ArNO_2$ |
|---|---|
| $RX + AgNO_2 \longrightarrow RNO_2$<br>アルコールの亜硝酸エステル $RONO$ を副生 | $ArH + HNO_3 \longrightarrow ArNO_2$<br>（ニトロ化については第9章で述べた） |

### 14.1.3 物理的性質

ニトロ化合物は大きな極性を持っており，沸点はかなり高い．水には溶けにくいが，種々の有機物とよく混ざり，溶媒に用いられることもある．密度は $1\,\mathrm{g\,cm^{-3}}$ より大きい場合が多い．芳香族ニトロ化合物は芳香を持つものが多い．

### 14.1.4 化学的性質

| $RNO_2$ | $ArNO_2$ |
|---|---|
| 1） 還元<br>$ArNO_2$ と同様にアミンに還元される．<br>$RNO_2 \xrightarrow{Fe-HCl} RNH_2$<br>2） α位に H を持つ化合物は $NO_2$ の電子求引のため酸性になる．<br>$CH_3NO_2 \xrightarrow{NaOH} Na^+\bar{C}H_2NO_2$<br>水溶液中でつぎの平衡がある．<br>$CH_3NO_2 \rightleftharpoons CH_2=N\genfrac{}{}{0pt}{}{OH}{O^-}$<br>アルドール縮合と同様に塩基の存在でア | 1′） 還元<br>酸性で還元すると第一アミンになる．<br>$ArNO_2 \longrightarrow ArNH_2$<br>還元には金属（Sn, Fe など）と硫酸（塩酸），あるいは接触還元（触媒；Ni 等）などが用いられる．還元条件を選ぶことによって次頁の化合物が得られる． |

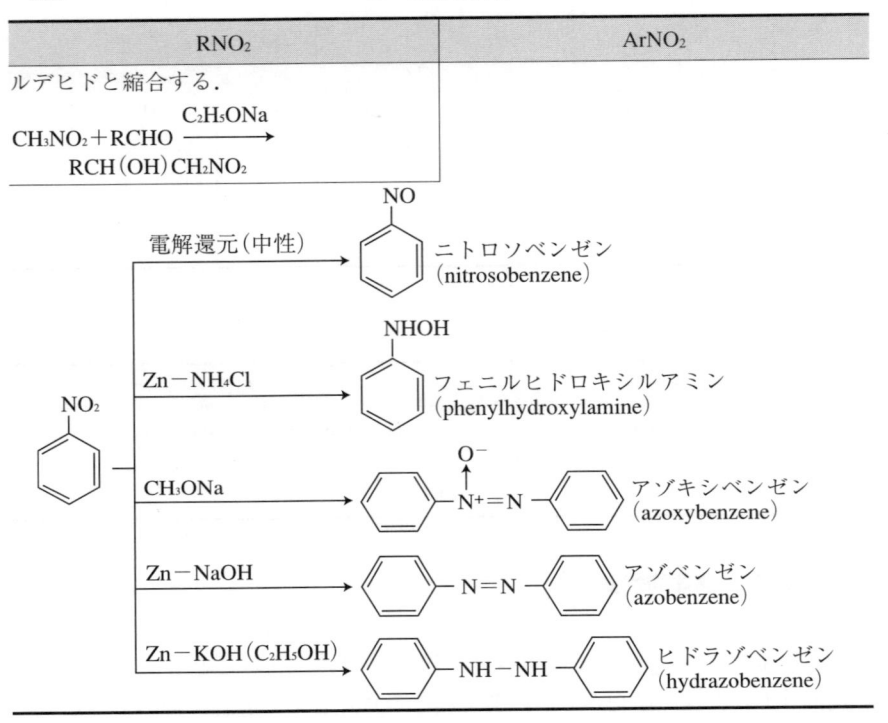

| RNO$_2$ | ArNO$_2$ |
|---|---|
| ルデヒドと縮合する．<br>$CH_3NO_2 + RCHO \xrightarrow{C_2H_5ONa} RCH(OH)CH_2NO_2$ | |

$C_6H_5-NO_2$ の還元:

- 電解還元（中性） → ニトロソベンゼン（nitrosobenzene）[C$_6$H$_5$-NO]
- Zn—NH$_4$Cl → フェニルヒドロキシルアミン（phenylhydroxylamine）[C$_6$H$_5$-NHOH]
- CH$_3$ONa → アゾキシベンゼン（azoxybenzene）[Ph-N$^+$(O$^-$)=N-Ph]
- Zn—NaOH → アゾベンゼン（azobenzene）[Ph-N=N-Ph]
- Zn—KOH(C$_2$H$_5$OH) → ヒドラゾベンゼン（hydrazobenzene）[Ph-NH-NH-Ph]

Sn—HCl によるアニリンへの還元は，中間にニトロソベンゼン，フェニルヒドロキシルアミンを経由しているが，この条件下で両者はともにニトロベンゼンよりすみやかに還元されるため，中間体は蓄積しない．条件をかえると中間体が単離できたり，中間体の反応でできる化合物が得られたりする．

$$ArNO_2 \longrightarrow ArNO \longrightarrow ArNHOH \longrightarrow ArNH_2$$
$$\downarrow OH^-$$
$$Ar-\overset{+}{N}=N-Ar$$
$$\overset{|}{O^-}$$

# 14.2 アミン

アミンはアンモニア（NH$_3$）の誘導体で，Nに結合する炭化水素基の数によって，第一［級］アミン（RNH$_2$），第二［級］アミン（R$^1$R$^2$NH），第三［級］アミン（R$^1$R$^2$R$^3$N）に分類される．（級は書いても書かなくてもよい．）アンモニ

ウム塩の誘導体を第四［級］アンモニウム塩（$R^1R^2R^3R^4N^+X^-$）という．この分類とは別の見方で，脂肪族アミンと芳香族アミンとに分ける分類法もある．

　第一，第二，第三アミンのいずれも N の上に非共有電子対を持ち，この電子対を供与することができ，代表的な有機塩基である．N に結合する基によって塩基性は変化する．アミンの特性のほとんどは N 上の非共有電子対を供与することに基づいている．

### 14.2.1　代表的化合物

| 化学式 | 名称† | 融点 ℃ | 沸点 ℃ | $pK_b$ | 備考 |
|---|---|---|---|---|---|
| 第一アミン (primary amine) | | | | | |
| $CH_3NH_2$ | メチルアミン methylamine | −93.5 | −6.3 | 3.05 | |
| $CH_3CH_2NH_2$ | エチルアミン ethylamine | −81.0 | 16.6 | 3.369 | |
| ⌬−NH₂ | シクロヘキシルアミン cyclohexylamine | | 134 | 3.3 | |
| ⌬−NH₂ | アニリン aniline | −6.0 | 184.6 | 9.220 | 染料などの合成原料 |
| 第二アミン (secondary amine) | | | | | |
| $(C_2H_5)_2NH$ | ジエチルアミン diethylamine | −48 | 55 | 3.067 | |
| ⌬−NH−⌬ | ジフェニルアミン diphenylamine | 55 | 302 | 13.2 | |
| 第三アミン (tertiary amine) | | | | | |
| $(C_2H_5)_3N$ | トリエチルアミン triethylamine | −114.5 | 89.4 | 3.68 | |
| ⌬−N(CH₃)₂ | $N,N$−ジメチルアニリン $N,N$−dimethylaniline | 3 | 194 | 8.850 | |

　† アミンの命名には，IUPAC 命名法の他に Chemical Abstracts の方式がある（第 7 章 87 頁参照）．この方式によると methylamine は methanamine, aniline は benzenamine である．

## 14.2.2 合成法

脂肪族，芳香族アミンに共通の方法

1) ニトロ化合物の還元

$$RNO_2 \longrightarrow RNH_2$$
$$ArNO_2 \longrightarrow ArNH_2$$

還元には金属（Sn, Feなど）と酸による化学的方法と，触媒（Ni, Pd, Ptなど）を用いた$H_2$による接触還元が利用される．

2) ホフマン分解

$$RCONH_2 + Br_2 + KOH \longrightarrow RNH_2$$
$$ArCONH_2 + Br_2 + KOH \longrightarrow ArNH_2$$

| $RNH_2$ | $ArNH_2$ |
|---|---|
| 3) ハロゲン化合物とアンモニアあるいはアミンとの反応<br><br>$RX + NH_3 \longrightarrow RNH_2 (R_2NH, R_3N)$<br>$R^2X + R^1NH_2 \longrightarrow R^1R^2NH$<br>$R^3X + R^1R^2NH \longrightarrow R^1R^2R^3N$<br>$R^4X + R^1R^2R^3N \longrightarrow R^1R^2R^3R^4N^+X^-$<br><br>反応が継続的に進んでしまうため，単一生成物を得るのがむずかしい．<br><br>4) ニトリルあるいはオキシムの還元<br><br>$RCN \xrightarrow{H_2(触媒, Co)} RCH_2NH_2$<br>$RCH=NOH \xrightarrow{H_2(触媒, Co)} RCH_2NH_2$ | 3′) ハロゲン化合物とアンモニアあるいはアミンとの反応<br><br>$ArX + NH_3 \xrightarrow[高温]{250℃} ArNH_2$<br><br>RX に比べ ArX は求核置換をうけにくく，高温（したがって高圧）を要し，実用化困難． |

## 14.2.3 物理的性質

N—H⋯N の分子間水素結合があるため，沸点は同程度の分子量を持つ炭化水素，エーテルなどより高いが，水素結合の強いアルコールよりは低い．水とも水素結合で結びつくことができ，炭素数の少ないアミンは水に溶けやすい．炭素数の少ないものはアンモニアに似た臭いがある．

### 14.2.4 化学的性質

脂肪族，芳香族アミンに共通な性質

1) 塩基性

第一，第二，第三アミンともに N の上に非共有電子対を有し，塩基性を示す．脂肪族アミンは $NH_3$（$pK_b$, 4.75）より強い塩基であるが，N にベンゼン環がつくと N の非共有電子対がベンゼン環の方に流れ出すため，芳香族アミンは塩基性が弱く，リトマス試験紙などで検出できるほどの塩基性は示さない．しかし，塩基性は保持しており，酸と反応して塩を作る．アニリンなど水に溶けにくいものでも HCl，$H_2SO_4$ などには塩を作って溶ける．

$$C_6H_5-NH_2 + HCl \longrightarrow C_6H_5-\overset{+}{N}H_3Cl^-$$

アミンの塩基性は置換基によって影響を受ける（6.3 節参照）．

2) 求核反応

$$R^1NH_2 + R^2X \longrightarrow R^1R^2NH$$

N 上の非共有電子対のカルボニルへの攻撃

$$ArNH_2 + RCHO \longrightarrow ArN=CHR \quad (シッフ塩基)$$
$$ArNH_2 + RCOCl \longrightarrow ArNHCOR \quad (酸アミド)$$

| 脂肪族アミン | 芳香族アミン |
| --- | --- |
| 3) 亜硝酸との反応<br>第一アミン<br><br>$RNH_2 + NaNO_2 \xrightarrow{H^+} ROH + N_2$<br><br>$ArNH_2$ の場合と異なり，ジアゾニウム塩は得られない．芳香族ジアゾニウム塩を水中で加熱したときの反応と同じである．<br><br>第二アミン<br><br>$R^1R^2NH + NaNO_2 \xrightarrow{H^+} R^1R^2NNO$<br>　　　　　　　　　　$N$-ニトロソアミン<br>　　　　　　　　　　（水に不溶） | 3′) 亜硝酸との反応<br>第一アミン<br><br>$ArNH_2 + NaNO_2 \xrightarrow{H^+} ArN_2^+$<br>　　　　　　　0〜5℃ ジアゾニウム塩<br><br>氷冷下で反応させると，ジアゾニウム塩の溶液ができる．ジアゾニウム塩は通常，単離困難であるので，水溶液のまま種々の合成反応に用いる（14.3 節）．<br><br>第二アミン<br><br>$ArNHR + NaNO_2 \xrightarrow{H^+} ArNR\underset{\|}{\overset{NO}{\,}}$<br>　　　　　　　　$N$-ニトロソアミン |

|脂肪族アミン|芳香族アミン|
|---|---|
|第三アミン<br><br>$R^1R^2R^3N + NaNO_2 \xrightarrow{H^+}$ 反応せず|第三アミン<br><br>ジメチルアニリン + NaNO₂ → p-ニトロソ-N,N-ジメチルアニリン|

亜硝酸との反応で，種々のアミンを区別することができる．

## 14.3 ジアゾニウム塩（diazonium salt）を利用した合成反応[†]

芳香族第一アミンと亜硝酸の反応で生成するジアゾニウム塩は反応性に富んでおり，種々の化合物の合成に用いられる．

1) アゾカップリング（azo coupling）

$ArN_2^+$ は正電荷を帯びており求電子反応を行う．ただし，正電荷はベンゼン環との共役によって N に局在化していないために，求電子性はさほど強くない．したがって —OH，—$NH_2$ などによって活性化されたベンゼン環を攻撃する．

$O_2N-C_6H_4-N_2^+Cl + $ (2-ナフトール) $\rightarrow O_2N-C_6H_4-N=N-$(ナフトール) パラレッド（赤色）

生成する物質は —N=N— の基をもち**アゾ化合物**（azo compound）とよばれる．—N=N— 基を持つ化合物は有色（可視光の一部を吸収している）のものが多い．光の吸収は —N=N— を含む共役系が長いほど長波長にある．芳香環の構

---

[†] ジアゾニウム塩はドイツのペーター・グリース（Peter Grieß）によって発見された（1864年）．グリースは才気喚発の人ではなかったが，すぐれた実験技術と，実験に対する熱意で新しい化学の領域を開拓した．純物質でなければ研究対象にならなかった当時，不安定な扱いにくい物質を対象に全精力をぶつけて大きな仕事をなし遂げたのである．

グリースの伝記．山岡望"化学史談　ペーターグリースの生涯"（内田老鶴圃）

造をかえることによって，さまざまな色の物質を作り出すことができる．アゾ色素は現在もっとも広く使われている色素である．

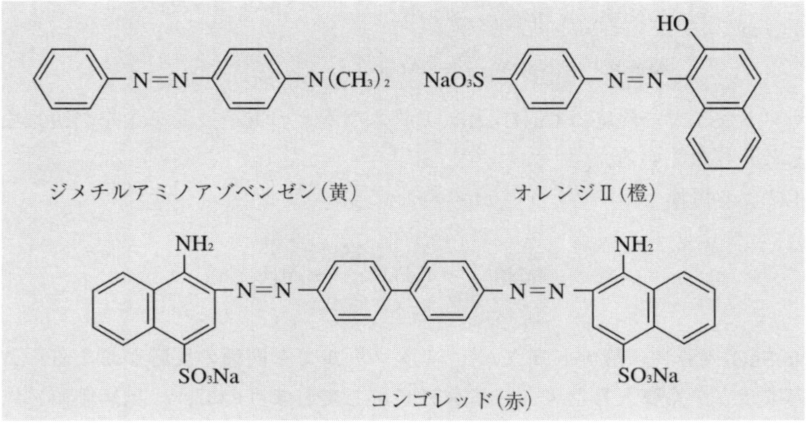
N=N
N(CH₃)₂
ジメチルアミノアゾベンゼン(黄)
HO
NaO₃S
N=N
オレンジII(橙)
NH₂
N=N
N=N
NH₂
SO₃Na
SO₃Na
コンゴレッド(赤)

ジアゾ型複写紙．われわれが日常利用している複写にジアゾニウム塩が用いられている．感光紙には $p$-$RCONHC_6H_4N_2Cl$（$ZnCl_2$ を添加してジアゾニウムを安定化しておく）を塗ってある．原紙を重ね光をあてると，光のあたったところはジアゾニウムが分解する．感光させたあとカップリング成分を含む溶液を通すと，光があたらなかったところに残っているジアゾニウムがカップリングをおこし色素が生成し，文字がうき出すのである．

2)　種々の基による$—N_2^+$基の置換

$—N_2^+$基は電子求引性で，$—N_2^+$の結合した炭素電子を陽性にし，炭素上で求核置換がおこるものと考えられている．

$$ArN_2^+HSO_4^- + H_2O \xrightarrow{\text{加熱}} ArOH$$
$$ArN_2^+HSO_4^- + KI \longrightarrow ArI$$
$$ArN_2^+BF_4^- \xrightarrow[\text{固体}]{\text{加熱}} ArF$$

ハロゲンのうち$I^-$は求核性が強く容易に反応するが$Cl^-$，$Br^-$の場合はCu(I)を触媒に用いる．ハロゲンの他に$CN^-$も同様に反応を行う．Cu(I) を用いた置換反応を**ザントマイヤー**（Sandmeyer）**反応**とよぶ．

$$\left.\begin{array}{l}\text{ArN}_2{}^+\text{Cl}^- + \text{HCl} \xrightarrow{\text{CuCl}} \text{ArCl} \\ \text{ArN}_2{}^+\text{Br}^- + \text{HBr} \xrightarrow{\text{CuBr}} \text{ArBr} \\ \text{ArN}_2{}^+\text{Cl}^- + \text{NaCN} \xrightarrow{\text{CuCN}} \text{ArCN}\end{array}\right\}\text{ザントマイヤー反応}$$

ザントマイヤー反応はCu(I)とジアゾニウムとの電子授受を含んだ複雑な反応と考えられている.

Hによる置換

$$\text{ArN}_2{}^+\text{Cl}^- + \underset{\text{次亜リン酸}}{\text{H}_3\text{PO}_2} \xrightarrow{\text{室温}} \text{ArH}$$

$Na_2SnO_2$(亜スズ酸ナトリウム),エタノールでも同種の反応がおこる.この反応はせっかく導入したアミノ基をHに戻してしまうので,一見無価値に思われるかも知れないが,—$NH_2$(その前駆体の—$NO_2$)の影響下で,ベンゼン環の特定位置に種々の置換基を導入配置したのち,不用になった—$NH_2$を除去するのに用いる.化合物の合成計画を考える上で重要である.

例: [トルエン] より [3-ブロモトルエン] の合成.$CH_3$は $o$-,$p$-配向性なのでトルエンの直接臭素化では目的のものが得られない.

トルエン $\xrightarrow{\text{HNO}_3/\text{H}_2\text{SO}_4}$ $p$-ニトロトルエン $\xrightarrow{\text{Sn}-\text{HCl}}$ $p$-トルイジン $\xrightarrow{(\text{CH}_3\text{CO})_2\text{O}}$ $p$-アセトアミドトルエン $\xrightarrow{\text{Br}_2}$

2-ブロモ-4-アセトアミドトルエン $\xrightarrow{\text{H}_2\text{O}-\text{H}^+}$ 2-ブロモ-4-アミノトルエン $\xrightarrow{\text{NaNO}_2-\text{HCl}}$ ジアゾニウム塩 $\xrightarrow{\text{H}_3\text{PO}_2}$ 3-ブロモトルエン

# 演 習 問 題

1 つぎのことがらについて簡単に解説せよ．
   p$K_b$，ジアゾニウム塩，ザントマイヤー反応，アゾ色素

2 つぎの各組の化合物を塩基性の大きな順に並べよ．

   a) $NH_3$，C$_6$H$_5$—$NH_2$，C$_6$H$_5$—$CONHCH_3$，フタルイミド（o-C$_6$H$_4$(CO)$_2$NH）

   b) C$_6$H$_5$—$NH_2$，(C$_6$H$_5$)$_2$NH，(C$_6$H$_5$)$_3$N

3 つぎの反応の生成物の構造を示せ．

   a) $H_2NCO$—C$_6$H$_4$—$COOCH_3$ $\xrightarrow{Br_2-NaOH}$

   b) $H_2N$—C$_6$H$_4$—$CONH_2$ $\xrightarrow{C_2H_5Br}$

   c) C$_6$H$_5$—$CN$ $\xrightarrow{H_2 (Co 触媒)}$

   d) C$_6$H$_5$—$N_2^+Cl^-$ $\xrightarrow{CuCN}$

   e) C$_6$H$_5$—$NO_2$ $\xrightarrow{Zn-NH_4Cl}$

   f) $Cl^-N_2^+$—C$_6$H$_4$—$SO_3Na$ $\xrightarrow{C_6H_5-N(CH_3)_2}$

4 つぎの各組の化合物を識別するにはどのような実験を行えばよいか．（イ）用いる試薬，（ロ）実験方法，（ハ）観察されるであろう現象，（ニ）なぜそのようなちがいが見られるかの理由，を各項目別に答えよ．

   a) C$_6$H$_{11}$—$NH_2$，C$_6$H$_5$—$NH_2$

   b) C$_6$H$_5$—$NHCH_3$，CH$_3$—C$_6$H$_4$—$NH_2$，C$_6$H$_5$—$CH_2NH_2$

c) 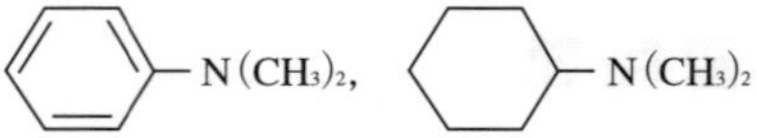 C₆H₅–N(CH₃)₂, C₆H₁₁–N(CH₃)₂

**5** つぎの変換を行う方法を考えよ．ただし，反応は一段階とは限らない．

a) 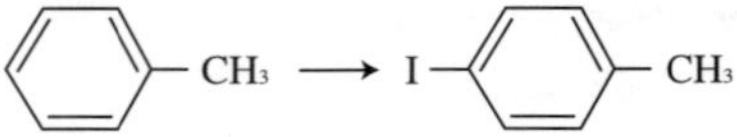 C₆H₅–CH₃ ⟶ I–C₆H₄–CH₃ (p-)

b) 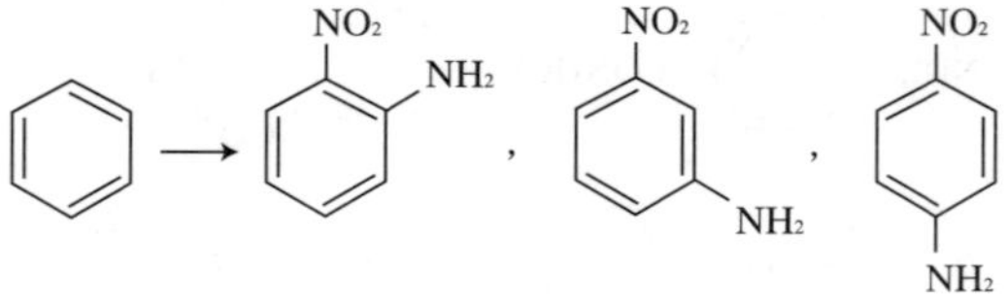 ベンゼン ⟶ o-ニトロアニリン, m-ニトロアニリン, p-ニトロアニリン

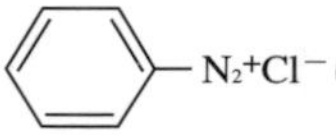

c) 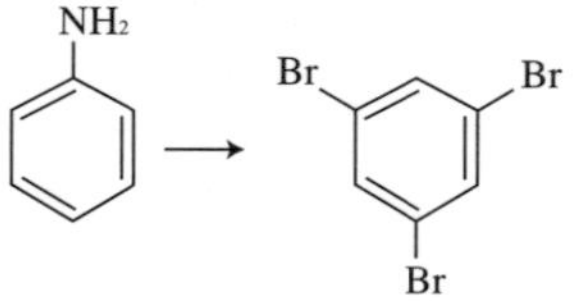 アニリン ⟶ 1,3,5-トリブロモベンゼン

d) 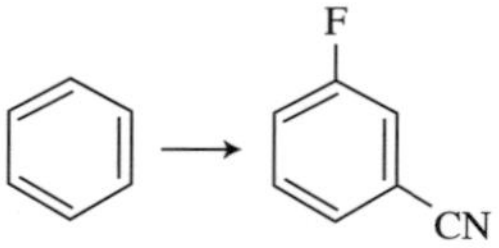 ベンゼン ⟶ 3-フルオロベンゾニトリル

**6** C₆H₅–N₂⁺Cl⁻ は C₆H₅–OH とカップリング反応をおこすが，C₆H₅–OCH₃ とは反応しない．O₂N–C₆H₄–N₂⁺Cl⁻ は C₆H₅–OH とも C₆H₅–OCH₃ ともカップリング反応をおこす．以上のことを電子論によって説明せよ．

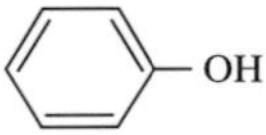

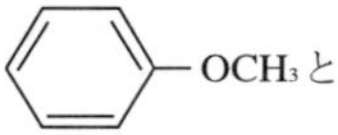

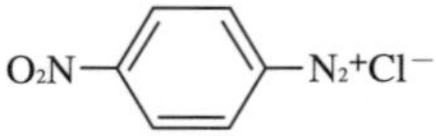

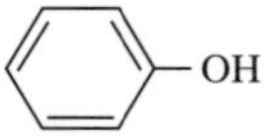

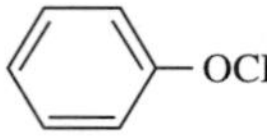

# 15 2種類以上の官能基を含む重要な化合物

一般に，2種類の官能基を含む化合物は両官能基の性質を兼ね備えているが，二つの官能基の間の相互作用によって，性質に変化が見られることもある．生体を構成し，生命の維持にあたる化合物には多くの任務が負わされているが，任務の遂行のためには多くの種類の官能基の協同作業が必要である．多くの生体物質は多官能性で官能基の組合せ，立体配置を含めた位置関係などで，微妙な調節を行いながら生命を支えている．ここでは二，三の重要な多官能性の化合物を概観する．

## 15.1 アミノ酸

—$NH_2$ と—COOH の両官能基を持つ．生体を構成するアミノ酸はすべて，—$NH_2$ と—COOH が同じ炭素に結合した α-アミノ酸ですべての L の立体配置である．

$$\begin{array}{c} R \\ | \\ H-C-NH_2 \\ | \\ COOH \end{array}$$
L-アミノ酸

天然のアミノ酸は R の構造として 25 種が知られている．代表的なものを表 15.1 に示した．

アミノ酸は酸と塩基の双方の性質を示すが，—$NH_2$ の数と—COOH の数とが 1：1 のものは分子内で塩を作っていて，全体としてほぼ中性になる（**双性イオン**, zwitterion）．（中性のアミノ酸は（**2**）のように書かれることが多いが実際は（**1**）のような双性イオンの形が大部分である．したがって（**2**）の構造は便宜的なものである．）アミノ酸は HCl とも NaOH とも反応して塩を作る．

$$\underset{(3)}{\overset{R}{\underset{COO^-Na^+}{H-C-NH_2}}} \xleftarrow{NaOH} \underset{\underset{双性イオン}{(1)}}{\overset{R}{\underset{COO^-}{H-C-\overset{+}{N}H_3}}} \left( \underset{(2)}{\overset{R}{\underset{COOH}{H-C-NH_2}}} \right) \xrightarrow{HCl} \underset{(4)}{\overset{R}{\underset{COOH}{H-C-\overset{+}{N}H_3Cl^-}}}$$

## 15　2種類以上の官能基を含む重要な化合物

**表 15.1** 代表的なアミノ酸

| 名称 | 略号 | R | 融点 ℃ | 等電点 |
|---|---|---|---|---|
| 中性アミノ酸 | | | | |
| グリシン | Gly | H— | 297.2 †† | 5.97 |
| L-アラニン | Ala | CH₃— | 297 †† | 6.00 |
| L-バリン | Val | (CH₃)₂CH— | 315 | 5.96 |
| L-ロイシン | Leu | (CH₃)₂CHCH₂— | 293 †† | 5.98 |
| L-フェニルアラニン | Phe | C₆H₅CH₂— | 283 †† | 5.48 |
| L-プロリン | Pro | NH / CH₂  CH—COOH † \ CH₂—CH₂ | 220 †† | 6.30 |
| L-トレオニン | Thr | CH₃CH(OH)— | 255 †† | 5.64 |
| L-システイン | CySH | HSCH₂— | 175 †† | 5.07 |
| L-メチオニン | Met | CH₃SCH₂CH₂— | 280 †† | 5.74 |
| L-トリプトファン | Trp | (インドール)-CH₂— | 289 †† | 5.89 |
| 酸性アミノ酸 | | | | |
| L-アスパラギン酸 | Asp | HOOCCH₂— | 270 | 2.77 |
| L-グルタミン酸 | Glu | HOOCCH₂CH₂— | 247 †† | 3.22 |
| 塩基性アミノ酸 | | | | |
| L-リシン | Lys | H₂N(CH₂)₄— | 224.5 †† | 9.74 |
| L-アルギニン | Arg | H₂N—C(=NH)—NH(CH₂)₃— | 244 †† | 10.76 |

† 全体の構造式
†† 分解

　アミノ酸のような**両性**（酸性，塩基性の両性質を持つ）の化合物は，自身の持つ陽電荷と陰電荷が等しいと，全体として中性になる．溶液中での形は溶液の pH によって変わるが，ある pH のところで中性の状態が実現する．両性化合物を全体として中性にする pH を**等電点**（isoelectric point）という．等電点におかれた分子は全体として電荷を持たないので水に対する溶解度も最低になる．このことを利用してアミノ酸の分離や同定を行うことができる．等電点は R の構造によって異なる．R に NH₂ も COOH も含まないものではだいたい 6 ぐらい

であるが，COOHを含む酸性アミノ酸では分子内の—COOH：—NH₂の比が2：1で酸の解離をおさえるようにpHを下げないと中性にならない．塩基性の原因になる基をRに含んだ塩基性アミノ酸の等電点は逆にアルカリ性の方に寄っている．

　アミノ酸はアミド結合によって高重合体のタンパク質を作っているが，酸素など重要な仕事を果たすタンパク質は，タンパク質の鎖の要所要所に酸性，塩基性アミノ酸が配置されており，遊離の—COOHや—NH₂などを使って生命維持のために働いているのである．

## 15.2 糖

動物がアミノ酸の重合体であるタンパク質でできていれば，一方の植物は糖

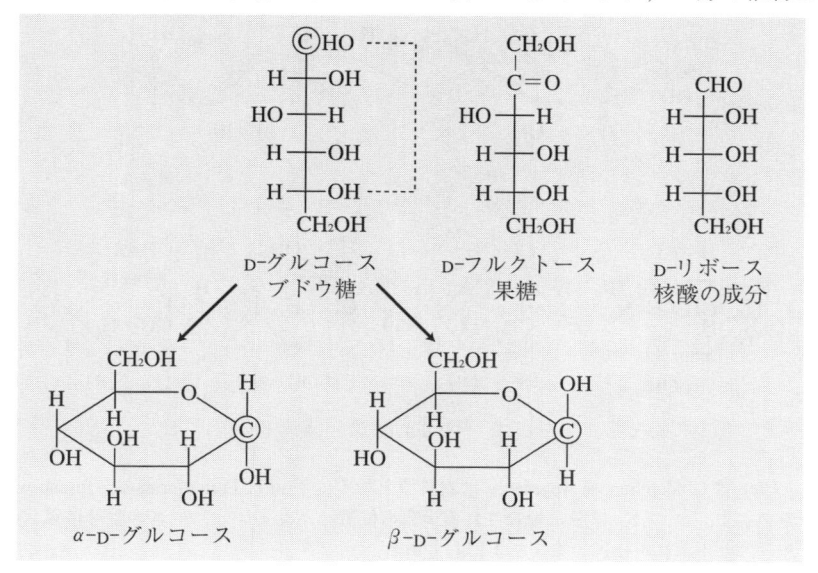

の重合体が構造材料になっている．単位になる糖はアルコール性の—OHとカルボニル基を持つ．アルデヒドを含むものを**アルドース**（aldose），ケトンのものを**ケトース**（ketose）という．炭素数が6個のヘキソース，5個のペントースに重要なものが多い．

代表的な**単糖**を前頁に示した．

糖は生体中では分子内でアセタール（あるいはケタール）として，五員環あるいは六員環を作る．D-グルコースではⒸをつけたCHOが環化によって不斉炭素になり，OHの向きによって2種類の立体配置が可能になる．二つの立体配置を $\alpha$，$\beta$ で区別する．

環を作った上で，単糖はエーテル結合を作って連結する．2個の糖がつながったものを**二糖類**，多数連なったものを**多糖類**という．二糖類の代表的なものに

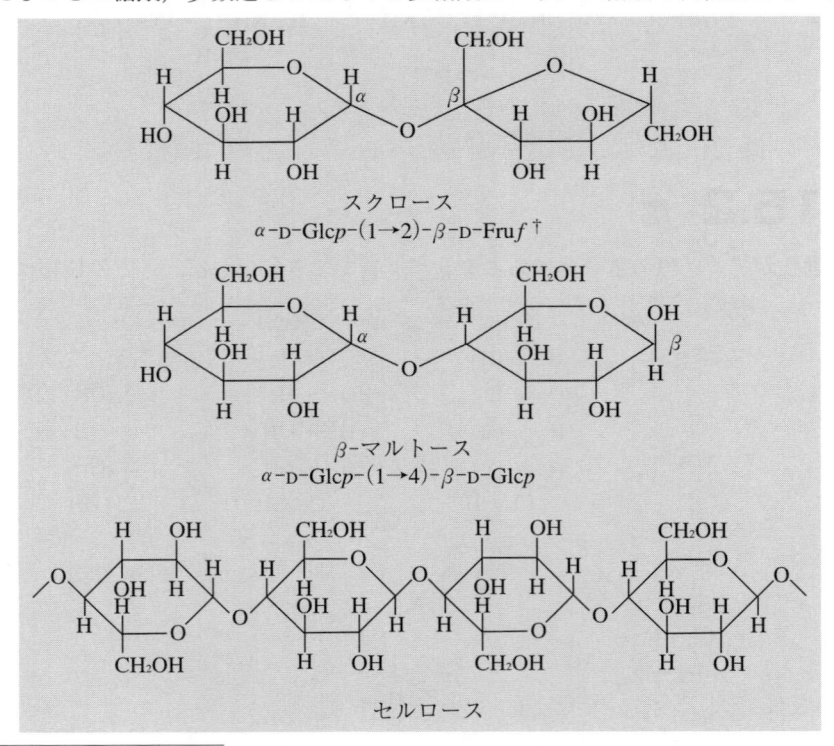

スクロース
$\alpha$-D-Glc$p$-(1→2)-$\beta$-D-Fru$f$ †

$\beta$-マルトース
$\alpha$-D-Glc$p$-(1→4)-$\beta$-D-Glc$p$

セルロース

---

† Glc$p$ は Glucopyranose（pyranose は六員環を示す）．Fru$f$ は Fructofuranose（furanose）は五員環を示す．（1→2）は脱水縮合される炭素の位置を示している．炭素の番号は鎖状の構造のときのカルボニルに近い末端を1にしてある．

α-D-グルコースとβ-D-フルクトースがエーテル結合で結ばれたスクロース（ショ糖），α-D-グルコースとβ-D-グルコースが結合したβ-マルトース（麦芽糖）などがある．セルロースは多糖類でβ-D-グルコースが重縮合した形を持っている．

なおD-グルコースの立体配置の決定については，3.3節にくわしく述べた．

## 演習問題

**1** つぎのことがらについて簡単に説明せよ．
両性物質，双性イオン，等電点，アルドース，ケトース，単糖類，多糖類

**2** つぎの化合物を（イ）酸性のもの，（ロ）塩基性のもの，（ハ）ほぼ中性のものに分類せよ．

a) H₂N-⟨⟩-CH₂NH₂    b) H₂N-⟨⟩-NH₂

c) H₂N-⟨⟩-COOH    d) ⟨N⟩-COOH    e) ⟨N⁺H⟩-COOH  Cl⁻

f) ⟨N⟩-COO⁻Na⁺    g) CH₃CONH-⟨⟩-COOCH₃

**3** CH₃CH₂CH₂NH₂，CH₃CH₂COOH，CH₃CH(NH₂)COOH の混合物の水溶液からその成分のおのおのを分離する方法を考えよ．

# 16 複素環式化合物

環の炭素のいくつかが，N，O，S などの原子で置き換わった化合物を**複素環式化合物**（heterocyclic compound）といい，炭素以外の環を構成する原子を**ヘテロ原子**（hetero atom）とよぶ．複素環式化合物は炭素だけの環に比較して，

（1）化合物の種類がはるかに多い．ヘテロ原子として，N，O，S の三つだけを考えても，炭素だけの飽和六員環は1種だけであるのに，1個のヘテロ原子を持つのが3種，2個のヘテロ原子を持つものは18種もある．

（2）ヘテロ原子は一種の官能基と考えることができ，ヘテロ原子が環に特徴ある性質を与える．

複素環式化合物は生体中に多く見られ，生命の維持や，遺伝情報の伝達に重要な役割を果たしている．また医薬品などに複素環式化合物の多いのも当然であろう．生命科学に関連した学問を修めるために，複素環式化合物の理解は必須のものである．

複素環式化合物は炭素環と同じように，つぎの2種類に分類できる．

- 飽和しているか，不飽和はあっても環全体は共役していないもの．
- **複素芳香族化合物**（環全体が共役系になっていて，ベンゼン環のように安定化しているもの）．

飽和のものはヘテロ原子を含んだ直鎖の化合物の頭と尻尾が結びついたものと考えることができ，環に歪のある場合を除き，直鎖の化合物との類推でその性質を予想することができる．これに対して，複素芳香族化合物は特徴ある性質を持つ．本節では複素芳香族化合物のうち，もっとも基本的なピリジンとピロールを取り上げ，ヘテロ原子がどのような役割を果たしているか考えてみよう．

## 16.1 ピロールとピリジン

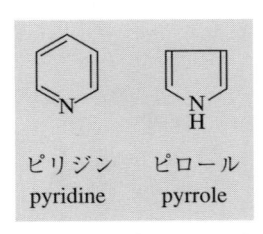

ピリジン    ピロール
pyridine    pyrrole

ピリジンとピロールはともに N 原子をヘテロ原子として含むが，N 原子の共役系に対する寄与は両者で異なる．ピリジンはベンゼンと類似の構造を持つので芳香族性を持つことはあきらかであろう．ピロールは一見するとNのところ

## 16.1 ピロールとピリジン

で共役系が切れているように見えるが，図16.1のようにNに非共有電子対を持ったp軌道があって，環全体がp軌道によって結ばれている．この共役系に入っている電子はCから各1個，Nから2個の合計6個で，ヒュッケルの芳香族性の条件（4.6節）を満たしている．事実，ピロールは，ベンゼンほどないにせよ芳香族性を有し，付加反応よりも置換反応をおこしやすい．

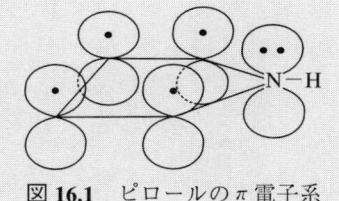

**図 16.1** ピロールのπ電子系

このようにピロールとピリジンとはともに芳香族性を有するが，それぞれの環におけるNの役割は異なっている．ピリジンのNは，環の共役系に電子1個を出して関与しているのに，ピロールでは2個の電子を供出して芳香族性を持つ環を完成させている．このことがピロールとピリジンの環の性質に決定的な影響を与えている．

（ⅰ）ピリジンの場合（ヘテロ原子が，電子1個を出して環の共役に参加している場合，ﾞN の部分構造を持つ．）

C=N 結合のπ電子はNの方に引き寄せられる（ C=O, C=N は類似の構造）．したがって，ピリジンにおいては，

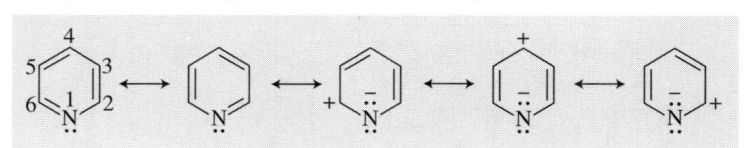

のような共鳴が重要になり，環の2, 4, 6位は正に帯電する．この環の状態は電子求引基を持つベンゼンと類似している．注目すべき第二の点は，Nが共役と無関係な非共有電子対を持っていることで， N 型の化合物は塩基性を持つ．

（ⅱ）ピロールの場合（ヘテロ原子が，電子2個を出して環の共役に参加している場合． N の部分構造を持つ．）
R

Nの共役への関与の仕方は$H_2N$—C=Cの場合と同じで，N上の電子はC=Cの上に流れ出し，環炭素の電子密度が高くなる．Nの出した2個を含め，6個の電子が環の5個の原子上をまわっているのだから，C上の電子は過剰になる

のは当然である．この環の状態は電子供与基を持つベンゼン環に類似している．共鳴の式で表すと，

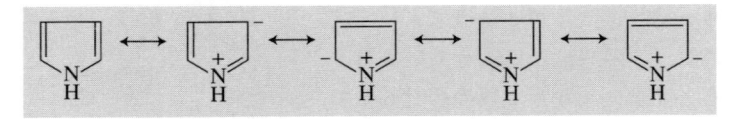

ピロールはピリジンと異なり，非共有電子対を環の共役に使っているので，塩基性を持たない．

フラン，チオフェンのOとSもピロールのNと同じく非共有電子対2個を出して環の共役に参加しており，

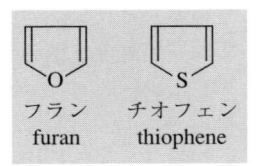

フラン furan　　チオフェン thiophene

この3種の化合物は類似の性質を示す．

|  | ピロール | ピリジン |
|---|---|---|
| 塩基性 | 事実上塩基性なし（$pK_b \sim 13.3$） | 塩基性（$pK_b = 8.78$）<br>脂肪族アミンより弱い塩基 |
| 酸性 | 非常に弱い酸，（$pK_a \sim 16.5$ メタノールより弱い酸）<br>ピロール $+K \rightarrow$ カリウム塩 $+ \frac{1}{2} H_2$<br>Nが正に帯電するためHが酸性になる． |  |
| 求電子反応 | 容易．C上の$\pi$電子密度が大きい．<br>ピロール $+Br_2 \rightarrow$ 2,3,4,5-テトラブロモピロール<br>酸に弱いため，すべての求電子反応が行えるわけではない．<br>ジアゾニウムのように弱い求電子試薬とも反応する． | 困難．環の$\pi$電子はNにひかれ，C上の$\pi$電子密度が小さい．<br>ピリジン $+HNO_3 \xrightarrow{300℃}$ 3-ニトロピリジン<br>反応には高温を要し，収量も5%にすぎない．イオン反応ではなく，ラジカル反応ともいわれている． |

| | ピロール | ピリジン |
|---|---|---|
| 求核反応 | おこりにくい. | $NH_2^-$, $OH^-$ によって，2位が置換される．<br><br>ピリジン $\xrightarrow[\text{液体 }NH_3\text{ 中}]{NaNH_2}$ 2-アミノピリジン |
| 酸化 | おこりやすい．C 上の電子密度が大きく，電子が奪われやすい．<br><br>ピロール $+ H_2O_2 \longrightarrow$ マレインイミド | おこりにくい．C 上の電子密度が小さい．キノリンではベンゼン環の方が酸化される．<br><br>キノリン $\xrightarrow{KMnO_4-KOH}$ 2,3-ピリジンジカルボン酸 |

（表の上部：ピロール $+ PhN_2^+Cl^- \longrightarrow$ 2位が $N=NPh$ で置換されたピロール）

## 16.2 その他の重要な化合物

N の共役に対するかかわり方は，$\overset{|}{\underset{H}{N}}$（ピロールの型）か，$N\!\!\!\diagup$（ピリジンの型）なのかが重要なので，環が五員環なのか，六員環なのかは関係がない．各種の酸素に含まれ，生体内で重要な働きをしているイミダゾールについて考えてみよう．

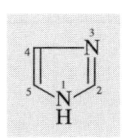

（イミダゾールの構造式：1位に NH，2,3,4,5位の番号付き五員環，3位に N）

イミダゾールの 1-位の N はピロールにおける N と同じ働きを，3-位の N はピリジンの N と同じ働きをしている．このことからイミダゾールのつぎの性質

は容易に理解できる．

1) 塩基性（p$K_b$=7.05）で，炭酸以外の酸と塩を作る．（3-位の N の塩基性）
2) 1-位の NH は酸性を持つ．（p$K_a$～14.5）

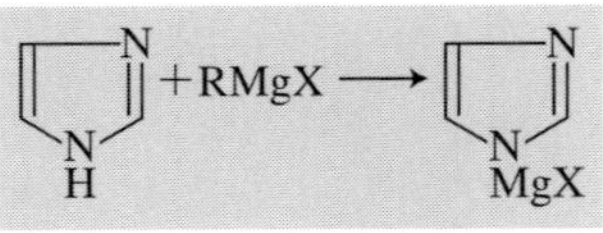

$$\text{imidazole-NH} + \text{RMgX} \longrightarrow \text{imidazole-N-MgX}$$

3) 求電子反応をする．

$$\text{imidazole} + \text{HNO}_3/\text{H}_2\text{SO}_4(混酸) \longrightarrow \text{4-nitro} + \text{5-nitro isomer}$$

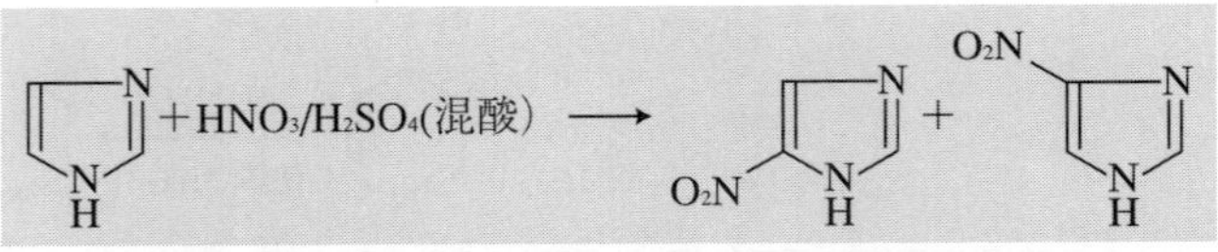

| 構造式 | 名称 | 融点 ℃ | 沸点 ℃ | 水に対する溶解度その他 |
|---|---|---|---|---|
| 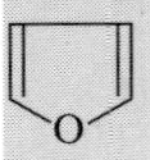 （O環） | フラン (furan) |  | 32 | 不溶 ｝ ピロールと類似の性質 |
| 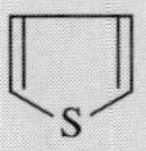 （S環） | チオフェン (thiophene) | −38.3 | 82 (725 mmHg) | 難溶 |
| 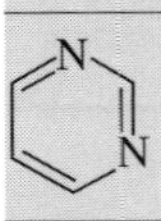 （ピリミジン環） | ピリミジン (pyrimidine) | 20―22 | 124 | 易溶 塩基性，ピリジンより求電子反応性小 |
| 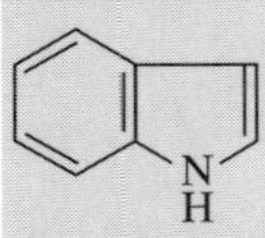 （インドール環） | インドール (indole) | 53 | 253 | 微溶 |
| 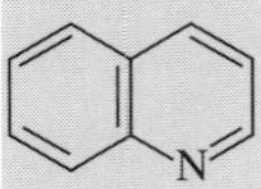 （キノリン環） | キノリン (quinoline) | −15.6 | 237.10 | 難溶 |

## 16.3 複素環を含む生物化学的に重要な化合物

ニコチン
タバコの成分
呼吸中枢神経の
興奮作用

ビタミン B₁
補酵素
ビタミン B₁ の不足で脚気になる

ビタミン B₂
補酵素
成長促進

ビタミン B₆

**核酸** 生物の遺伝情報を運ぶ DNA, 生体でタンパク合成を司っている RNA は, リン酸, ピリミジン誘導体, デオキシリボース (DNA の場合) またはリ

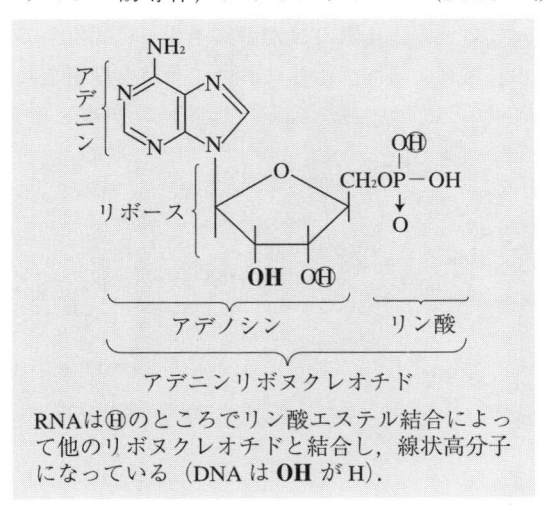

アデニン
リボース
アデノシン
リン酸
アデニンリボヌクレオチド

RNA は ⒽH のところでリン酸エステル結合によって他のリボヌクレオチドと結合し, 線状高分子になっている (DNA は **OH** が H).

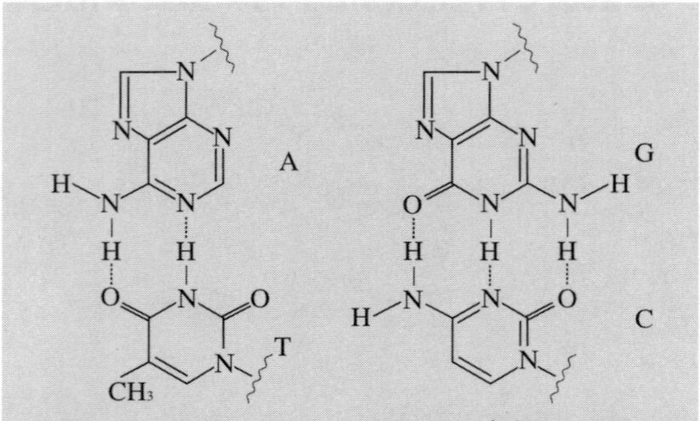

アデニン(A)－チミ　　　グアニン(G)－シトシ
ン(T)の対応　　　　　ン(C)の対応

ボース（RNAの場合）の3者を単位とするデオキシリボヌクレチオド（あるいはリボヌクレオチド）の線状重合体である．遺伝情報，タンパク質合成の情報はピリミジン塩基の配列によって運ばれる．

遺伝情報はピリミジン塩基の対応によってDNAが複製されることによって伝えられる．

**ポルフィリン類**　生体中には，ピロール環4個が結びつけられたポルフィリン骨格を持つ化合物が重要な役割を果たしている．ポルフィリンは中心に金属イオンが存在し，ピロールの4個のNが金属イオンに配位している．側鎖の構造，金属イオンの種類によって，生体において多様な役割をしわけている．

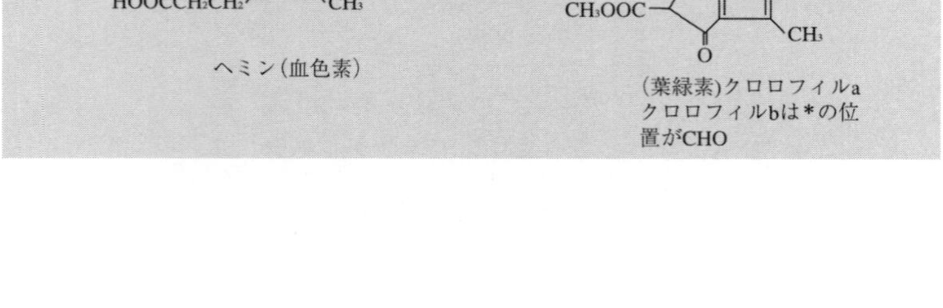

ヘミン(血色素)

(葉緑素)クロロフィルa
クロロフィルbは*の位置がCHO

# 演習問題

**1** つぎの反応生成物の構造式を示せ.

a)  ピリジン + KOH →(加熱)

b) 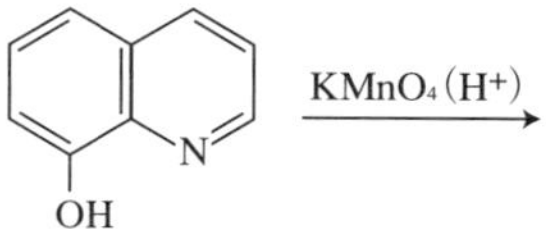 8-ヒドロキシキノリン →(KMnO₄(H⁺))

c) 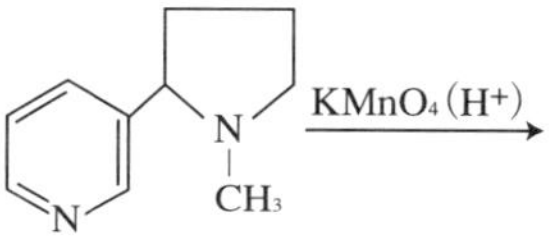 ニコチン →(KMnO₄(H⁺))

d) 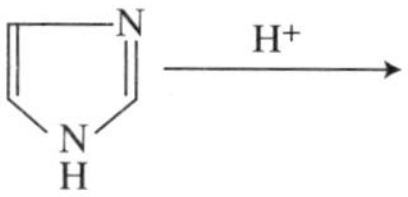 イミダゾール →(H⁺)

e) 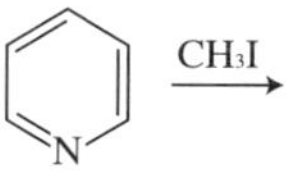 ピリジン →(CH₃I)

f) 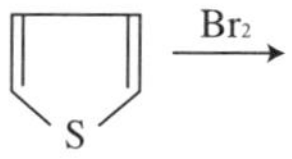 チオフェン →(Br₂)

g) 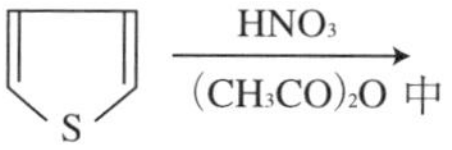 チオフェン →(HNO₃ / (CH₃CO)₂O 中)

**2** ピリジニウムイオン $\mathrm{C_5H_5N^+\!-\!CH_3}$ はピリジンに比べ求核置換反応と還元をうけやすい.この理由を説明せよ.

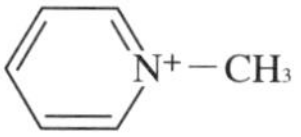

**3** つぎの化合物を塩基性の強い順序に並べよ.

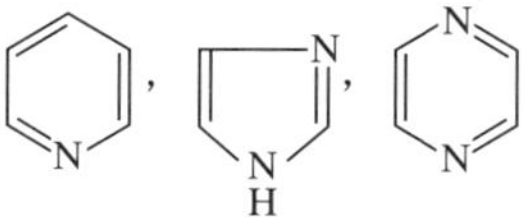

ピリジン,イミダゾール,ピラジン

**4** 複素環式化合物が炭素環式化合物に比べ,種類が多く,性質が多様である理由を説明せよ.

# 17 ヘテロ元素化合物

　ヘテロ元素化合物とは耳なれない言葉である．ここ10年くらいの間にポピュラーになってきた．有機化学の対象は，有機化学の確立（無機化学との領域の分け方）から100年ほどにC，H，O，N，ハロゲンの化合物を対象として発展し，一千万以上の有機化合物が作られた．しかも，その数の多さにもかかわらず，有機化合物の世界には統一性があり，きれいな体系にまとめられる．

　構造，反応の美しい有機化学の体系を背景に有機化学者の眼は，周期表の広い領域に向かっていくことになる．酸素の下の硫黄（セレン，テルル）が酸素に替わった官能基の性質は？酸素では作ることができない官能基はできないか？そしてその性質は？さらに，有機化合物の根幹となっている炭素の鎖をケイ素，ゲルマニウムで置き換えたら？このような，好奇心が，化学に新しい分野（ヘテロ元素化学，有機金属化学）を生み出し，豊かな成果を送り出すようになったのである．この章では，C，H，O，N，ハロゲン以外の非金属元素（ヘテロ元素と総称されるようになってきた）を含む有機化合物の化学（ヘテロ元素化学）を，次章では有機金属化学の基本的な考え方（コンセプト）を学ぼう．この領域は，周期表の全体を覆うものであり，それぞれの元素が個性を発揮し，多様性を繰り広げているところである．そんなところで，基本的な考え方（というのも自己矛盾に近いが）を簡潔に述べる．この将来性豊かな化学への道案内になれればと思う．

## 17.1 ヘテロ元素化学の基本的なコンセプト

　化学は周期表をもとに理解される．周期表のタテの列，族，には性質の似た元素が並ぶ．しかし，同じ族に属していても，第3周期の元素の性質は第2周期のそれとかなり大きなちがいがある．

　大きなちがいは第2周期と第3周期の間にあり，第3周期以下は性質の変化がゆるやかであるといわれている．すなわち，第2周期の元素の性質が特異であるという見方もできる．有機化学の本流はこの特異な第2周期を主な舞台にして展開されてきたのである．

　まず，第2周期と第3周期以下の元素の結合状態のちがいを考察してみよう．
　（1）　第3周期以下の元素は第2周期の元素より電気陰性度が小さく，その原子上にある非共有電子対の求核性が強い．

　ここでは，かたさ・やわらかさが関係している．周期表の下の元素ほど，図体が大きく，大きな分極率を持ち，やわらかい塩基である（118頁）．第3周期以下の原子上の非共有電子対は，Hよりやわらかい Cの正電荷（酸中心）に親和性が高い．

## 17.1 ヘテロ元素化学の基本的なコンセプト

（2） 周期表の位置が下がるにつれて，原子半径が大きくなり，したがって，結合距離が大きくなるため，第3周期以下の元素では多重結合ができ難い．二酸化炭素 O＝C＝O は気体であるのに，$SiO_2$ は単結合の網目構造の固体である．ケトンは ＞C＝O が安定であるのに，チオケトン ＞C＝S は二重結合が開いて，三量体になりやすい．

```
     |    |                    Ph    Ph
   —Si—O—Si—O—                  \   /
     |    |                       S
     O    O                   Ph—/ \—Ph
     |    |                      \ /
   —Si—O—Si—O—                  S   S
     |    |                    /     \
                              Ph    Ph
```

（3） 第3周期以下の元素では非共有電子対を供与して配位結合を作りやすい．また，d 軌道を使った結合も作れる．これらによって，第3周期以下の元素の原子価は，第2周期のそれより大きくなり，また，多様になる．

たとえば，酸素化合物のエーテル R—O—R に対応する硫黄の R—S—R は酸化すると，スルホキシド，スルホンを生じる．

```
      O⁻                              O⁻
      ↑        (   O                  ↑
   R—S⁺—R       ‖      R—S—Rよりも左が結合の実   R—S²⁺—R
              R—S—R    体を表しているであろう)       ↓
   スルホキシド                              O⁻
                                         スルホン
```

スルホン，スルホキシド，さらにスルホン酸，リンの酸素化合物などで O＝S＜，O＝P— と書かれることもあるが配位結合で表現するほうが実体を表しているであろう．

P などでは C の p 軌道の非共有電子対が P の空いた d 軌道に "逆配位（back donation）" する現象が見られ，正負電荷が隣同士で向き合ったイリド（ylide）構造が安定化する．

```
    Ph              Ph                    Ph
    |      XCH₂R    |         塩基         |      ..
  Ph—P:   ——→    Ph—P⁺—CH₂R  ——→      Ph—P⁺—C̈HR
    |              |                     |
    Ph             Ph                    Ph
                                      イリド構造
```

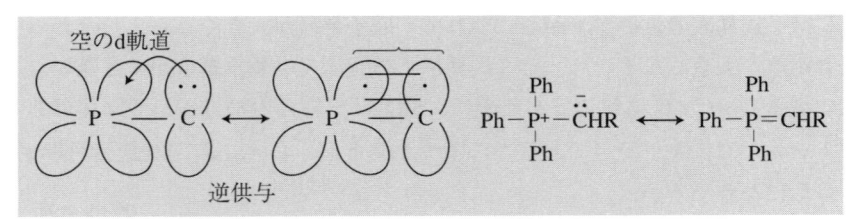

イリド構造の負電荷の原因である非共有電子対を入れているCのp軌道がPの空のd軌道と重なり合い，電子がCからPに流れ込む．$Ph_3P$とXCH$_2$Rとが反応したときには，リンの非共有電子対がCの方に供与される．イリドにおいては逆にCからPの方に電子が供与される．この電子の移動を**逆供与**（back donation）という．

<small>逆供与は，遷移金属錯体においても重要である．</small>

（4）非共有電子対の供与，d軌道の利用によって，第3周期以下のヘテロ原子は，多くの結合を作る．これによって，ヘテロ元素は多様な酸化状態をとりえ，それを含む官能基の種類も，第2周期の元素を含む官能基より多様になる．硫黄を含む官能基を列挙してみよう．

| Sの酸化数 | 官能基 |
|---|---|
| $-2$ | RSH（チオール），RSR（スルフィド，チオエーテル），$R_2C=S$（チオケトン） |
| $-1$ | RSSR（ジスルフィド） |
| 0 | RSOH，RSCl，$R_2SO$（スルホキシド） |
| $+2$ | RSOOH（スルフィン酸），RSOCl（スルフィン酸の塩化物），$RSO_2R$（スルホン） |
| $+4$ | HOSOOH（亜硫酸），ROSOOR′（亜硫酸エステル）<br>$RSO_2OH$（スルホン酸），$RSO_2OR'$（スルホン酸エステル） |
| $+6$ | $HOSO_2OH$（硫酸），$ROSO_2R$（硫酸エステル） |

たくさんある硫黄官能基のうち，いくつかを取り上げ表に示す．対応する酸素官能基との性質のちがいを，また対応する酸素官能基にない硫黄官能基独自のものについて，その特質を把握しよう．

## 17.1 ヘテロ元素化学の基本的なコンセプト

| | 構造，結合状態 | 合成法 | 特性 |
|---|---|---|---|
| チオール RSH | ROHと似た構造． | ハロアルカンの—SHによる置換 $RX \xrightarrow{H_2S/KOH} RSH$ | ROHより酸性大：$pK_a$ EtSH 10.5 EtOH～16．重金属イオンと塩（錯体）を作る．$RS^-$ は $RO^-$ より求核性が大きく，置換反応をする． $RS^- + R'X \longrightarrow R-S-R'$ O—H より S—H の方が結合エネルギーが小さく，ラジカルによる水素引き抜きを受け，—S・ラジカルになりやすい． $RS-H + \cdot R' \rightarrow RS\cdot + R'H$ |
| チオエーテル R—S—R′ | R—O—R′と似た構造．R—S̈—R の非共有電子対は R—O—R′のそれより供与されやすい．これが，エーテルにない反応を生み出す． | $RS^-$ とハロアルカンとの反応 $RS^- + R'X \rightarrow R-S-R'$ | S の電子対の供与によって，スルフェニウム，オキシドなどが生成する． $R-S-R' \xrightarrow{H_2O_2} R-\overset{O}{\underset{}{S}}-R' + R-\overset{O}{\underset{O}{S}}-R'$ R—S—CH$_2$—S—R の S に挟まれた C—H は反応活性† |
| スルフェニウムイオン $R^1-\overset{\oplus}{\underset{R^2}{S}}-R^3$ | $\overset{S^+}{\underset{R^1\ R^2\ R^3}{\diagup\mid\diagdown}}$ のピラミッド構造．$S^+$の電子求引により，隣接のC, H が正に帯電する． | $R^1-S-R^2$ とハロゲン化アルキルとの反応 $R^1-S-R^2 + R^3X$ $\longrightarrow R^1-\overset{R^2}{\underset{+}{S}}-R^3$ | S に隣接する C につく H は酸性を持ち，塩基で引き抜かれ，イリドが生成する． $(CH_3)_3\overset{+}{S} + BuLi \rightarrow (CH_3)_2\overset{+}{S}-\bar{C}H_2$ イリドの反応の一例　コーリー・チャイコフスキー（Corey–Chaykovsky）反応（180頁） |

† S に挟まれた C の上の H は酸性を持ち，アルカリで引き抜かれる．

$\underset{S}{\overset{S}{\diagup\diagdown}}\overset{H}{\underset{H}{<}} \xrightarrow{BuLi} \underset{S}{\overset{S}{\diagup\diagdown}}\overset{H}{\underset{\ominus}{<}}Li^\oplus$

| | 構造，結合状態 | 合成法 | 特性 |
|---|---|---|---|
| チオケトン $R^1R^2C=S$ チオアルデヒド $R^1CH=S$ | $C=S$ 結合が開いて，三量体になりやすい。 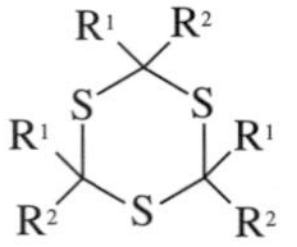 | $C=O$ の O の S による置換 $PhCOPh \xrightarrow{H_2S/HCl} PhCPh$ $\phantom{PhCPh}\|$ $\phantom{PhCPhh}S$ | 遊離のチオケトン，チオアルデヒドは $C=O$ と同じようにオキシムやヒドラゾンなどを作る． |
| スルホキシド | RSRのSの非共有電子対の一つがOに配位した結合状態．Sは正に帯電し，電子を求引する．立体構造は，下図のような正四面体構造で，鏡像異性体が存在． 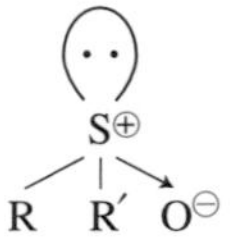 | $R-S-R$ の酸化． $R-S-R \xrightarrow{[O]}$ $\phantom{R-S-}\underset{O^-}{\|}$ $R-S^+-R$ さらに酸化が進んで，スルホンになりやすいので反応条件を選ぶ必要がある． 酸化剤として用いられるもの： $H_2O_2$, $CH_3COOOH$ ($CH_3COOH + H_2O_2$), $NaIO_4$, $CH_3CONO_3$ (硝酸アセチル) $m$-クロロ過安息香酸など． | (a) $-S^+\to O^-$ 結合は弱く，容易に脱離（還元） $S^+\to O^- \xrightarrow{Zn, CH_3COOH} S$ (b) プンメラー（Pummerer）反応．隣のCにHがある場合，酸無水物との反応で，RCOO基になって移動する． $R-\underset{\|}{S^+}-CH_3 + (CH_3CO)_2O \longrightarrow$ $\phantom{R-}O^-$ $RSCH_2OCOCH_3$ (c) $S^+\to O^-$ の隣の C—H は酸性を持ち，塩基で引き抜かれる．このようにして生成するカルボアニオンは求核剤として，有機合成で活躍する． $CH_3SOCH_3 \xrightarrow{NaH} CH_3SO\overset{..}{\underset{\ominus}{C}}H_2$ $\xrightarrow{PhCHO} CH_3SOCH_2CH(OH)Ph$ |

## 17.2 炭素化合物とケイ素化合物

第2周期と第3周期の同族元素化合物の性質がどのように違っているかを，(ポリ) シランとアルカンとを比べることでみてみよう．

1) 飽和炭化水素は，C数が増しても安定である．一方 $SiH_4$, $Si_2H_6$ などは空気，水に触れなければ安定であるが，Si 数が増すと不安定になる．結合エネルギー：C—C, 354 kJ/mol；Si—Si, 224 kJ/mol.

## 17.2 炭素化合物とケイ素化合物

2) $CH_4$ は空気中で安定であるのに対し，$SiH_4$ は空気に触れると爆発的に燃焼する．Si は C より電子を与えやすく，酸化されやすいためである．

3) Si—H は $\overset{\delta+}{Si}$—$\overset{\delta-}{H}$ に分極していて，求核反応をおこす．$H_2O$ とは徐々に反応する．

$$-\underset{|}{\overset{|}{Si}}-H + H_2O \longrightarrow -\underset{|}{\overset{|}{Si}}-OH$$

—Si—Si—Si—の骨格を持つ分子は，—C—C—C—の骨格を持つ分子より不安定である．（逆にこの不安定性を利用して多くの有用な反応が開発されている．）ところが，Si—C の結合はかなり安定で，Si—C の結合を持つ化合物が数多く作られている．NMR の標準に用いられるテトラメチルシラン $(CH_3)_4Si$ は，濃硫酸によっても侵されない．

しかし，C—C（結合エネルギー 354 kJ/mol）にくらべ Si—C（結合エネルギー 293 kJ/mol）はやや弱く，ハロゲンやハロゲン化水素で切断される場合がある．（とくに Si—Ph のもの．Si—アルキルは安定．）

$$(CH_3)_3Si-Ph + X_2 \longrightarrow (CH_3)_3Si-X + X-Ph$$

$$(CH_3)_3Si-Ph + HX \xrightarrow{AlCl_3} (CH_3)_3Si-X + H-Ph$$

とくに，—Si—O—Si—O—という Si と O とが交互につながったポリシロキサンは，電子過剰の Si と電子不足の O とが相性よく連結しているため，きわめて安定になる．（Si—O の結合エネルギー 443 kJ/mol．Si—O の網目を持つ水晶が安定になることを連想してほしい．）

身のまわりに，「シリコン．．．」という名前のついた素材から作られたものが数多くあるが，それらの多くは，Si にアルキル基のついた

$$-\underset{R}{\overset{R}{\underset{|}{\overset{|}{Si}}}}-O-\underset{R}{\overset{R}{\underset{|}{\overset{|}{Si}}}}-O-$$

の構造を持つポリシロキサンであり，水晶のような強さと，ポリエチレンのようなしなやかさを併せ持つ特性が生かされているのである．

Si—C 結合を持つ化合物では，C—C 結合の化合物に見られない特性が生じる．その一つが，Si の近くにある炭素陽イオンの安定化である（ピーターソン反応，

181頁).

## 17.3 ヘテロ元素化合物の特性を利用した反応

ヘテロ元素の特性を利用すると，他の方法では実現されない有用な合成反応が実現される．そのような例として，Pの特性を利用したウィッティヒ（Wittig）反応，それのS版であるコーリー・チャイコフスキー反応，Si版のピーターソン（Peterson）反応をくらべてみよう．

**ウィッティヒ反応**　177頁で述べたリンのイリドは，アルデヒド，ケトンと反応すると，陰イオン部分が=Oに置き換わってアルケンが生成するとともにホスフィンオキシドができる．

$$\begin{matrix} R^1 \\ R^2 \end{matrix}\!\!C=O + Ph_3\overset{\oplus}{P}-\overset{\ominus}{C}\!\!\begin{matrix} R^3 \\ R^4 \end{matrix} \longrightarrow \begin{matrix} R^1 \\ R^2 \end{matrix}\!\!C=C\!\!\begin{matrix} R^3 \\ R^4 \end{matrix} + Ph_3P^+ \rightarrow O^-$$

これがウィッティヒ反応で，つぎのような+−の結合で四員環中間体を経てアルケンとホスフィンオキシドが生成する．

$$\begin{matrix} Ph_3\overset{+}{P}-\overset{-}{C}R^3R^4 \\ \underset{\delta-}{O}=\underset{\delta+}{C}R^1R^2 \end{matrix} \longrightarrow \begin{matrix} Ph_3P \rule[0.5ex]{0.5em}{0.4pt} CR^3R^4 \\ | \quad\quad | \\ O \rule[0.5ex]{0.5em}{0.4pt} CR^1R^2 \end{matrix} \longrightarrow \begin{matrix} Ph_3P^+ \\ \downarrow \\ O^- \end{matrix} + \begin{matrix} CR^3R^4 \\ \| \\ CR^1R^2 \end{matrix}$$

リン化合物としては，$Ph_3P$と$XCHR^3R^4$から作ったイリドを用いる．アルカリを作用させて$H^+$を引き抜くとき，Pにつく他の基が反応すると複雑になる．そこで，Pの隣のCにHのないPhを使うのである．

ウィッティヒ反応と同じ反応は，グリニャール反応でもできそうに思える．

$$\begin{matrix} R^1 \\ R^2 \end{matrix}\!\!C=O \quad XMgCH\!\!\begin{matrix} R^3 \\ R^4 \end{matrix} \longrightarrow R_1-\underset{R_2}{\overset{OH}{\underset{|}{C}}}-CH\!\!\begin{matrix} R^3 \\ R^4 \end{matrix} \overset{H^+}{\longrightarrow} \begin{matrix} R^1 \\ R^2 \end{matrix}\!\!C=C\!\!\begin{matrix} R^3 \\ R^4 \end{matrix}$$

たしかに反応はおこるが，$R^1$, $R^2$基のつけ根にHがあると，そちらのHが脱離して二重結合の位置のちがうアルケンが生じる可能性がある．しかし，ウィッティヒ反応は，二重結合が>C=OとPについたCの間にしかできない．合成に有用な理由である．

硫黄イリドもケトン，アルデヒドと反応するが，このときは，エポキシドが生成する（コーリー・チャイコフスキー反応）．

ウィッティヒ反応と同じようなアルケンの生成は，ケイ素化合物を使ってもできる（ピーターソン反応）．

## 演習問題

**1** つぎのことがらについて簡単に説明せよ．
   a) ヘテロ元素化合物   b) イリド   c) 逆供与   d) ウィッティヒ反応
   e) ポリシラン   f) ポリシロキサン

**2** つぎの分子の結合を共有結合，配位結合の区別を明確にして示せ．また，配位結合生成による正負の帯電も示せ．
   a) メタンスルフィン酸 $CH_3SO_2H$
   b) メタンスルホン酸 $CH_3SO_3H$
   c) リン酸トリメチル $(CH_3O)_3PO$
   d) トリメチルホスフィン $(CH_3)_3P$
   e) トリメチルホスフィンオキシド $(CH_3)_3PO$

**3** 前問a, bを参考にして，スルホン酸の方がスルフィン酸より強い酸である理由を説明せよ．

**4** チオ酢酸の構造（結合状態）を考察せよ．

**5** ポリシラン $Me_3Si(SiMe_2)_nSiMe_3$ は酸化に弱いのに，ポリシロキサン $Me_3Si(OSiMe_2)_nOSiMe_3$ は酸化に強い理由を説明せよ．

**6** $CH_4$, $SiH_4$, $GeH_4$, $SnH_4$ の化学的性質を比較せよ．

**7** つぎの変換を行う場合に用いられる試薬は何か.

a) $(C_6H_5)_3P \longrightarrow (C_6H_5)_3\overset{+}{P}CH_3$

b) $C_6H_5\text{-CHO} \longrightarrow C_6H_5\text{-CH(OH)-CH}_2\text{SOCH}_3$

c) $C_6H_5\text{-}\overset{O^-}{\underset{|}{S^+}}\text{-}C_6H_5 \longrightarrow C_6H_5\text{-S-}C_6H_5$

d) シクロヘキサノン $\longrightarrow$ メチレンシクロヘキサン

e) $SiCl_4 \longrightarrow (CH_3)_2SiCl_2$

**8** つぎの反応の生成物は何か.化学式(構造式)で示せ.

a) $C_6H_5\text{-S-}C_6H_5 + H_2O_2 \longrightarrow$

b) $C_6H_5\text{-SO-CH}_3 + (CH_3CO)_2O \longrightarrow$

c) $(CH_3)_3SiCl + H_2O \longrightarrow$

# 18 有機金属化合物

　化学の領域の中で現在，もっとも進歩が著しいのが，有機金属化学である．新しい有機金属化合物が作られ，それを原料や触媒にして，これまで実現することができなかった反応が可能になり，化学者の夢をかなえてくれる．これも金属—炭素の共有結合が強すぎもせず，弱すぎもせず，結合はできるものの切れやすく，金属を中心に結合の組み替えがおこりやすいためである．

　有機金属化合物は有機化学で，有機金属錯体は無機化学で学習するが，何となく境界のはっきりしないカテゴリーである．"金属—炭素の共有結合を持つもの"というのが，有機金属のもともとの定義であり，窒素，酸素，硫黄などの配位によって作られる錯体と区別されていたのであるが，共有結合，配位結合のちがいも明確とは言えず，また，金属は多くの結合を作りうるので，どの部分に注目するかによって，有機金属になったり，金属錯体になったりする．ここでは，ちがいを強調するより，共通性，連続性を重視して，一つの体系の中にまとめて理解するのがよいだろう．

　有機金属化合物は，典型金属の化合物と遷移金属の化合物とに大別される．

有機金属化合物 $\begin{cases} 典型金属の化合物 & RLi,\ RMgX,\ R_3Al,\ R_4Sn \\ & R_2Hg,\ R_2Zn \quad (厳密には遷移金属) \\ 遷移金属の化合物 & \end{cases}$

　厳密にいうと，ZnやHgは遷移元素であるが，性質が典型元素の方に近いので上のように分類した．

## 18.1 典型金属を含む化合物

　典型金属の作る有機金属化合物の特徴は，金属（M）—炭素（C）結合のイオン性である．ここでは，$M^+\!-\!C^-$の分極が重要で，炭素は負電荷を帯びる．M—C結合のイオン性は，Mの電気陰性度が小さいほど高くなる．アルカリ金属を含む化合物では，周期表の下へ行くほどイオン性が高く，激しい反応をする．Na化合物でも，一般の場合は反応性が高すぎて取り扱いが面倒である．Li化合物は適度な反応性を持ち，有機合成によく用いられる．有機リチウム化合物の性質は有機マグネシウム化合物（グリニャール試薬）の性質と似ている．

　典型元素では，ある元素の性質は，周期表の右斜め下にある元素の性質と似てくる．LiとMgはその関係にある．これは，周期表を横にたどると，原子核の正電荷が大きくなり，電子をひきつける力が大きくなるため，電子を与え難くなることと，周期表を下にたどると，原

## 18 有機金属化合物

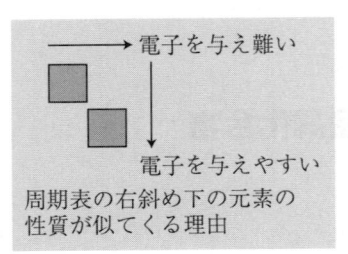

> 周期表の右斜め下の元素の性質が似てくる理由
> → 電子を与え難い
> ↓ 電子を与えやすい

子半径が大きくなるため，電子をひきとめておく力が小さくなり，電子を与えやすくなることが，相殺するためである．

典型金属を含む有機金属の代表として，Li を取り上げ，合成法，性質を比較した．Mg 化合物については124頁にくわしい説明がある．

|  | 有機 Li 化合物 | 有機 Sn 化合物 | 有機 Zn 化合物 |
|---|---|---|---|
| 合成 | 1) Mg 化合物と同じく，有機ハロゲン化合物と Li との反応<br>　BuCl + 2Li →<br>　　BuLi + LiCl<br>2) 水素の交換<br>　RLi + R′—H →<br>　　R—H + R′Li<br>R′—H の酸性が R—H の酸性より高いときにおこる．BuLi は作りやすく，反応性が高いので，他の Li 化合物の合成によく使われる． | 1) Sn と RCl との直接反応（Sn—Zu の合金）では $R_2SnCl_2$ が生成：<br>　Sn(Cu) + 2MeCl<br>　$\xrightarrow{200～300℃}$ $Me_2SnCl_2$<br>2) $SnCl_4$ と RLi, RMgX, $R_3Al$ などとの反応<br>　$SnCl_4$ + 4RLi → $R_4Sn$ | 1) Zn（Cu との合金）と RX との反応<br>　Zn(Cu) + 2RX<br>　　→ $R_2Zn$<br>2) $ZnCl_2$ と RLi, RMgX との反応<br>　$ZnCl_2$ + 2RLi → $R_2Zn$<br>3) Zn と $R_2Hg$ との反応<br>　Zn + $R_2Hg$<br>　　→ $R_2Zn$ + Hg |
| 反応 | 1) $H_2O$ と反応（RH を発生）<br>　RLi + $H_2O$<br>　　→ RH + LiOH<br>2) $O_2$ と反応して，徐々に分解する．<br>3) Mg 化合物と同じよ | 1) $R_4Sn$ は水にも溶けず，ほとんど反応もしない．<br>2) $R_4Sn$ は空気中で安定である．<br>3) $R_4Sn$ は，反応性が低く，高温かルイス酸の触媒作用が必要である． | 1) $H_2O$ と反応（RH を発生）<br>　$R_2Zn$ + $H_2O$ →<br>　　2RH + $Zn(OH)_2$<br>2) 空気に触れるとはげしく反応（発火することがある）． |

| 有機 Li 化合物 | 有機 Sn 化合物 | 有機 Zn 化合物 |
|---|---|---|
| うに ＞C=O に付加．一般に Mg より反応性が高く，副反応をおこし難い．<br>4) 電子求引基によって活性化された H を H⁺ として引き抜く．<br><br>$-\overset{O}{\underset{|}{C}}-\overset{H}{\underset{|}{C}}- + \text{BuLi} \longrightarrow -\overset{OLi}{\underset{|}{C}}=\overset{}{\underset{|}{C}}-$ エノラート<br><br>[S S] + BuLi ⟶ [S S Li]<br><br>[O] + BuLi ⟶ [O Li]<br><br>このようにして作られた Li 化合物は 3) のような反応をし，有機合成で重要． | Bu₃SnCH₂CH=CHCH₃ + RCHO<br>$\xrightarrow{\text{BF}_3}$ R-CH-CH-CH=CH₂<br>　　　　　　　　　 ｜　　　　　｜<br>　　　　　　　　　OH　　　CH₃<br>（二重結合の移動と反応位置に注意）<br>4) 有機スズ化合物の中で特徴のあるのは，R₃Sn—H の H の反応性で，結合が弱いのでラジカルで引き抜かれる．<br><br>R₃Sn—H $\xrightarrow{\text{R}\cdot}$ R₃Sn·<br><br>R₃Sn· は有機反応に広く利用される． | 3) ＞C=O に付加する．しかし，—COOR とは反応しないので ＞C=O だけ反応させることができる（レフォルマツキー (Reformatsky) 反応）．<br><br>BrCH₂COOEt $\xrightarrow{\text{Zn}}$<br>BrZnCH₂COOEt $\xrightarrow{\text{RR'C=O}}$<br>$\underset{R'}{\overset{R}{>}}\underset{\underset{OH}{\|}}{C}-CH_2COOEt$ |

# 18.2 典型金属を含む有機金属化合物を用いる有機合成

　典型金属を含む有機金属化合物は有機合成の上で重要な役割を担っている．金属に結合した C の求核反応を利用するもので，Mg のグリニャール反応，Li 化合物の反応でよくわかるであろう．これらは，
a) 炭素―炭素結合の生成による有機化合物の構築
b) 他の金属へのアルキル（アリール）基の移動による有機金属の生成，さらにそれを用いた有機合成

に用いられる．典型元素の種類によって，反応性が制御できるので，適当な有機金属を使い分けることによって多様な反応を実現できる．

# 18.3 遷移金属を含む有機金属化合物の特性

　遷移金属は，d 軌道を自由に使うことができ，典型金属にはない性質の化合物を作り出すことができる．
　1) 遷移金属は，d 軌道，s 軌道，p 軌道を組み合わせて結合を作るため，た

くさんの結合を作ることができる．6価，7価，8価になることも多い．これに関してはのちに述べる18電子則が重要である．

　2)　典型金属の作る結合はイオン性が高く，それが有用な反応性の原因であることが多かったが，遷移金属の作る結合は共有結合性の高いものが多い．

　3)　結合の強さは，しかし，C—C，C—H などにくらべて小さい．

　これらの性質は，遷移金属原子がまわりにたくさんの原子，原子団（配位子）を集め，それらをそう強くない力でひきつけているだけなので，遷移金属原子のまわりで配位子間の結合の組み替えがおこることになる．これが遷移金属の触媒作用の原因となる．

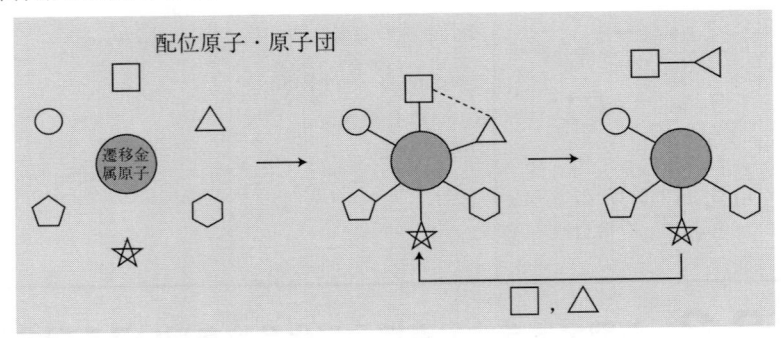

## 18.4　18電子則

　遷移金属は外殻の s, p 軌道の電子だけでなく，内殻の d 軌道をも使って結合を作る．したがって，遷移金属原子は炭素の4価より大きい6, 8価という高い原子価をとりうる．

　遷移金属原子の結合状態の安定性（飽和性，不飽和性）に関しては"18電子則"という重要な法則がある．

　「化合物の中の遷移金属の原子は内殻の d 軌道，外殻の s, p 軌道に合計18個の電子を持つとき安定（飽和）する．」
というもので，典型元素化合物でいうオクテット則の拡張になっている．d, s, p 軌道に18個の電子が詰まれば，これらの軌道は満員になる．

　電子の数え方は，もともと遷移金属原子の持っている電子に，結合を作っている電子をすべてとり込んで（配位結合の場合は2個として数える）総計をとる．例として（有機金属ではないがわかりやすい）$[Co(NH_3)_6]^{3+}$ を考察しよう．

Coは基底状態で $(4d)^7(5s)^2(5p)^0$ で，$Co^{3+}$ になると，$(4d)^6(5s)^0(5p)^0$ になる．ここに，配位した $NH_3$ から2個ずつ，計12個の電子が $Co^{3+}$ に供給されることになり計18電子となっている．これが $[Co(NH_3)_6]^{3+}$ の安定性を生み出している．

## 18.5　逆配位（逆供与）

遷移金属の作る結合のもう一つの特徴として，逆配位（back donation）を挙げておこう．これは，第17章のリンのイリドの説明において述べたことと同じであるが，遷移金属では中心金属にたまった電子が，金属のd軌道と配位原子のp軌道でできる $\pi$ 軌道を伝わって配位子の方へ移動する現象である．配位という現象は，配位子の持つ非共有電子対が正に帯電している金属イオンに供与される（配位結合ができる）現象である．金属にたくさんの配位子が結合すると中心の金属に負電荷が貯まりすぎてしまう．この貯まりすぎの負電荷を配位子の方に戻して，電荷のバランスをとるのが逆配位である．COの配位を例にとって考えてみよう．

COは特別な原子価状態を持っている．Cは外殻電子2個を使ってOとの間に $\sigma$ と $\pi$ の二つの結合を作る．（これで4個の電子がCの周りにあることになる．）

さらに，Cは2個の非共有電子対を使ってFeに配位結合をする．またFeのd電子対を逆配位で受け入れ $\pi$ 結合を作る．配位結合の電子2個と逆配位の電子2個を加えてCは8個の外殻電子を持って安定化する．

## 18.6　遷移金属を含む有機金属化合物の反応

遷移金属は数がたくさんあり，また同じ元素でも酸化数や周囲に集まる配位子の種類・数によっても反応性が変わる．遷移金属を含む有機金属化合物の反応は多彩である．このような反応をまとめることは容易ではないが，ここでは，遷移金属化合物の特徴となる反応の型を，箇条書きでまとめてみよう．これらの反応性は前節でまとめた，遷移金属化合物の特性に由来するものである．

1) 金属に結合している配位原子・原子団の間での結合の組替え

金属の周囲にはたくさんの原子（団）が集まっており，また，金属―原子（団）（配位子）の結合は弱く，反応性豊かなので，配位子間で結合の組替えがおこる．反応は可逆的でどちらの方向にも進みうる場合が多い．重要なものに，つぎの反応がある．

（素反応としての）挿入反応・逆挿入反応（本表にもう一つ挿入反応が出てくる．後者は，始点，終点の関係すなわち反応形式から見た分類であるのに対し，ここで述べるのは反応機構の1過程を示すものなので素反応としてと区別することにする．）

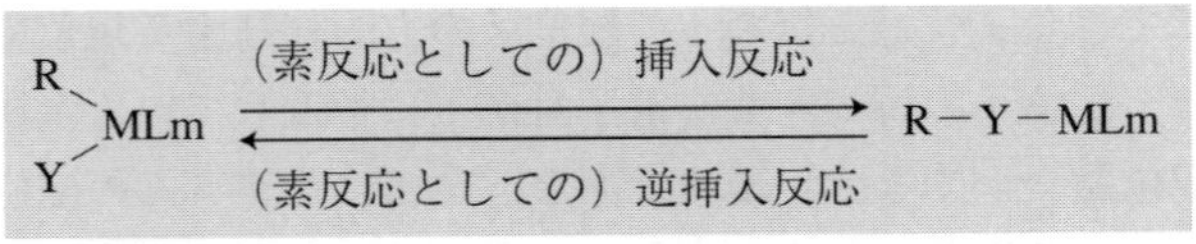

$$\begin{matrix}R\\ Y\end{matrix}\text{MLm} \xrightleftharpoons[\text{（素反応としての）逆挿入反応}]{\text{（素反応としての）挿入反応}} R-Y-MLm$$

例1

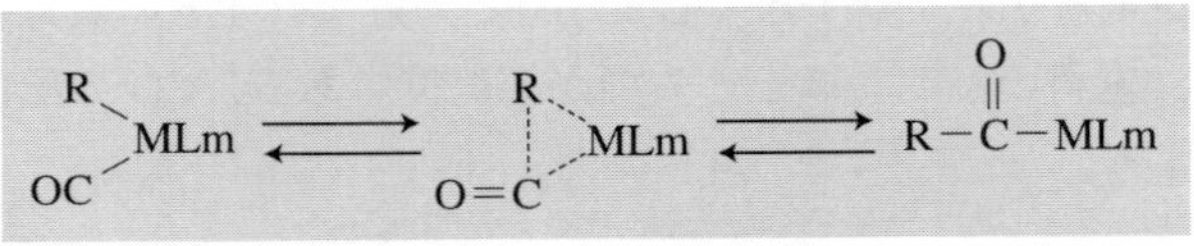

この型の反応は，COでおこりやすい．中間に示すような遷移状態を通るものと考えられる．この反応は右へ進むとカルボニル基の導入法になり，左に進むとCOの除去になる．

例2

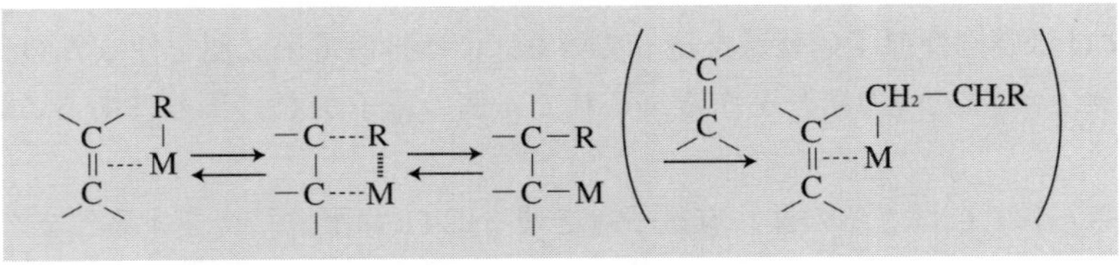

Rがアルキル基の場合は，この反応の進行によって配位アルキル基の炭素数は2個増す．ここで生じる金属化合物は配位不飽和で，さらにアルケンが配位する．反応が繰り返されることによってアルケンが重合する（ポリエチレン，ポリプロピレンなどの製法）．

2) 付加と脱離（金属―配位子（配位原子（団））結合の生成と切断）

結合力の余っている配位不飽和金属には，いろいろな化学種が結合する（付加）．また，金属―配位子の結合は弱いことが多く，切断されやすい（脱離）．付加と脱離とは対になっている．付加・脱離はいくつかに分類される．

18.6 遷移金属を含む有機金属化合物の反応　　　**189**

| 付加 | 脱離 |
|---|---|

**2.1 単純な付加と脱離**

$$L + ML'_m \underset{\text{脱離}}{\overset{\text{付加}}{\rightleftarrows}} L-ML'_m$$

| | |
|---|---|
| 右欄に示す脱離で生成した配位不飽和金属種は，種々の化学種と結合する．<br>例<br>$[Fe(CO)_4] \xrightarrow{PPh_3} [Fe(CO)_4(PPh_3)]$<br>$\uparrow h\nu$<br>$[Fe(CO)_5]$ | あまり強くない L―M 結合は，室温でも熱的に解離することがあり，上の反応は平衡になることも多い．より高いエネルギーを供給する光照射は解離により有効である．<br>例<br>$[Cr(CO)_6] \xrightarrow{h\nu} [Cr(CO)_5] + CO$<br>L がアルキル基の場合は，アルキルラジカルが生成し，金属は形式的に還元される． |

**2.2 配位子間の反応を伴う付加と脱離**

**2.2.1 酸化的付加・還元的脱離**

$$A-B + ML_m \underset{\text{還元的脱離}}{\overset{\text{酸化的付加}}{\rightleftarrows}} \begin{matrix} A \\ \diagdown \\ B \end{matrix} ML_m$$

| 酸化的付加 | 還元的脱離 |
|---|---|
| 配位不飽和な遷移金属種 $ML_m$ に A―B が開裂して付加する．<br>例<br>$CH_3-I + $ [Ph$_3$P, CO, Cl, PPh$_3$ 配位の Ir] $\rightarrow$ [CH$_3$, Ph$_3$P, CO, Cl, PPh$_3$, I 配位の Ir] | 金属に配位していた二つの原子（団）が結合して脱離する．<br>例<br>$(C_5H_5)_2Mo\begin{smallmatrix}CHDCOOCH_3\\CH(COOCH_3)\\D\end{smallmatrix} \xrightarrow{\text{室温}} (C_5H_5)_2Mo + \begin{smallmatrix}H\\\\D\end{smallmatrix}C\begin{smallmatrix}CHDCOOCH_3\\\\COOCH_3\end{smallmatrix}$<br>(bpy)Ni[環 R$^1$R$^2$R$^3$R$^4$] $\xrightarrow{\text{無水マレイン酸}}$ [シクロブタン R$^1$R$^2$R$^3$R$^4$] |

**2.2.2 挿入・β-脱離**

$$A=B + M-R \underset{\beta\text{-脱離}}{\overset{\text{挿入}}{\rightleftarrows}} R-A-B-M$$

| 挿入 | β-脱離 |
|---|---|
| M―R 結合の間に A＝B が二重結合を開いて，―A―B―の形で割り込む． | M から数えて2番目（β-位）の原子（とくに H の場合におこりやすい）が M 上に |

| 付加 | 脱離 |
|---|---|
| 例<br><br>$-\underset{\|}{Ni}-H + CH_2=CH_2 \rightarrow -\underset{\|}{Ni}-CH_2CH_3$ | 移動し，配位原子団が二重結合を作って脱離する．<br>例　$(Bu_3P)CuCH_2CD_2C_2H_5 \rightarrow$<br>$\qquad (Bu_3P)CuD + CH_2=CD-C_2H_5$ |

挿入・$\beta$-脱離は，2.1 単純な付加・脱離と1)（素反応としての）挿入・逆挿入の組合せでおこることが多い．

3) 配位子交換

$$Y + LML'_m \rightleftharpoons Y-ML'_m + L$$

有機金属錯体のもっとも一般的な反応．配位子交換は，反応の始点，終点に着眼した反応形式に基づく分類である．反応機構の視点からは，炭素上の置換反応と同じように $S_N2$ 型（会合機構）と $S_N1$ 型（脱離・付加）に分けられる．後者は 2.1 の過程を含んでいる．

4) 金属に配位した分子の反応

金属に配位した分子は，一般に電子を金属に供与するため，電子不足になり，求核試薬と反応しやすくなる．アルケンやベンゼン環は，遊離の状態では電子豊富で，正電荷を持つ求電子試薬と反応しやすいのに，金属に配位すると，負電荷を持つ求核試薬と反応するようになる．

代表例は，$Pd^{2+}$ に配位したアルケンと $OH^-$ との反応（オキソ法の1過程）や Cr に配位したベンゼン環についたハロゲンの求核置換である[†]．

---

[†] 113 頁に述べたように，ベンゼン環についた Cl を $^-OH$ で置換するには，高温高圧を必要とする．しかし，Cr を配位させるとその電子求引によって，求核置換反応が容易におこるようになる．

# 演 習 問 題

**1** つぎのことがらについて簡単に説明せよ．
  a) 18電子則   b) 酸化的付加   c) 還元的脱離   d) $\beta$脱離

**2** つぎの金属錯体分子の中心金属は外殻に何個の電子を持つか．（18電子則を満足しているか．）
  a) $[Co^{III}(CN)_6]^{3-}$   b) $[Ni(CO)_4]$   c) (ベンゼン)Cr(CO)$_3$
  d) Fe フェロセン   e) (シクロペンタジエニル)Fe(CO)$_2$CH$_3$

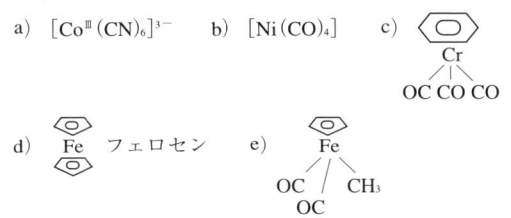

**3** Fe，CoとCOとの化合物で，全体として電気的に中性なものとしてはどのような構造のものが安定になると予想されるか，18電子則をもとに推定せよ．

**4** つぎの組成の金属錯体の中心金属が18電子則を満たすためには，分子全体が持つ荷電の正負と量はいかほどか．
  a) $[Fe(CN)_6]^x$
  b) $[CH_3-Fe(CO)_4]^x$
  c) $[FeI_2(CO)_4]^x$

**5** CH$_3$CH$_2$CH$_2$CH$_2$Br に Li を作用させると有機金属化合物 CH$_3$CH$_2$CH$_2$CH$_2$Li を得ることができるのに，Na を作用させると，有機ナトリウム化合物を得ることができず，CH$_3$CH$_2$CH$_2$CH$_2$CH$_2$CH$_2$CH$_2$CH$_3$ が生じてしまうのはなぜか．

**6** つぎの反応の生成物は何か．化学式で示せ．
  a) $\mathrm{Ir(Cl)(PPh_3)(Ph_3P)(CO)} + H_2 \longrightarrow$
     ヴァースカ(Vaska)錯体
  b) $[Ni(PEt_3)_3] \xrightarrow{-PEt_3} [Ni(PEt_2)] + Cl-C_6H_5$
  c) $[H-Co(CO)_4] + \text{(ペンテン)} \longrightarrow$
  d) $C_6H_5-CHO + BrCH_2COOC_2H_5 \longrightarrow$

# 19 化学物質のひかりとかげ

　化学と化学技術の発展は，人間の生活を豊かにした．何よりも，化学によって創り出された薬はそれまで不治であった病気を癒し，人の寿命を大きく延ばした．エイズやガンに対しても，特効薬がある筈だという確信の下に研究が展開されている．衣食住，身のまわりのものにも，天然にない工場生産の便利で安価な物質が溢れている．

　しかし，自然界に存在していなかった物質はときとして環境を乱し，人間や生物の生存に重大な危険を与えるものともなってきた．それは，大量に作り出されているものばかりではなく，意途しないで作られてしまうごく微量の物質が重大な問題をおこすことがある．

　このようにして，化学者は自分達の作り出したものが最終的に分解されるまで責任を持たなければいけなくなったのである．

## 19.1 機能性物質

　衣食住のすべてを支えているのが化学物質である．それは，動植物の作り出す物質でもあるし，工場で作り出される合成物質であることもある．

　衣については，

| 〈天然繊維〉 | 〈合成繊維〉 |
|---|---|
| 絹 | ナイロン |
| 羊毛 | ポリエステル |
| 綿（麻） | ビニロン |

のような，天然物から合成物への置き換えがおこった．住宅，家具においても天然物から工場生産物への代替がすさまじい勢いで進んでいる．

　天然物だけではない．これまで金属が用いられてきた，大きな機械強度が要求されるものに対し，炭素繊維が替って用いられるようになっている．新しい技術によって作られた炭素繊維は，金属材料より強く，軽く，そして錆びない．飛行機などの最先端の産業を支えているのも有機機能材料である．

　また，これまで知られていなかった（あるいはまったく利用されてこなかった）物質の機能が注目を浴びることがある．「液晶」はその1例である．本書の初版出版当時はほとんど問題にされていなかった液晶は，今では，パソコンの

ディスプレイ，壁掛けテレビ，時計など深く生活に入り込んできている．このようになるためには，液晶を作る性質がどのような分子構造に基づくのかという基礎的研究を踏えて，多くの化合物が試作され，試験され，よりよいものが選別され，実用になっていくのである．有機物質は，構造を大きくも，また小さくも変化させることができ，液晶なら液晶としてのよりよいものを作り出していくのに適している．

機能性にも多くのものがあるが，少量の物質が大きな機能を持つことも多い．表に機能性の一部を示した．これは，化学（特に有機化学）が付加価値の高いものを作り出す力が大きいことを意味しており，技術の進歩に対し決定的な役割を果たしていることも理解される．

| | | | | |
|---|---|---|---|---|
| 光 | 透過性 | | | 光ファイバー |
| | 吸収 | 色の発現 | | 染料 |
| | | 光反応 | | 光記録材料 |
| | | 電気的作用 | | |
| | オプトエレクトロニクス | | 光伝導 | 光伝導材料（ゼログラフィー） |
| | | | 光起電力 | 光電池 |
| 電気 | 電気伝導性 | 超伝導性 | | 超伝導材料 |
| | | 伝導性 | | |
| | | 半導性 | | 半導体デバイス |
| | 絶縁性 | 絶縁性 | | 絶縁材料 |
| | | 強誘電性 | | 強誘電体材料 |
| 磁性 | 強磁性 | | | 強磁性材料 |
| | フェリ磁性 | | | 磁気記録材料 |
| | 反磁性 | | | |
| 生理活性 | 薬理作用 | | | 医薬 |
| | 生体代替物質 | | | 歯科材料，人工骨，人工血管 人工臓器の材料 |

## 19.2 化学物質の危険性

　化学物質は，生物，人類に対して有用であると同時に危険な存在でもある．生物，人類を作っている物質はごく限られた少数のものである．それに対し，人間の作り出す物質は多種多様で，何千万種にもなっている．それらは生物にはこれまで出会ったことのないもので，体内でうまく処理できないものであったり，また，生体構成物質と似た構造のもので，生物が誤って体内に取り込んだとき，思わぬ副作用の危険性が現れたりすることもある．

　化学物質が人間・生物や地球環境に与える悪い影響としては，直接の作用である有毒性がすぐ考えられるが，オゾン層破壊などを通じての間接の影響もあろう．毒性も，それを口に入れたり，肺に吸い込んだりするとすぐにおこる急性の毒性の他に，遺伝情報に狂いをおこさせたり，ホルモン（内分泌）を狂わせたりして，あとの世代にまで悪い影響を残してしまうものもある．また，身のまわりにあるものが爆発したり燃えやすくなっていたり，さらに，そこで発生する気体が有毒で問題が大きくなったりする．これまで，社会問題となった化学物質の例を，表 19.1 に示した．

　さらに化学物質の中には，思いもかけなかったところで，有害性の大きな物質に変化することがある．ゴミ焼却の際のダイオキシンの発生はそのよい例である．公害問題の原点といわれている水俣病にしても，工場からもれ出た無機水銀が海の泥の中の微生物によって有機水銀化合物になり，無機水銀の何千倍もの毒性を持つようになったためにおこっている．

**表 19.1**

| A.　人間・生物の生存に危険な物質 ||
|---|---|
| 1)　毒物 ||
| $CH_3HgCH_3$<br>ジメチル水銀<br>水俣病の原因となっている化合物．工場から排出された Hg 塩が，微生物によって，猛毒のこの形に変えられた． | $(CH_3)_2CHO-\overset{O^-}{\underset{CH_3}{\overset{\uparrow}{P^+}}}-F$<br>サリン<br>毒ガスとして開発された猛毒物質．農薬にも似た構造のものがあり，毒性に注意が必要． |

## 2) 遺伝情報の撹乱（発ガン性）

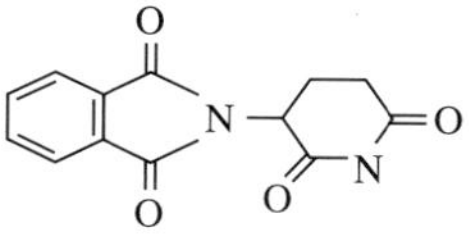

**サリドマイド**
鎮痛・催眠薬として使われたが，これを服用した妊婦から手が小さいアザラシ肢症の子が生まれ，大きな社会問題となった．

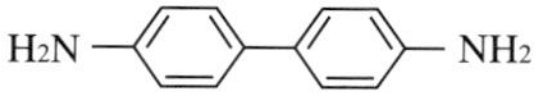

**ベンジジン**
(4,4'-ジアミノビフェニル)
染料製造の中間体として重要なものであったが，工場労働者に膀胱（ぼうこう）ガンが多数発生した．

## 3) "環境ホルモン"（内分泌撹乱）解説は 196 頁

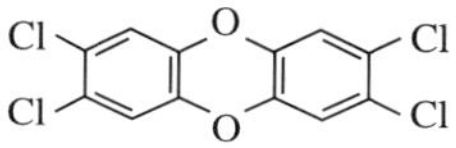

**"ダイオキシン"**

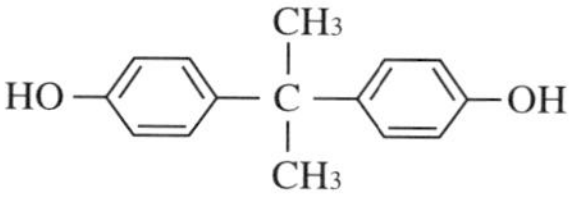

**ビスフェノール A**

## 4) 麻薬, 覚醒剤

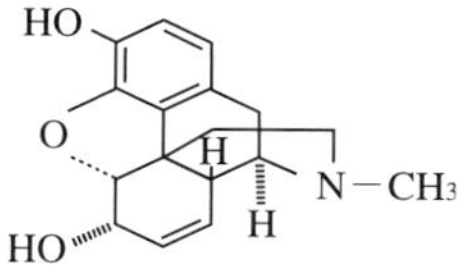

**モルフィン**
アヘンの主成分，ケシの未熟果中に含まれる．麻酔剤，鎮痛剤に使われるが，乱用は非常に危険．

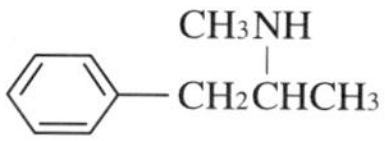

**ヒロポン**
中枢神経系を興奮させ，睡眠抑制，疲労感軽減などの作用があるが，幻覚作用や中毒作用が強い．

## 5) 爆発性, 発火性, 引火性

石油製品，合成化学物質の多くはこれらの危険性を持っている．さらに，燃焼によって，有毒な物質を発生することがある．

B. 地球環境を変化させ，生物・人間の将来に危険性をもたらすことが心配されているもの

| $CClF_3$ など<br>フロン | $CH_4$<br>メタン |
|---|---|
| 大気上層のオゾン層を破壊し，地上へ到達する紫外線量を増やし，皮膚ガンその他の増大が心配されている． | 赤外線を吸収し，地球大気を温め温室効果によって地球環境の激変をおこすことが心配されている．$CO_2$よりはるかに強い効果を持つとされる． |

## 19.3 女性ホルモン，ドーピング，環境ホルモン

　環境問題の中で，最近世の中を騒がしている最大のものは，"環境ホルモン"である．"環境ホルモン"という言葉は不正確なので専門家の間では，「内分泌撹乱化学物質」とよばれているが，人間の体の中に入れ込んで，男性，女性ホルモンの機能を狂わせてしまうものである．とくに，女性ホルモンの作用を発現して，精子数の減少，生殖障害をおこすものが問題になっている．ゴミ焼却工場から排出される"ダイオキシン"，プラスチックの中に成型剤として入れられている"ビスフェノールA"などが問題になっている．ここでは，これにスポーツで問題になっているドーピングの問題も含めて考えてみよう．

　まず，女性ホルモンのエストロン，エストラジオールと環境ホルモン，ドーピングで問題となっている物質の代表例の構造を比べてみよう．

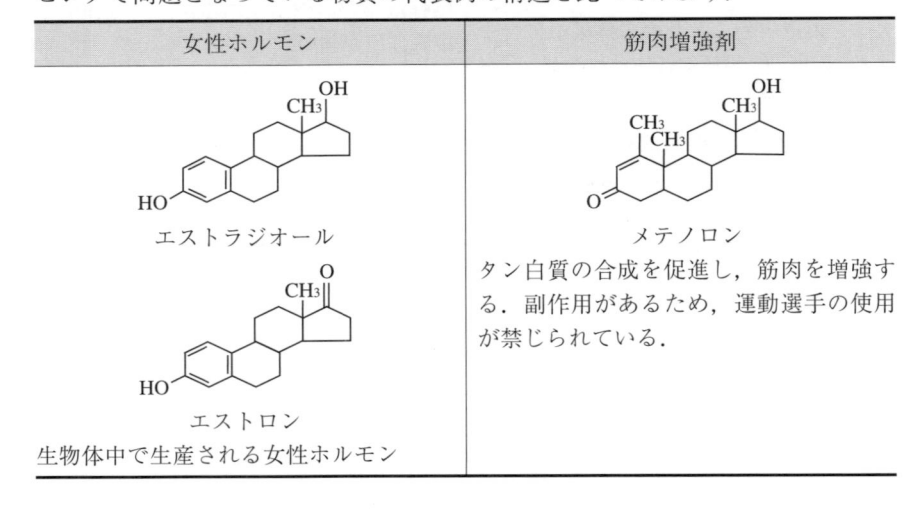

| 女性ホルモン | 筋肉増強剤 |
|---|---|
| エストラジオール | メテノロン |
| エストロン<br>生物体中で生産される女性ホルモン | タン白質の合成を促進し，筋肉を増強する．副作用があるため，運動選手の使用が禁じられている． |

## 内分泌攪乱作用（環境ホルモン）が疑われている物質

ビスフェノールA
プラスチック添加剤ポリカーボネートの食器から溶け出すことが懸念されている．

ダイオキシン類の一つ
正式名：2,3,7,8-テトラクロロジベンゾ[$b,e$][1,4]ジオキシン
ゴミ焼却場から排出される"ダイオキシン"のうち，もっとも毒性が強いといわれているもの．

　これらの化合物（ダイオキシンを別にすれば）は—OH，>C=O などの官能基が2個あり，その位置関係が似ているため，生体が女性ホルモンと間違って受容し，その作用を発現してしまうのではないかと考えられている．

# 20 有機化学の方法

すでに第1章で述べたように有機化学は,
1) 研究対象となる有機化合物を天然物から取り出したり,合成によって作り出し(分離,精製,合成),
2) 分子構造を決定し,
3) 性質(物理的な性質と,反応＝化学的性質)を調べ,分子構造との関連を明らかにする学問である.

有機化学の研究を行うとき,研究の対象として何を取り上げるかは,もちろんもっとも大切なことであるが,分離・精製・合成・構造決定・測定などの方法論もしっかり身につけ,それをもっとも有効な形で自身の研究目的に応用する必要がある.方法論も進歩が大きく,たとえば30年前に,2〜3年もかかった天然物の構造決定も,新しい方法を用いれば,数週間,数ケ月でなし遂げられてしまう.

**分離** (separation), **精製** (purification)　研究対象の物質を純粋な形で取り出すところから化学の研究ははじまる.いろいろな物質から構成されている天然の動植物成分,主生成物の他に原料や副生成物を含んだ反応混合物から,研究対象の物質を取り出すために,混合物の構成成分の物理的性質のちがいが利用される.よく用いられる方法にはつぎのようなものがある.

**再結晶**(溶解度の温度変化を利用),**抽出**(溶媒による溶解度のちがいを利用),**蒸留**(液体物質の揮発性のちがいを利用,揮発性の小さなものには減圧蒸留,水蒸気蒸留を用いる.),**昇華**(固体物質の揮発性のちがいを利用する.),**クロマトグラフィー**(chromatography 固体吸着剤表面への吸着,あるいは固体の表面に固定されている溶媒への溶解を利用する.)

**純度の確認**　分離・精製された物質が純粋であるかどうかは,融点,沸点,屈折率などの物理的性質の測定によって判断する.固体物質の場合,徐々に温度を上げて,誘拐する温度を測定してみると,物質が純粋になるほど融けはじめの温度と完全に融け終る温度の幅が狭くなる.沸点についても同様で,純粋なものほど一定沸点で揮発してくる部分が多い.精製操作を繰り返し,操作の

前後で物理的性質を測定し，物理的性質の値が変化しなくなったのを確認することは精製のよい目安になる．しかし，物理的性質の測定は純度の目安を与えるだけである．最近ではクロマトグラフィー（とくにガスクロマトグラフィー）にかけ，混合物がどのような組成を持つかを直接調べることが行われるようになった．

**分子構造の決定**　分子の構造を決定するには，1)骨格，2)官能基の種類・数・位置が明らかにされなければならない．構造決定は通常つぎの手順で行われる．

1) 分子を構成する元素の検出と定量（元素分析）⟶ 実験式の決定
2) 分子量の測定 ⟶ 分子式の決定
3) 分子式を基礎に，骨格，官能基の種類・数・位置を決定する．
4) 簡単な化合物を原料にして，推定された構造のものを合成し，対象物質と合成されたものが同じであることを確かめる．（合成は構造決定のだめ押しである．ここまでしなくて済むものについては省略されることも多い．）

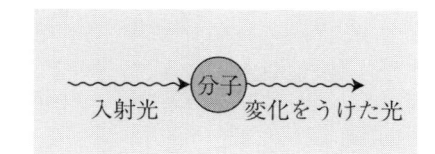

骨格，官能基についての知見は，以前は主として反応によって得られてきたが，最近では電磁波と分子との相互作用を利用するスペクトルの方法を用いることが多くなった．分子に光があたると，分子はその構造に応じて光に変化を与える．（太陽からの白色光をあてたとき，緑色の光が吸収されると透過光は赤になる．このようなことを"変化"という言葉で表した．）変化は直接，分子の骨格，官能基と結びつけて解析されるので，分子の構造がきめられるのである．スペクトルの方法は反応を用いるのとちがい，非破壊のものが多く，数mgの試料で十分で，一度に得られる情報量が大きく，構造決定の方法に革命的な変化をもたらした．この方法では $10^{-14}$ s 程度の短い時間しかじっとしていない分子の姿を調べることができる．将来化学を専攻するものはこの新しい方法に習熟する必要がある．

## 古典的構造決定法とスペクトルによる構造決定法の比較

| | 古典的方法 | スペクトルによる方法 |
|---|---|---|
| 官能基 | 官能基と特異的に作用する試薬を用い，呈色反応，沈殿生成などを利用する．<br>　　例　CHO の存在…銀鏡反応 | 化合物に種々の波長領域の光をあて，どの波長の光が選択的に吸収されるか調べ，結果を解析する．官能基，骨格両者についての情報が同時に得られる．<br>　可視光線，紫外線の吸収<br>　赤外線吸収<br>　核磁気共鳴吸収<br>これらの情報を総合的に判断して構造を推定する． |
| 骨格 | 官能基を変換し，すでに明らかになっている骨格を持った化合物に導く．複雑な骨格のものは骨格を切断し，部分，部分について骨格をきめる． | |

# 付録 A  光学分割と不斉合成

　一般の有機合成反応では，鏡像異性体を作り分けることができない．たとえば，ケトンとグリニャール試薬 $R^3MgX$ との反応では，$R^3$ がケトンの分子面の右，左から同じ割合で攻撃する．

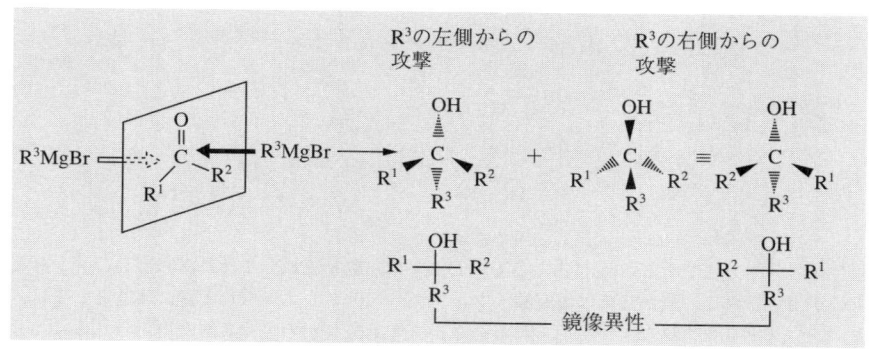

R³の左側からの攻撃　　　　R³の右側からの攻撃

　したがって，生成するアルコールは鏡像異性体の 1：1 混合物（ラセミ混合物）になる．
　生物は，鏡像異性体を厳しく区別する．薬理作用などでは，鏡像異性体の一方は薬としての力が強いのに，他方は薬理作用がないばかりでなく，病気を悪くしてしまうことすらあるので，合成物を薬などに使うときは，鏡像異性体の片方だけを 100% の純度で作り出す必要がある．それには，二つの方策が考えられる．
　1）　第一は，ラセミ混合物を鏡像異性体に分離する（光学分割）．
　2）　第二は，何らかの工夫をして，鏡像異性体の一方だけを選択的に合成する（不斉合成）．
　この章では，これらについて，簡単に解説しよう．不斉合成は，この 20 年ほどの間にもっとも進歩した化学分野の一つである．

## A.1　光 学 分 割

　ある化合物のラセミ混合物を $M_S$，$M_R$ として，式のような構造を持つとしよう．P, Q, R, S の一つ，ここでは S は他の分子と容易に反応しうる官能基（たとえば COOH，$NH_2$ など）を持つとしよう．これに反応することのできる基（必ずしも共有結合を作る必要はなく，S が COOH を持つなら—$NH_2$ 基というように）を持つ $N_R$（ここでは基 T が反応性であるとする．）を反応させる．すると，$M_S$—$N_R$ と $M_R$—$N_R$ とが生成するが，図を見てわかるように，この二つはもはや鏡像の関係にはなく，ジアステレオ異性の関係にある．したがって，$M_S$—$N_R$ と $M_R$—$N_R$ とは溶解度などの性質が異なるので，物理的な方法で二つを分離することができる．分離後，あとからつけた $N_R$ を除去すれば（カルボン酸とアミンとの塩なら容易にできる．），$M_S$ と $M_R$ とが分離されたことになる．これが，光学分割の原理であり，一般性の高い，鏡像

異性体の分離方法である．$N_R$ にあたるものとしては，動植物成分やそれから容易に導かれるものが用いられる．酸としては酒石酸，カンファー-10-スルホン酸などが，塩基としては，キニン，ストリキニンなどが用いられる．グルタミン酸などのアミノ酸が用いられることもある．

この原理は，クロマトグラフィーに展開することができる．

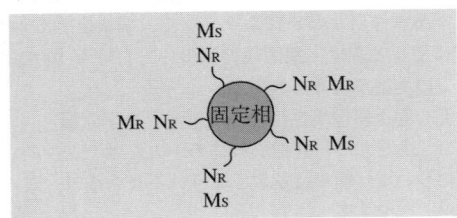

クロマトグラフの固定相に分割剤 $N_R$ を結合させておき，この中をラセミ混合物の溶液を流すと〜$N_R M_S$ と〜$N_R M_R$ との親和力の違いによって，$M_S$ と $M_R$ が分離される．クロマトグラフィーでは，分割剤が流出することがなく，遊離の $M_R$，$M_S$ が流出してくるので便利である．この方法は，鏡像異性体の組成をきめる分析法としてもきわめて有用である。

## A.2 不斉合成

本章のはじめに掲げた図を見て頂こう．ここでは，$R^1$，$R^2$，$C=O$ の作る平面の上下が同じ環境であって，$R^3$ の攻撃は上面からも下面からも平等におこるのであった．ところが，$R^1$ に不斉炭素がある場合には，$R^1$ が自由な形をとることができなくなって，面の左，右の混み合い方にちがいが生じる．

## A.2 不斉合成

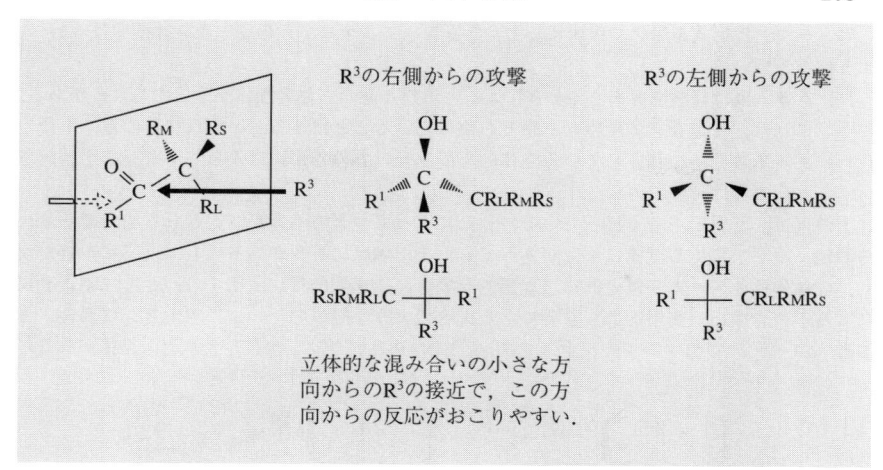

たとえば、$R^2$ が大、中、小の三つの基 $R_L$, $R_M$, $R_S$ で構成されている場合、大きな基 $R_L$ は C=O と反対側に、C=O は $R_M$, $R_S$ 基の間に入った形になりやすい。こうなると、面の左右には立体的な混み合い方のちがいが生じる。上図の右面は、小さい基があるので、空間的にすいている。一方、左面は、中くらいの基がはり出していて、右面にくらべて混み合いが大きい。

これに、C=O をめがけて試薬が攻撃するとき、右面からの攻撃が優先されることになる。すなわち、反応する分子に存在していた不斉部位によって、近傍の官能基の反応が立体的に規制され、立体異性体の一方だけが優先的に生成するようになる。

ケトン、アルデヒドについての、このような現象は発見者クラム (Cram) にちなんで、クラム則とよばれており、実例も多く、ときとしてほとんど 100% の選択性で立体異性体の一方だけを作り出すことができる。

ニューマン投影式を用いて復習すると，ケトン（アルデヒド）の安定な立体配座は（**1**）のようになっている．

> 注）クラム則は経験則である．ときによると予想と逆の立体異性体が生成することがある．これは，安定な立体配座が予想とちがっていることによる．いずれにしても，不斉のある基質分子に存在している立体的な混み合い方のちがいによって不斉反応が誘起されることは確かである．

上の例は，基質が不斉を持っていて，それによってつぎの不斉が誘起される場合である．その他，攻撃してくる試薬に不斉があっても，また触媒に不斉があっても，反応に不斉が現れ，立体異性体の一方が優先的に（理想的な場合には選択的に）生成する．とくに不斉触媒による不斉合成は，実用的にも重要である．そのような触媒の一つに，アトロープ異性，軸不斉（23頁）のビナフチルのジホスフィン（BINAP という）を含むルテニウム錯体がある．

(R)-BINAP    [RuCl$_2${(R)-BINAP}]

[RuCl$_2${(R)-BINAP}] を触媒にして，3-オキソブタン酸メチルを水素化すると，(R)-(−)-3-ヒドロキシブタン酸メチルがほぼ 100% の立体選択性で得られる．

# 付録 B　ハメット則

　ベンゼン環に結合した官能基の反応性におよぼす置換基の電子的効果を定量的に表現したのがハメット（Hammett）則である．ベンゼン環についた—COOH の酸性，—$NH_2$ の塩基性（解離定数）やベンゼン環に結合した官能基の反応速度（たとえばエステルの加水分解の反応速度）は置換基の電子的効果によって変化する．ベンゼン環を伝わっての効果は I 効果と M 効果の重ね合せになるが，I 効果，M 効果を総合して置換基の電子的効果の大きさを数値として表したのがハメットの $\sigma$ 値である．代表的な置換基の $\sigma$ 値を表 B.1 に示した．電子求引性の置換基では $\sigma$ 値がプラスの値をとり，電子供与性のものはマイナスの $\sigma$ 値を持つ，置換基の効果は $o$-，$m$-，$p$-位で異なるから，置換基の $o$-位，$m$-位，$p$-位の官能基におよぼす影響は区別されねばならない．さらに，$o$-位のように影響を与える置換基と影響を受ける官能基が近接しているときは，立体的な効果もきいてくるので電子的効果を純粋に見ることができない．そのため $o$-位については定量的議論ができない．$\sigma$ 値は $m$-位と $p$-位について与えられている．

表 B.1　ハメット則における置換基定数

| 置換基 | $\sigma_m$ | $\sigma_p$ |
| --- | --- | --- |
| $NH_2$ | $-0.16$ | $-0.66$ |
| OH | 0.12 | $-0.37$ |
| $OCH_3$ | 0.12 | $-0.27$ |
| $CH_3$ | $-0.07$ | $-0.17$ |
| $C_2H_5$ | $-0.07$ | $-0.15$ |
| $C_6H_5$ | 0.06 | $-0.01$ |
| F | 0.34 | 0.06 |
| I | 0.35 | 0.18 |
| Cl | 0.37 | 0.23 |
| Br | 0.39 | 0.23 |
| $COOC_2H_5$ | 0.37 | 0.45 |
| $COCH_3$ | 0.38 | 0.50 |
| CN | 0.56 | 0.66 |
| $NO_2$ | 0.71 | 0.78 |
| $\overset{+}{N}(CH_3)_3$ | 0.88 | 0.82 |
| $NHCOCH_3$ | 0.21 | 0.00 |

この表は，
1)　—$NO_2$，—CN，—$COCH_3$ のように I 効果 M 効果の双方とも電子求引であるものは $m$-

位にも $p$-にも電子求引の働きをするが，$|\sigma_m|<|\sigma_p|$ より，M 効果は I 効果より大きな役割を果たすこと．

2) ―CH$_3$, ―C$_2$H$_5$ の超共役が $p$-位の電子密度を上げること．

3) ―NH$_2$, ―OH, ―OCH$_3$ のように M 効果電子供与，I 効果電子求引と二つの電子的効果が拮抗するものでは M 効果が効果的に伝達され，I 効果にとっては距離の点で不利な $p$-位では M 効果が優先すること，逆に M 効果の直接影響をうけない $m$-位では距離的にも有利な I 効果が主要な働きをすること．

4) ハロゲンは I 効果が M 効果にまさっていること．

などを示している．

ハメットの $\sigma$ 値を用いると，ベンゼン環に結合した官能基の反応性（酸・塩基の強さなどを示す平衡定数 $K$，反応速度定数 $k$）におよぼす置換基（ハメット定数 $\sigma$ をもつもの）の影響は近似的につぎの経験式（ハメット則）で表される．

$$\log\left(\frac{K}{K_0}\right)=\rho\sigma,\ \log\left(\frac{k}{k_0}\right)=\rho\sigma$$

第 1 の式は平衡に適用される式で $K_0$, $K$ は酸，塩基などの平衡定数である．$K_0$ は置換基を持たないもの，$K$ は置換基を持った化合物の平衡定数であり，その置換基定数は $\sigma$ である．$\rho$ は反応の種類によってきまる定数である．第 2 の式は反応性に関する式で，$k_0$, $k$ は反応速度定数で，$k_0$ は置換基を持たない場合，$k$ は置換基（置換基定数 $\sigma$）を持つ場合の速度定数である．$\rho$ が正であることは反応が電子求引基によって促進され，電子供与基によって阻害されるこ

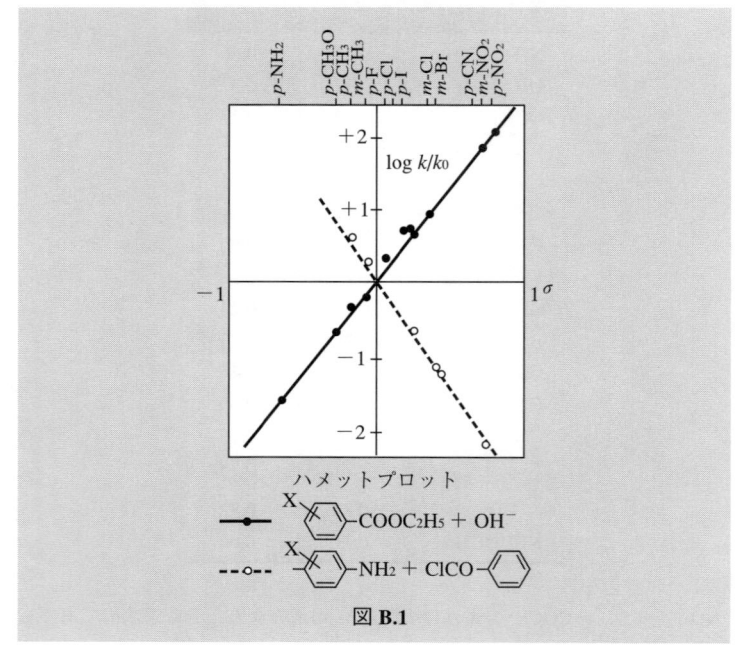

図 B.1

とを示している．逆に $\rho$ が負であることは反応が電子供与基の存在によっておこりやすくなっていることを意味する．$\rho$ の絶対値が大きいことは反応が置換基の電子効果に敏感であることを意味している．

図 B.1 はつぎの 2 種の反応について速度と $\sigma$ 値[†]の関係を目盛ったものである．

（I）　X—C$_6$H$_4$—COOC$_2$H$_5$ + OH$^-$ ⟶ X—C$_6$H$_4$—COO$^-$ + C$_2$H$_5$OH

（85% C$_2$H$_5$OH−15% H$_2$O 中 25℃）

（II）　X—C$_6$H$_4$—NH$_2$ + ClCO—C$_6$H$_5$ ⟶ X—C$_6$H$_4$—NHCO—C$_6$H$_5$ + HCl

（ベンゼン中，25℃）

二つの反応ともハメットの関係式が非常によく成り立っている．（反応によっては，いくつかの置換基が直線から外れることがある．）

（I）の反応は正電荷を帯びた $\mathrm{C}{=}\mathrm{O}$ の C に OH$^-$ が攻撃することによっておこるから，C の正電荷を大きくするような電子求引基が反応を容易にする．

（II）の反応は N 上の非共有電子対の働く反応で，N 上の電子密度を高くするような電子供与基によって反応が促進されている．

ハメットの関係式は数百種の反応について成り立つことが認められている．ある反応について置換基効果を調べ，ハメットの関係を吟味することによって，その反応の経路について非常に重要な情報が得られる．またある官能基の反応速度の置換基効果が二，三の置換基について測定されると，他の置換基を持つものの速度はハメット式から計算によって推定できることになる．このような知見は化合物を合成する場合の条件設定などに応用でき，実際面でも重要である．

---

[†] 実は $\sigma$ 値は 25℃の水溶液中での酸の解離定数の測定からきめられている．

# 付録C 光化学

21世紀は光の世紀だといわれている．次代を生きる化学者にとって，光化学の理解は必須のものとなってきた．先端的な技術の中に光が主役を演ずることが予想されている．また危険な原子力や，枯渇が心配されている化石燃料に太陽エネルギーを置き換えなければならないという主張もなされている．

しかしよく考えてみると，光は常に人間，いや生物と共にあった．植物の光合成がなければ生物の存在はないし，人間の情報の90%は視覚を通してのものであるという．光は，生物・人類にとって，もっとも古く，また，もっとも新しい同伴者といえる．

ここで，光合成と視覚を挙げたが，光と，生物との関わりの二つの大きなカテゴリーを示した心算である．すなわち，光はエネルギーを蓄積した物質を作り出し，また情報を媒介している．

しかし，このように重要な光は有機化学のカリキュラム中で正当に扱われてきたであろうか？有機電子論は厳しく仕込まれるが，光化学の基本的な考えは基礎的な有機化学のカリキュラムの中には入ってこない．

それでは，光によっておこされる反応を理解するためには，高校，大学の化学の基礎をしっかり理解しておけば，その応用で十分やっていけるのであろうか？それでは十分でない．21世紀に独創的な仕事をするために，有機電子論とは別に，励起状態の電子論（光と分子の相互作用）について十分な理解を持つ必要がある．ここでは，普通の化学反応と光化学反応はどうちがうのか，なぜちがうのか，を概観する．光化学理解のための励起状態についての基本的な考え方を提供し，塩素の反応，ケトンの反応，アルケンの環化付加を取り上げ，理解する．ここでは，そのごくごく基本的なところを抑えて，"光化学早わかり"を試みてみよう．

## C.1 光反応は熱反応とどう違うか──励起状態──

大胆にいうと，"光によっておこる反応は熱によってはおこすことができなく，反対に，熱によっておこる反応は光によってはおこすことができない．"これはちょっと言い過ぎであるが，その傾向は確かにある．以下に，いくつかの例を考察しよう．

### C.1.1 塩素の反応

トルエンと塩素との反応を比べてみよう．

## C.1 光反応は熱反応とどう違うか

このようなちがいが生まれるのは，それぞれの反応に関与する反応活性種のちがいによっている．Fe（実は，Fe と $Cl_2$ との反応で生成する $FeCl_3$）を触媒とする熱反応では，$FeCl_3$ のルイス酸としての働きによって，$Cl_2$ から $Cl^+$ カチオンが生成して反応活性種になる．

$$:\ddot{Cl}:\ddot{Cl} + FeCl_3 \longrightarrow :\ddot{Cl} + [FeCl_4]^-$$

$Cl^+$ カチオンは＋の電荷を持つので，$\pi$ 電子の豊富なベンゼン環で反応する．

一方，光反応では，$Cl\cdot$ ラジカルが反応を進行させているからである．$Cl\cdot$ ラジカルは水素原子を引き抜いて HCl になるのであるが，水素原子がとれやすい側鎖のメチル基から水素原子を引き抜いて，ラジカル連鎖反応によって側鎖のメチル基の水素が順次塩素によって置換される．

$$PhCH_3 + Cl\cdot \longrightarrow PhCH_2\cdot + HCl$$
$$PhCH_2\cdot + Cl_2 \longrightarrow PhCH_2Cl + Cl\cdot$$

それでは，光反応ではどのようにして，このラジカルが生成するのであろうか？ その答はつぎのようなものである．光反応では，分子（原子や，結晶でも同じ）が，光を吸収してエネルギーの高い励起状態になってそれが反応をおこすのだが，この励起状態（正確には電子的励起状態であるが，単に励起状態といわれることが多い．）の性格が，もっともエネルギーの低い基底状態の性格とまったく違ってくるからである．

塩素分子の励起状態について考察しよう．塩素原子は，p 軌道の電子を使って共有結合を作る．結合によって同じ位相（同じ符号）の軌道が重なったエネルギーの低い $\sigma$ 軌道ができ，ここに 2 個の電子が入って安定な結合ができる．2 個の p 軌道が相互作用するとき，エネルギーの低い $\sigma$ 軌道とともに，二つの軌道が反発したエネルギーの高い $\sigma^*$ 軌道ができているが，ここには電子が入っておらず空いている．塩素分子が，$\sigma^*$ と $\sigma$ との差に相当する振動数の光（$\Delta E = h\nu$）（塩素分子の場合，紫外と可視の境目ぐらい．このため，塩素分子は黄緑色をしている．）を吸収すると，$\sigma$ 軌道の電子が 1 個 $\sigma^*$ 軌道にたたき挙げられて励起状態になる．

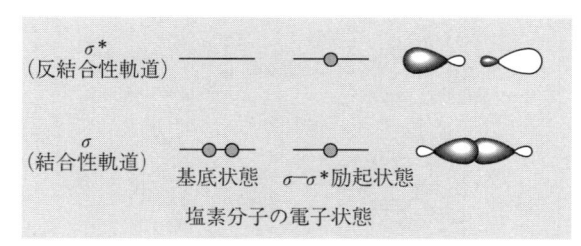

$\sigma^*$
（反結合性軌道）

$\sigma$
（結合性軌道）

基底状態　　$\sigma-\sigma^*$励起状態

塩素分子の電子状態

$\sigma^*$ 軌道に電子が入ると，二つの塩素原子の間に反発力が働き，塩素分子は 2 個の塩素原子に分裂する．

注）1 個の電子は反結合性の軌道に，1 個は結合性の軌道に入っている．分子が開裂するかどうかは，どちらの性格が優先するかにかかっている．

塩素分子の光開裂を引き金にする反応は，ナイロン原料のシクロヘキサノンオキシムの製造に大規模に利用された．シクロヘキサンを満たした反応槽の中に NO と $Cl_2$ とを吹き込みな

がら溶液の中にセットしたランプで照射する．生成したシクロヘキサノンオキシムはシクロヘキサンに溶けないので，下に沈む．これを取り出すということで大規模かつ連続的にシクロヘキサノンオキシムを製造することができる．これによって，それまで数段階かかっていた工程を1段で効率よくすますことができた．

$$\text{C}_6\text{H}_{12} \xrightarrow{\text{Cl}_2 + \text{NO}} \text{シクロヘキサノンオキシム}$$

反応は，光解離で生成した塩素原子（塩素ラジカル）がシクロヘキサンから水素を引き抜きシクロヘキシルラジカルができ，さらにラジカルと結合しやすい NO（は不対電子を持っていてそれ自身ラジカルである）と結合してニトロソシクロヘキサンとなる．これは，直ちにシクロヘキサノンオキシムに異性化する．なお，この光ニトロソ化は連鎖反応ではない．

$$\text{C}_6\text{H}_{12} + \text{Cl}\cdot \longrightarrow \text{C}_6\text{H}_{11}\cdot + \text{HCl}$$

$$\text{C}_6\text{H}_{11}\cdot + \text{NO} \longrightarrow \text{ニトロソシクロヘキサン} \rightleftarrows \text{シクロヘキサノンオキシム}$$

### C.1.2 ケトンの反応

もう一つ例を挙げよう．アルデヒド，ケトンをアルコールに溶かしておき，それに少量の酸を触媒として加えると，ヘミアセタール（ヘミケタール）が生成する．この反応は，C=O が，$C^+$—$O^-$ に分極して，$C^+$ のところにアルコールの O が求核的に攻撃することによっておこる．ベンゾフェノンを例とするとつぎの反応がおこる．

光ではどうであろうか？ ベンゾフェノンの2-プロパノール溶液を透明な栓のついたガラス容器に入れ，数日太陽光に曝しておくときれいな無色（白色）の結晶が析出してくる．ベンズピナコールである．

## C.1 光反応は熱反応とどう違うか

ベンズピナコールができるためには，その半分の形をしたジフェニルヒドロキシメチルラジカルが生成していなくてはならない．

ベンゾフェノンの励起状態はどうであろうか？ベンゾフェノンは多原子分子なのでたくさんの電子のつまった軌道とたくさんの電子を持たない空の軌道を持っている．励起状態はどの軌道の電子がどの軌道に上げられているかの組合せによってたくさんの励起状態があり，それぞれ性格が違っている．ケトンの励起状態の中でもっともエネルギーが小さくて（ということは，もっとも長い波長の光でおこる）おこりやすいのが，ケトン基のOの上の結合に関与していないp軌道（結合に関与していないので，non-bonding，nと略称する）の非共有電子対の1個が，C=Oの反結合軌道に移されるもので，n-π*励起とよばれているものである．n-π*励起状態を絵に描いてみると，

のようになる．

注）励起状態には，2個の不対電子があるのでそのスピンの向きによって，一重項（スピンが反対方向を向いている）と三重項（スピンが同じ方向を向いている）とを区別しなければならない．励起ケトンの反応では，三重項が働いているのであるが，ここでは，そこまで立ち入らない．

カルボニル基のOの上には相手のいない電子が1個取り残されている．この不対電子はまさしくラジカルである．かくして，n-π*励起状態はアルコキシラジカル（RO・）と同じように他の分子から水素を引き抜く．このようにして，ジフェニルヒドロキシメチルラジカルができるのである．

### C.1.3 付加環化

第三の例は，付加環化（二つの分子が両端で結合しあって，環状化合物ができる反応）である．

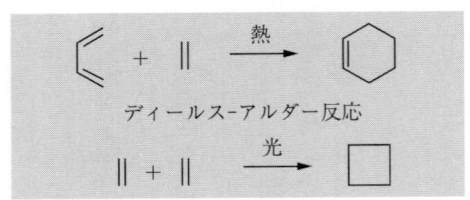

ここでも，光と熱の反応には鮮やかな対称がある．共役ジエンとアルケン（一般には電子不足性のアルケン，たとえば，無水マレイン酸）とが結合して，6員環が一瞬にしてできあがる反応は，ディールス-アルダーの反応として有機合成でよく利用される反応である．ジエンと無水マレイン酸は混合すると熱を出して激しく反応して6員環化合物を作る．ところが，アルケン（たとえば，けい皮酸）は加熱しても環化付加しない．しかし，けい皮酸は（とくに，結晶中で）光照射すると環化して4員環化合物を作る．ここでは，光反応と熱反応が鮮やかに住み分けられている．

このような光反応と熱反応のちがいは，我が国の唯一人のノーベル化学賞受賞者福井謙一によって提唱されたフロンテア軌道論と，それを応用した軌道対称性理論（ウッドワード-ホフマン（Woodward-Hoffmann）則）によって理解される．すなわち，光反応の理解のためには，電子状態を電子密度と捉えるだけでは十分でない．軌道の位相（分子軌道の波動関数の符号）まで考慮する必要がある．

ここで問題となっている付加環化は熱，光のいずれも協奏反応といって，両端が同時に結合し，中間にラジカルなどの活性種が関与しないものである．（活性種の関与する付加環化もあるが，そのようなときはつぎの理論は成り立たない）．

前置きが長くなったが，本論に入ろう．分子にはたくさんの軌道があるが，実際に反応を支配しているのは，電子の詰まった軌道の中でもっともエネルギーの高い，最高被占軌道（Highest Occupied Molecular Orbital，略してHOMO）と最低空軌道（Lowest Unoccupied Molecular Orbital，略してLUMO）である．2分子が近づいたとき，一方がHOMOの電子を他方のLUMOに与え結合が生じると考える．このとき，結合ができるところで電子供与体のHOMOと電子受容体のLUMOとの位相があっていなければ反応がおこらないのである．

1,3-ブタジエンとエチレンのpの分子軌道を図に示す．（位相のちがいを白と黒とで塗り分けた．）1,3-ブタジエンは，4個のp軌道が共役していて4個のπ分子軌道ができ，その中に4個の電子が収容される．すなわち，下の二つの軌道に電子が詰まる．下から二つ目の軌道がHOMOで，三つ目がLUMOである．エチレンでは，下の軌道がHOMO，上がLUMOである．

熱的な反応であるディールス-アルダー反応では，1,3-ブタジエンが電子供与体に，エチレンが電子受容体になる．（実は，反対と考えても結論は変わらない．）

環化がおこる位置で，1,3-ブタジエンのHOMOとエチレンのLUMOとの位相は合っている．これが，ジエンとモノエンとが熱的に容易に環化する理由である．

2分子エチレンが反応しようとするときには，一つが電子供与体に，一つが電子受容体にな

## C.1 光反応は熱反応とどう違うか

ブタジエンの
π軌道のMO

エチレンの
π軌道のMO

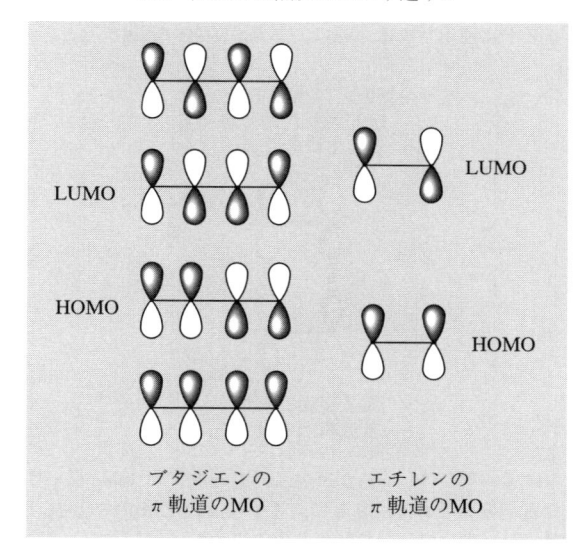

らなければならない．電子供与体のHOMOの電子が，電子受容体のLUMOに流れ込む．

しかし，下図の右に見られるように，反応しようとする分子の末端で軌道の位相が合わないところができてしまう．これでは，分子の両端で，円滑に結合ができず，環化することができない．

励起状態ではどうであろうか？エチレンの励起状態では，上の軌道に電子が入っている．この軌道の電子がもう一つの基底状態のエチレン分子に与えられればよい．（光反応では，反応する分子の一方だけが励起されればよい．）今度は，位相が一致する．これが，光反応では2分子のアルケンが付加環化する理由である．この光化学反応は，半導体基板の上に細かい回

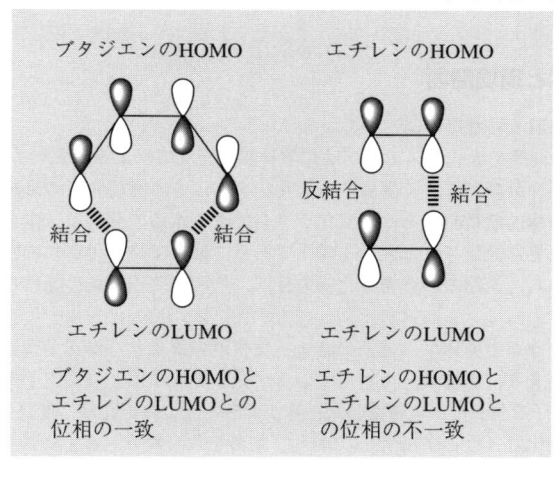

ブタジエンのHOMOとエチレンのLUMOとの位相の一致

エチレンのHOMOとエチレンのLUMOとの位相の不一致

路を作るフォトレジストに利用される．逆に，ブタジエンの励起状態とエチレンの基底状態は位相が合わない．

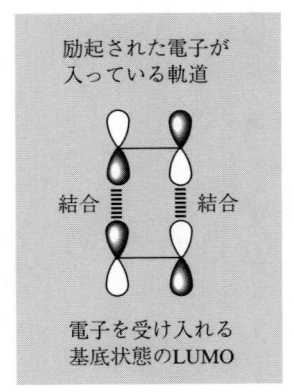

励起された電子が
入っている軌道

結合　　結合

電子を受け入れる
基底状態のLUMO

励起状態を特徴づけているのは，それが持つ高いエネルギー（高い反応性といってもよい）と基底状態と違った電子分布である．さらに，電子軌道の位相が決定的な役割を果たす．これらが，熱反応と違った，光化学反応の特徴を生み出す．

## C.2 光技術

光化学反応の応用が広がっている原因には，光反応の特徴の他に，光の持つ特性がある．そのもっとも重要なものは，レーザー発振ができることである．光反応はレーザー技術と結びつくことによって，その応用を飛躍的に向上させている．レーザーは小さく絞った光を短時間のあいだパルス状に発射することを可能にした．

レーザと光反応が結びついたところにCDの技術がある．これによって，微小な場所にたくさんの情報を記録することが可能になった．光は，何よりも速く進むので，情報の記録，取り出しも迅速である．

## C.3 光化学と環境問題

光反応は環境問題とも密接に関連している．

オゾン層破壊の問題や光化学スモッグは化学物質の光反応による望ましくない現象である．

一方，最近新聞やテレビによく登場する酸化チタンによる有害物質の分解は，環境問題に対する光化学の積極的な貢献である．酸化チタンによる水の光分解は，本多・藤嶋効果とよばれ，日本から世界に発信された大きな成果である．最近では，半導体の励起状態のもつ高い酸化力が注目され，道路での窒素酸化物の分解，病院で院内感染の元になる細菌を殺すのに利用される．

酸化チタンのような半導体は，電子の詰まった軌道の集まり（価電子帯）と電子の入っていない空軌道の集まり（伝導帯）を持っている．光を吸収すると，価電子帯の電子が伝導帯に移る．すると電子を失った＋に帯電した正孔ができる．この正孔は，吸収した光エネルギーに相当する高い酸化力（数eV）を持っており，細菌を殺したり，有害物質を分解したりする．

最後に，少し言い訳をしておこう．励起状態は光を吸収すれば必ずできるのだから，そん

なに反応性が大きいのなら，色のついたものを日向に置いておけば，たちまち，分解してなくなってしまう心配がある．

ところが，日常経験するように，大抵のものは光に当たってもびくともしない．これは，励起状態は一般的には大変寿命が短く，いったん上の軌道に上がった電子がまた元の軌道に戻って活性を失うことが多いからである．（エネルギーは熱になるか，あるいはもう一度，光となって放出されるか（蛍光）である．）

これは，反応を期待する側から見れば困ったことであろうが，光による劣化を防ぐという立場からは歓迎すべきことである．光を吸って，素早く熱にして片付け，ものの分解を防ぐのは，日焼け止めクリームでお馴染みであろう．

参考書
光化学全体をコンパクトにまとめたものに，杉森彰"光化学"裳華房（1998）がある．

# 演習問題略解

## 第2章

**3** Cl, Br, H の立体構造図（Cl—H/Br, Br—Cl/H, H—Br/Cl、いずれも頂点 I）が同じ立体配置のもの．

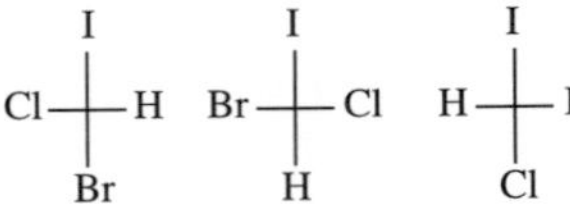

**4** （8つのFischer投影式が並ぶ）

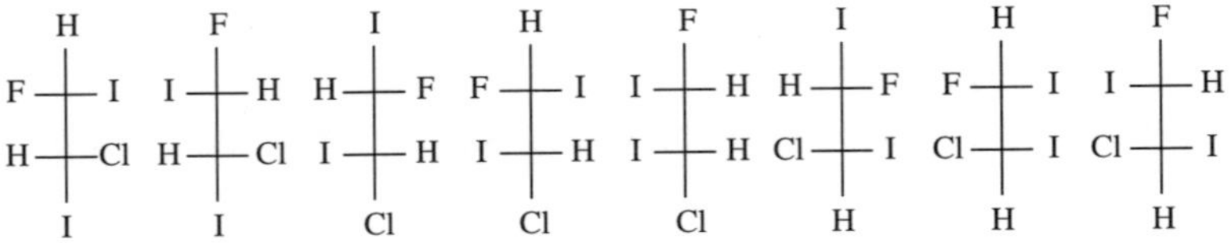

**5** a) $S$　b) $S$　c) $R$

**6**　a) 立体異性体なし

b) （4つのFischer投影式：CH₃/H-OH,H-H,H-F/COOH 型）
　　鏡像異性　　　　鏡像異性

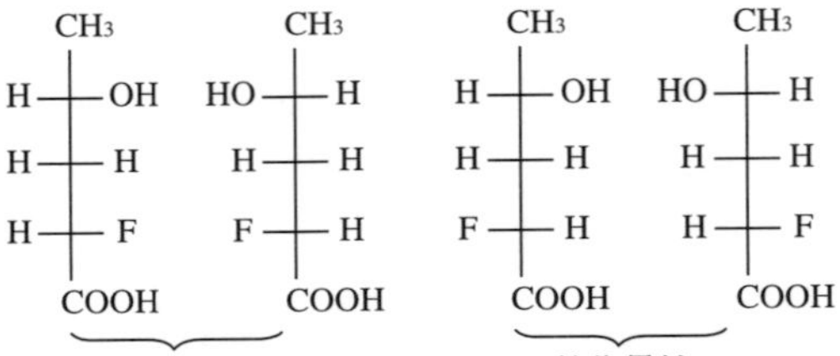

c) （3つのFischer投影式：CH₃...CH₃ 型）
　　メソ形　　　鏡像異性

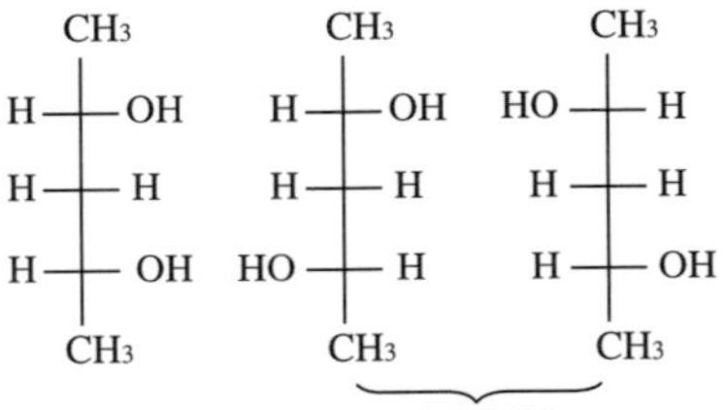

d) （4つのアルケン構造）
　　鏡像異性　　　　鏡像異性

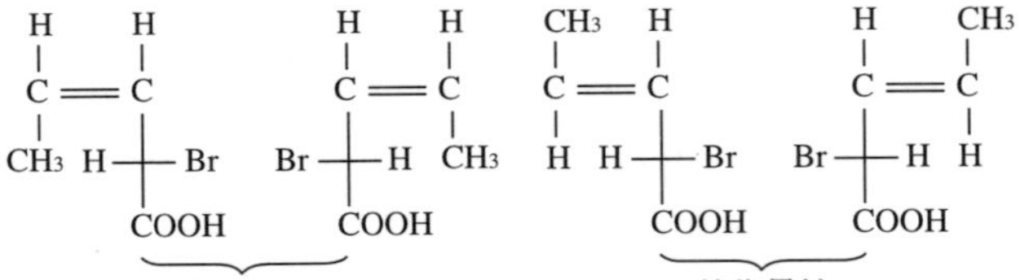

演習問題略解

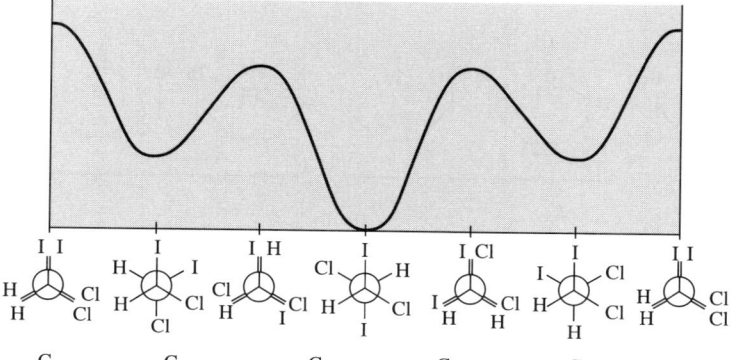

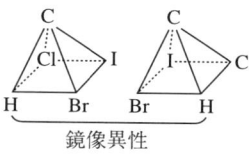

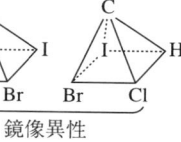

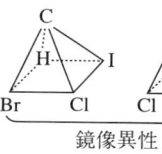

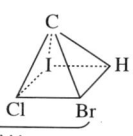

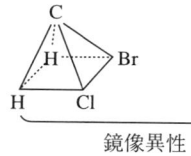

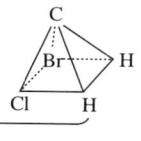

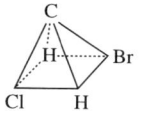

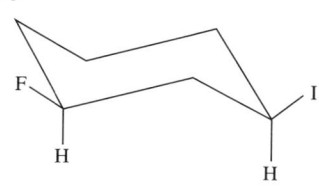

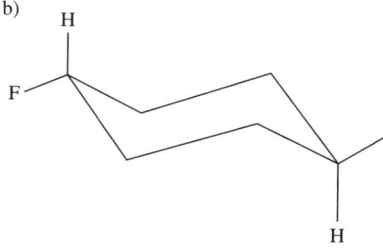

**7**

**8**

鏡像異性　　　　鏡像異性　　　　鏡像異性

鏡像異性

### 第3章

**2** a)

b)

c)

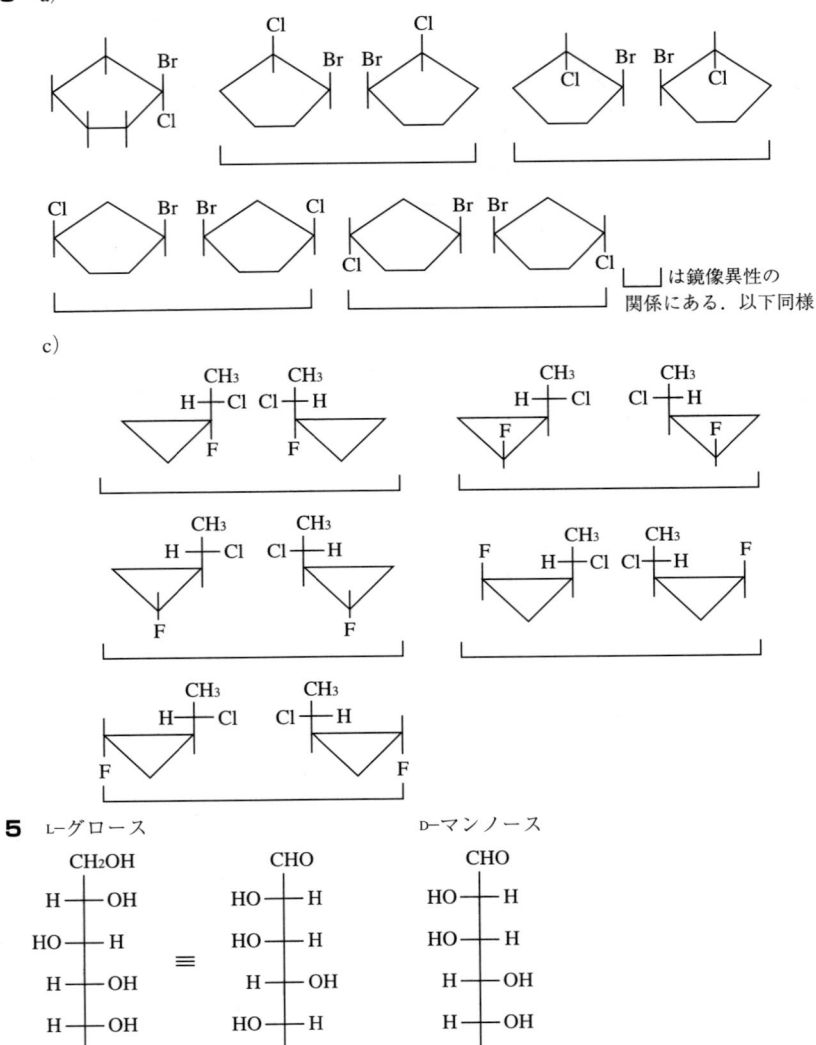

**3** a)

⎿___は鏡像異性の関係にある．以下同様

c)

**5** L-グロース   D-マンノース

```
CH2OH        CHO          CHO
H  —OH    HO—  H       HO—  H
HO—  H  ≡ HO—  H       HO—  H
H  —OH    H —  OH      H —  OH
H  —OH    HO—  H       H —  OH
CHO          CH2OH        CH2OH
```

演習問題略解   **219**

**6** Bが光学活性であることからBの構造が下のようにきまる．したがってAはA₁かA₂の構造

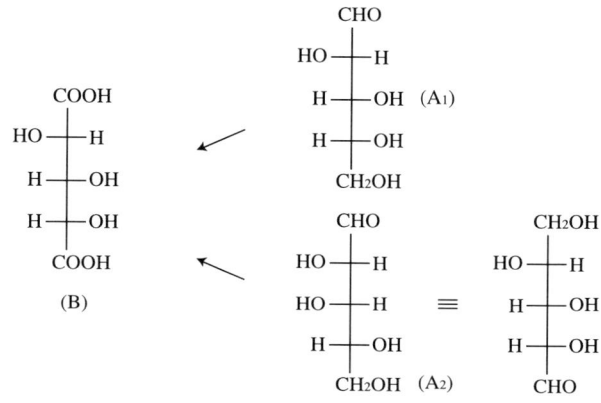

```
        CHO
    HO ─┼─ H
     H ─┼─ OH   (A₁)
     H ─┼─ OH
        CH₂OH

   COOH
HO ─┼─ H
 H ─┼─ OH
 H ─┼─ OH
   COOH
    (B)

        CHO              CH₂OH
    HO ─┼─ H          HO ─┼─ H
    HO ─┼─ H    ≡      H ─┼─ OH
     H ─┼─ OH          H ─┼─ OH
       CH₂OH  (A₂)       CHO
```

HCN を作用させ，さらに酸化してできるジカルボン酸は $C_1 \sim C_4$ になるはず．

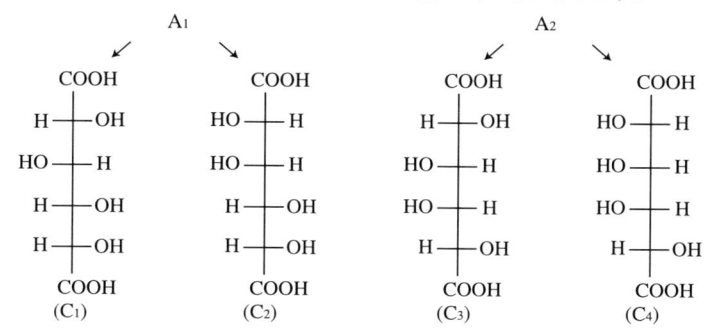

```
     A₁                              A₂
   COOH         COOH            COOH         COOH
 H─┼─OH      HO─┼─H           H─┼─OH      HO─┼─H
HO─┼─H       HO─┼─H          HO─┼─H        H─┼─OH
 H─┼─OH       H─┼─OH         HO─┼─H        H─┼─OH
 H─┼─OH       H─┼─OH          H─┼─OH      HO─┼─H
   COOH         COOH            COOH         COOH
   (C₁)         (C₂)            (C₃)         (C₄)
```

このうち $C_3$ だけが光学不活性，実験の事実を満足するAはA₁の方でなければならない．

# 第4章

**2** a) H(1s)—H(1s), σ結合   b) H(1s)—Cl(3p), σ結合   c) Br(4p)—Br(4p), σ結合   d) H(1s)—O(2p)H, σ結合   e) H₂C(sp²)—N(2p)H, σ結合が一つと，H₂C(2p)—N(2p)H の π 結合の二つの結合   f) N(2p)—N(2p) の σ 結合が1個，互いに直角な方向性を持つ N(2p)—N(2p) の π 結合2個の合計3個の結合

**3** $2p_x$, $2p_y$, $2p_z$ の軌道は直交しており，その各々がHの1s軌道と共有結合を作る．

**4** CHCl の作る平面二つは互いに直交しており左のような立体構造を持つ．この二つはどのようにしても重ならないことを確かめよ．

鏡像異性体

**5** 共役している ⬡(cyclohexadiene) の方が安定.

**6** 図4.7 IIa を参照. $C_A=C_B$ (with H's), $C_D=C_E$ (with H's) はそれぞれ平面を作る. また $C_B$ と $C_D$ との間の π 電子の相互作用によって $C_B-C_D$ (with $C_A$, H, H, $C_E$) も一平面上にあることになる. 以上を総合するとすべての原子は一平面上にあることになる.

## 第5章

**4** もっとも強く正電気を帯びる原子を太字で示す.
 a) Cl**C**H$_3$   b) CH$_3$**C**H=NCH$_3$   c) CH$_2$=CH**C**HO   d) CH$_3$**C**OOCH$_3$

**5** a) CN置換ベンゼン: ipso位⊕, o位⊕, p位⊕
b) NH$_2$置換ベンゼン: o位⊖, p位⊖
c) OCOCH$_3$置換ベンゼン: o位⊖, p位⊖
d) COOCH$_3$置換ベンゼン: ipso⊕, o位⊕, p位⊕
e) 1-NH$_2$-4-CN: NH$_2$側 o位⊖, CN側 o位⊕
f) CH$_3$置換ベンゼン: o位⊖, p位⊖

## 第6章

**2** a) CH$_3$COOH > C$_6$H$_5$OH > C$_6$H$_{13}$OH

 b) F$_2$CHCOOH > FCH$_2$COOH > FCH$_2$CH$_2$COOH > CH$_3$COOH (F は電子求引の I 効果を持ち酸性を高める.)

 c) 3,4-(O$_2$N)$_2$C$_6$H$_3$OH > O$_2$N-C$_6$H$_4$-OH > C$_6$H$_5$OH > CH$_3$O-C$_6$H$_4$-OH

(電子求引性の M 効果を持つ置換基が o–, p–位にあると酸性が高まり, 電子供与性の M 効果を持つ基が o–, p–位にあると酸性は低下する. —NO$_2$ は I, M 両効果とも電子求引性であり m–位の NO$_2$ も酸性を高める.)

d) C₆H₅NH₃⁺Cl⁻ > C₆H₅—NH₂,  C₆H₅—NH₃⁺ ⇌ C₆H₅—NH₂ + H⁺

の平衡がある．

**3** a) C₆H₅—NH₂ > C₆H₅—NH—C₆H₅ > C₆H₅—NHCOCH₃ （ベンゼン環はN上の非共有電子対の電子を引き込み，塩基性を低める．C＝Oはその効果がさらに強い．）

b) C₆H₅—NH₂ > 3-Cl-C₆H₄—NH₂ > 3-O₂N-C₆H₄—NH₂ （—NO₂，—Clはともに I 効果で電子求引，NH₂の塩基性を低下させるが，—NO₂の方が電子求引性大．）

c) C₆H₁₃O⁻Na⁺ > C₆H₅O⁻Na⁺ > CH₃COO⁻Na⁺ （問題 2 a) の共役塩素である．共役酸の酸性が強かったものほど塩基性が小さい．）

**4** a) HOCH₂CH₂OH（bp 198℃），CH₃CH₂CH₂OH（bp 97℃），CH₃CH₂CH₂NH₂（bp 50℃），CH₃CH₂CH₂CH₃（bp －0.5℃）

b) C₆H₅—CH₂OH(bp 205℃)，C₆H₅—COOCH₃(bp 200℃)，C₆H₅—OCH₃(bp 153℃)，C₆H₅—CH₂CH₃(bp 136℃)

**5** CH₃OH, CH₃NH₂, CH₃COOH, HOCH₂CH₂OH

## 第7章

**1** a) CH₃—CH(Cl)—CH(CH₃)—CH₂—CH₃  b) シクロヘキサジエン  c) CH₂＝C(Cl)—CH₂CHO

d) HOOCCH₂CH(OH)CH₂COOH  e) 2-メチル-1,3,5-トリニトロベンゼン (CH₃, 2×NO₂ ortho, NO₂ para)  f) H₂NCH₂CH＝CHCOCH₃

g) シクロヘキセン-1,2-ジオン  h) 1,2,4-トリヒドロキシベンゼン  i) C₆H₅—CH₂CH₂OH  j) CH₃COC(CH₃)(CH₂CH₃)COCH₃

## 第9章

**2** a) イ) $(CH_3)_2CBr-CH_2CH_2CH_3$, ロ) $(CH_3)_2CH-CHBrCH_2CH_3$

b) $CH_3CH_2-CHClCH_2CH_3 + CH_3CHCl-CH_2CH_2CH_3$ (両方できる.)

c) 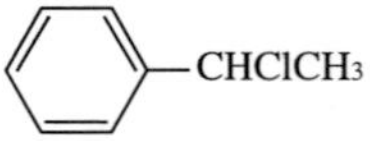 C₆H₅-CHClCH₃  d) 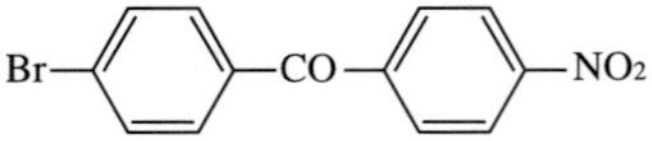 Br-C₆H₄-CO-C₆H₄-NO₂

e) 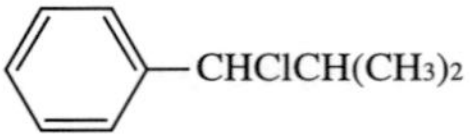 C₆H₅-CHClCH(CH₃)₂ (C₆H₅-$\overset{+}{C}$HCH(CH₃)₂ がベンゼン環との共役で安定化する.)

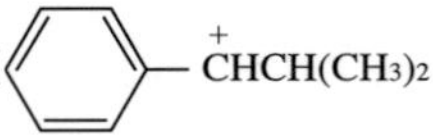

f) 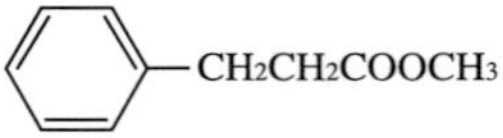 C₆H₅-CH₂CH₂COOCH₃

g) $CH_2Br-CH=CH-CH_2Br + CH_2Br-CHBr-CH=CH_2$

h) 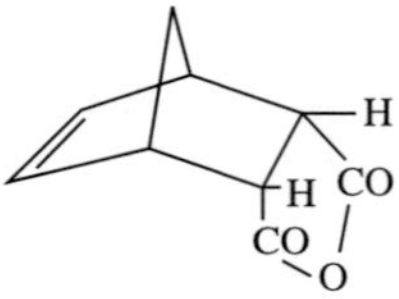 (ノルボルネン無水物構造) i) 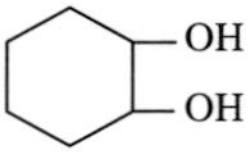 シクロヘキサン-1,2-ジオール j) 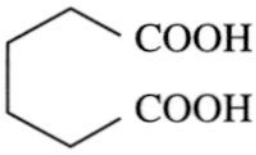 シクロヘキサン-1,2-ジカルボン酸

k) 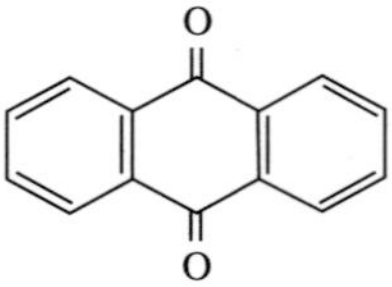 アントラキノン

**3** a) 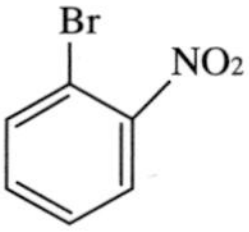 2-ブロモニトロベンゼン, 4-ブロモニトロベンゼン b) 3-ニトロトルエン c) 3-ニトロ安息香酸

d) 3-ニトロアニリン (-NH₂ は硝酸中で-$\overset{+}{N}$H₃ となり電子求引性となる.)

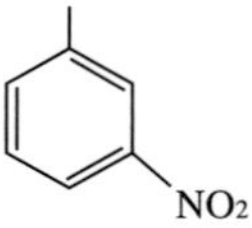

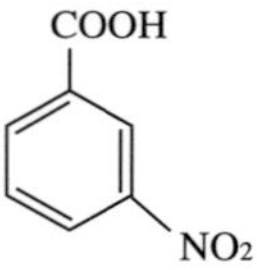

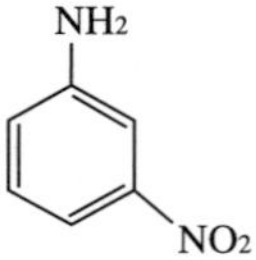

e) 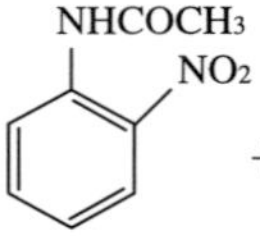 2-ニトロアセトアニリド + 4-ニトロアセトアニリド  f) 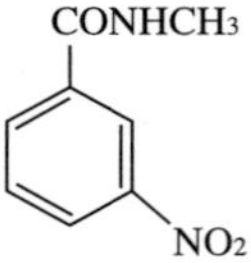 N-メチル-3-ニトロベンズアミド

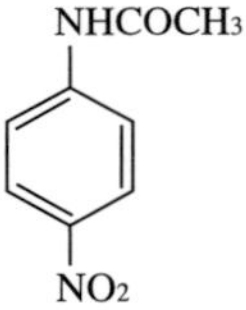

演習問題略解   223

g) 2,4-ジクロロニトロベンゼン (2-位は立体障害のため反応しない.)   h) 2,4-ジニトロトルエン

i) 4-クロロ-2-ニトロアニソール   j) 4-クロロ-2-ニトロアセトアニリド

**4** a) C$_6$H$_5$—CH$_2\cdot$ > (CH$_3$)$_3$C$\cdot$ > (CH$_3$)$_2$CH$\cdot$ > CH$_3\cdot$

b) C$_6$H$_5$—CH$_2^+$ > (CH$_3$)$_3$C$^+$ > (CH$_3$)$_2$CH$^+$ > CH$_3^+$

c) （ニ）＞（ハ）＞（ホ）＞（ロ）＞（イ）

**5** a) C$_6$H$_6$ $\xrightarrow{\text{Br}_2(\text{Fe})}$ C$_6$H$_5$—Br $\xrightarrow{\text{Cl}_2(\text{Fe})}$ Br—C$_6$H$_4$—Cl （Br, Cl を入れる順は逆でもよい．）

b) C$_6$H$_6$ $\xrightarrow{\text{HNO}_3/\text{H}_2\text{SO}_4}$ C$_6$H$_5$—NO$_2$ $\xrightarrow{\text{Cl}_2(\text{AlCl}_3)}$ 3-クロロニトロベンゼン

c) C$_6$H$_6$ $\xrightarrow{\text{Cl}_2(\text{AlCl}_3)}$ C$_6$H$_5$—Cl $\xrightarrow{\text{HNO}_3/\text{H}_2\text{SO}_4}$ O$_2$N—C$_6$H$_4$—Cl

d) C$_6$H$_6$ $\xrightarrow{\text{CH}_3\text{I}(\text{AlCl}_3)}$ CH$_3$—C$_6$H$_5$ $\xrightarrow{\text{CH}_3\text{COCl}(\text{AlCl}_3)}$ CH$_3$—C$_6$H$_4$—COCH$_3$

# 第10章

**2** a) CH$_3$CH$_2$CH$_2$CH$_2$NHC$_6$H$_5$, (CH$_3$CH$_2$CH$_2$CH$_2$)$_2$NC$_6$H$_5$, [(CH$_3$CH$_2$CH$_2$CH$_2$)$_3$$\overset{+}{\text{N}}$C$_6$H$_5$]Br$^-$

b) CH$_3$CH$_2$CH$_2$CH$_2$OH (+ CH$_3$CH$_2$CH=CH$_2$)

c) CH$_3$CH=CHCH$_3$ (+ CH$_3$CH$_2$CH(OH)CH$_3$)   d) C$_6$H$_5$—CH$_2$CH$_3$

e) CH$_3$CH$_2$CH$_2$CH$_2$I   f) C$_6$H$_5$COOH   g) C$_6$H$_5$COOH$_2$CO—C$_6$H$_4$—Br

**3** a) CH$_3$Cl > CH$_3$CH$_2$Cl > CH$_3$CHClCH$_3$ > C$_6$H$_5$—Cl

b) C₆H₅–CHBr–C₆H₅ > (CH₃)₃CBr > CH₃CHBrCH₃ > CH₃CH₂Br > CH₃Br > C₆H₅–Br

**4** d), e)

## 第 11 章

**1** a) CH₃CH₂CH₂OH + C₆H₅–OH   b) CH₃COO–C₆H₅

c) C₆H₅–OCH₂COOH   d) CH₃CH₂CHOHCH₃

e) CH₃CH₂CH₂CH₂OH (+ CH₃CH₂CH=CH₂)   f) CH₂=C(CH₃)₂ (+ (CH₃)₃COH)

**2** a) CH₃CH₂ONa > C₆H₅–ONa > CH₃COONa

b) CH₃O–C₆H₄–ONa > CH₃–C₆H₄–ONa > Cl–C₆H₄–ONa > O₂N–C₆H₄–ONa

**3** a) C₆H₅–CHO   b) C₆H₅–CO–C₆H₅

c) C₆H₅–COOR あるいは C₆H₅–COCH₂CH₃   d) CH₂–CH₂ (エポキシド, O)

**4** a) CH₃CHO $\xrightarrow{CH_3MgBr}$ CH₃CH(OH)CH₃ $\xrightarrow{HBr}$ CH₃CHBrCH₃ $\xrightarrow{Mg}$ (CH₃)₂CHMgBr $\xrightarrow{CH_3CHO}$ (CH₃)₂CHCHCH₃ (OH)

b) CH₃CH₂MgBr $\xrightarrow{HCHO}$ CH₃CH₂CH₂OH $\xrightarrow{HBr}$ CH₃CH₂CH₂Br $\xrightarrow{Mg}$ *

CH₃CH₂MgBr $\xrightarrow{CH_3CHO}$ CH₃CH₂CH(OH)CH₃ $\xrightarrow{K_2Cr_2O_7-H^+}$ **

\* CH₃CH₂CH₂MgBr  
\*\* CH₃CH₂COCH₃ ⎯→ CH₃CH₂C(CH₃)(OH)CH₂CH₂CH₃

演習問題略解   225

c) $CH_3CH_2MgBr \xrightarrow{CH_3CHO} CH_3CH_2\underset{OH}{C}HCH_3 \xrightarrow{HBr} CH_3CH_2CHBrCH_3 \xrightarrow{Mg}$

$CH_3CH_2\underset{MgBr}{C}HCH_3 \xrightarrow{\overset{O}{\underset{CH_2-CH_2}{\triangle}}} CH_3CH_2\underset{CH_3}{C}HCH_2CH_2OH$

**5** a) $Na_2CO_3$ を作用させたとき $CO_2$ を発生するのが $O_2N-\!\!\!\!\bigcirc\!\!\!\!-OH$

b) 中性 $KMnO_4$ と反応させる．反応し $KMnO_4$ の紫色を脱色するものが $CH_3CH_2CH_2CH_2OH$

c) $Na_2CO_3$ を作用させたとき $CO_2$ を発生するのが $CH_3-\!\!\!\!\bigcirc\!\!\!\!-OH$．残りの二つのおのおのに $Na$ を作用させたとき $H_2$ を出して反応する方が $\bigcirc\!\!\!\!-CH_2OH$

# 第12章

**1** a) $CH_3COCl$ あるいは $(CH_3CO)_2O$ 触媒 $AlCl_3$

b) $CrO_3[(CH_3CO)_2O-CH_3COOH$ 溶媒$]$  c) $K_2CrO_7-H^+$  d) $HCN$（アルデヒドの亜硫酸水素ナトリウム付加物＋$NaCN$）

e) $LiAlH_4$  f) $Na-Hg$, $HCl$ あるいは $NH_2NH_2-NaOH$  g) $CH_3COCH_3-$アルカリ

h) $CH_3NO_2-$アルカリ  i) $Br-\!\!\!\!\bigcirc\!\!\!\!-NH_2$  j) $\underset{CH_2}{\bigcirc}$

**2** $\bigcirc\!\!\!\!-COCH_2COCH_3$（99％）＞$CH_3COCH_2COCH_3$（76％）＞

$CH_3COCH_2COOCH_3$（5％）＞$CH_3COCH_3$（0.0002％）

エノール化したあとの共役系の安定性を考える．

**3** カルボニル試薬（たとえば $\bigcirc\!\!\!\!-NHNH_2$）と反応するもの $CH_3COCH_2CH_3$ と

$CH_3CH_2CHO$，銀鏡反応をするもの $CH_3CH_2CH_2CHO$

**4** 他の $N$ 上の非共有電子対はベンゼン環あるいは $C=O$ と共役し，それらの方に流れ出し電子密度が低くなっているのに対し，$N$ 上の非共有電子対は局在していて，アルデヒド，ケトンの陽性の $C$ を攻撃する．

## 第13章

**1** a) C₆H₅—COOH + O₂N—C₆H₄—COOH   b) C₆H₅—COOH

c) CH₃CH₂CH₂CN   d) CH₃CH₂CONH₂   e) C₆H₅—COOCH₃

**2** a) Na₂CO₃ 水溶液と反応して $CO_2$ を発生するもの C₆H₅—COOH,

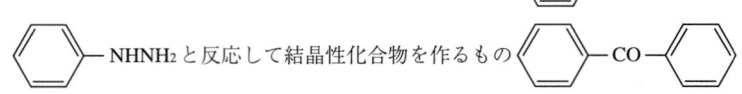

C₆H₅—NHNH₂ と反応して結晶性化合物を作るもの C₆H₅—CO—C₆H₅

b) $H_2O$ あるいはアルカリで容易に $Cl^-$ を出し $AgNO_3$ で検出できるもの

C₆H₅—COCl

c) どちらも水にそれほど溶けない．懸濁液を作っておいて，HClかNaOHを加える．

$H_2N$—C₆H₄—COOH はいずれにもとける．

**3** CH₃MgI $\xrightarrow{^{14}CO_2}$ CH₃¹⁴COOH $\xrightarrow{LiAlH_4}$ CH₃¹⁴CH₂OH $\xrightarrow{CH_3COCl}$ CH₃COO¹⁴CH₂CH₃

CH₃¹⁴COOH $\xrightarrow{SOCl_2}$ CH₃¹⁴COCl $\xrightarrow{CH_3CH_2OH}$ CH₃¹⁴COOCH₂CH₃

**4** フェノール 安息香酸 $\xrightarrow{NaHCO_3, エーテル抽出}$ → エーテル層（フェノール）
→ 水層（安息香酸ナトリウム）$\xrightarrow{H_2SO_4, エーテル抽出}$ → エーテル層（安息香酸）→ 水層

**5** a) O₂N—C₆H₄—COOCH₃   b) NH₃   c) C₆H₅—COCl

## 第14章

**2** a) NH₃ > C₆H₅—NH₂ > C₆H₅—CONHCH₃ > フタルイミド(C₆H₄(CO)₂NH)

b) C₆H₅—NH₂ > (C₆H₅)₂NH > (C₆H₅)₃N

**3** a) 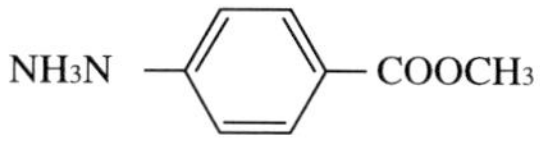 NH₂N—⟨C₆H₄⟩—COOCH₃

b)  C₂H₅NH—⟨C₆H₁₀⟩—CONH₂

c) 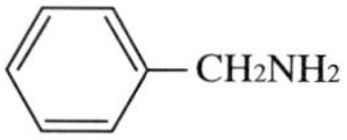 ⟨C₆H₅⟩—CH₂NH₂

d) 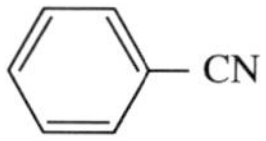 ⟨C₆H₅⟩—CN

e) 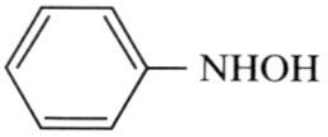 ⟨C₆H₅⟩—NHOH

f) 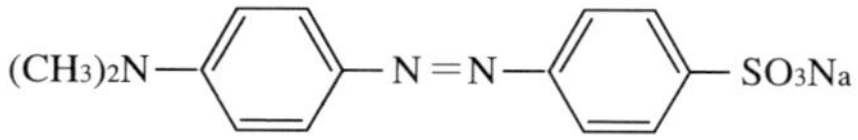 (CH₃)₂N—⟨C₆H₄⟩—N=N—⟨C₆H₄⟩—SO₃Na

**4** a) 0―5℃位の温度で NaNO₂（HCl）を作用させると ⟨C₆H₅⟩—NH₂ はジアゾニウム塩になる．ジアゾニウムを 2-ナフトールなどと作用させ色素の生成によって判断する．

b) a）と同様，亜硝酸を作用させる．⟨C₆H₅⟩—NHCH₃ は水に不溶の液体の N-ニトロソ化合物を生成．低温でも N₂ を発生して反応するのが ⟨C₆H₅⟩—CH₂NH₂，a）と同様に色素を生成するのが CH₃—⟨C₆H₄⟩—NH₂

c) 亜硝酸を作用させる．水に不溶の p-ニトロソ体を生ずるのが ⟨C₆H₅⟩—N(CH₃)₂

**5** a) 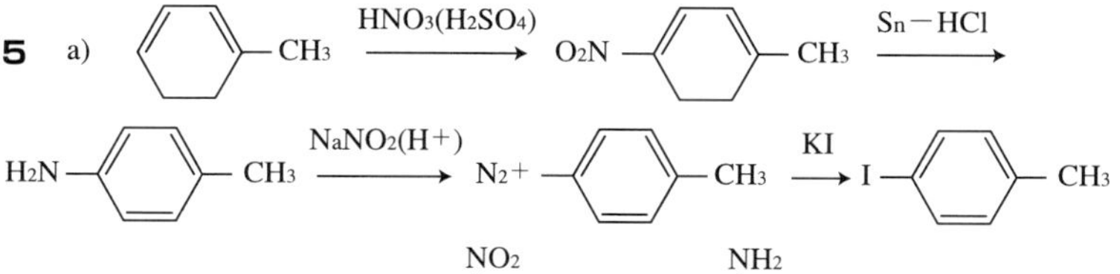 ⟨C₆H₅⟩—CH₃ $\xrightarrow{HNO_3(H_2SO_4)}$ O₂N—⟨C₆H₄⟩—CH₃ $\xrightarrow{Sn-HCl}$ H₂N—⟨C₆H₄⟩—CH₃ $\xrightarrow{NaNO_2(H^+)}$ N₂⁺—⟨C₆H₄⟩—CH₃ $\xrightarrow{KI}$ I—⟨C₆H₄⟩—CH₃

b) 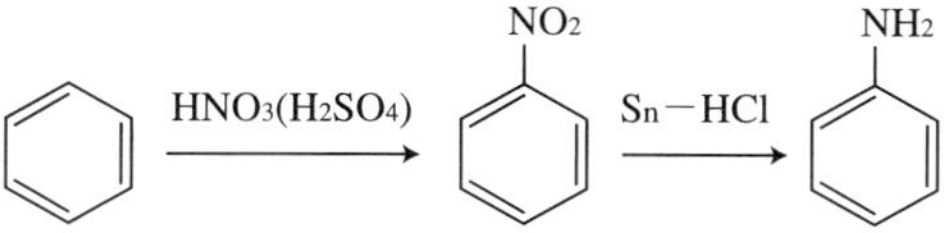 ⟨C₆H₆⟩ $\xrightarrow{HNO_3(H_2SO_4)}$ ⟨C₆H₅⟩—NO₂ $\xrightarrow{Sn-HCl}$ ⟨C₆H₅⟩—NH₂

$H_2S$ で $m$-ジニトロベンゼンのニトロ基の一方だけを還元することができる．合成上大変有用な反応である．

**6** ジアゾニウムは求電子試薬である．[phenolate $-O^-$形]のフェノラートは[PhOCH$_3$]OCH$_3$ よ

り環の電子密度が高く，求電子試薬の攻撃をうけやすい．p-位に電子求引のニトロ基を持つジアゾニウムは求電子性が高くなり ⟨C₆H₄⟩—OCH₃ とも反応する．

## 第15章

**2** 酸性のもの e)，塩基性のもの a)，b)，f)，ほぼ中性のもの c)，d)，g)．

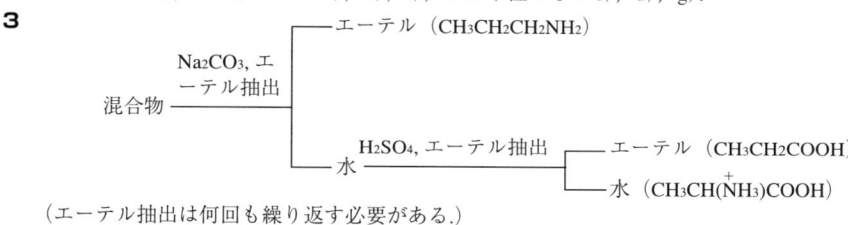

**3**
```
混合物 ── Na₂CO₃, エーテル抽出 ┬── エーテル（CH₃CH₂CH₂NH₂）
                              └── 水 ── H₂SO₄, エーテル抽出 ┬── エーテル（CH₃CH₂COOH）
                                                            └── 水（CH₃CH(N⁺H₃)COOH）
```
（エーテル抽出は何回も繰り返す必要がある．）

## 第16章

**1** a) 2-ヒドロキシピリジン  b) ピリジン-2,3-ジカルボン酸  c) ニコチン酸（ピリジン-3-カルボン酸）

d) イミダゾリウム（二つのNに区別はない）

e) 1-メチルピリジニウム I⁻   f) 2,5-ジブロモチオフェン，2,3,4,5-テトラブロモチオフェン

g) 2-ニトロチオフェン（少量 3-ニトロチオフェン）（チオフェン環は求電子反応に活性で臭素化の場合4個の Br が容易に入る．ニトロ化の場合は NO₂ が入ると環を不活性化するのでモノ置換体が得られる．）

**2** N がピリジニウムになって電子求引性が高くなる．

**3** p$K_b$　イミダゾール 7.05 > ピリジン 8.78 > ピラジン 13（一段目）

# 第17章

**2** 普通の共有結合を―で，配位結合を→で表す．

a) $CH_3-\overset{O^-}{\underset{\downarrow}{S^+}}-O-H$  b) $CH_3-\overset{O^-}{\underset{\underset{O^-}{\downarrow}}{S^{2+}}}-O-H$  c) $CH_3-O-\overset{\overset{CH_3}{\underset{|}{O}}}{\underset{\underset{CH_3}{\underset{|}{O}}}{P}}\to O^-$

d) $CH_3-\overset{CH_3}{\underset{\underset{CH_3}{|}}{P}}$  e) $CH_3-\overset{CH_3}{\underset{\underset{CH_3}{|}}{P^+}}\to O^-$

**3** $CH_3-\overset{\downarrow}{S^+}-OH$ の場合 S 上の電荷は 1+，それに対して，$CH_3-\overset{O^-}{\underset{\underset{O^-}{\downarrow}}{S^{2+}}}-OH$ の場合の S 上の電荷は 2+．正電荷が大きいほど電子求引が強く OH の H を $H^+$ として解離しやすい．この議論は，亜硫酸（$H_2SO_3$）より硫酸（$H_2SO_4$）の酸性の方が高いことにも適用される．

**4** $CH_3\overset{S}{\underset{}{\overset{\|}{C}}}-OH$ と $CH_3\overset{O}{\underset{}{\overset{\|}{C}}}-SH$ の二つの互変異性体があるが，C=S は C=O にくらべ不安定なので，$CH_3\overset{O}{\underset{}{\overset{\|}{C}}}-SH$ の形が大部分を占める．

**5** Si は C より電子を出しやすく酸化に弱い．これに対し，Si に電子求引性の O が結合すると Si の電子密度が下がり，酸化を受け難くなる．

**6** C, Si, Ge, Sn は同じ 14 族元素である．周期表で下の方にある元素ほど金属性が強く，電子を放出して酸化されやすい．

　$CH_4$ ；沸点 −161.5℃，安定

　$SiH_4$ ；沸点 −111.9℃，空気中で自然発火することがある．

　$GeH_4$ ；沸点 −90℃，$SiH_4$ より不安定．160〜200℃で酸化され $GeO_2$ になる．

　$SnH_4$ ；沸点 −52℃，室温では数日の間に分解してしまう．

**7** a) $CH_3I$　b) $CH_3SOCH_3$ と BuLi との反応で作った $CH_2SOCH_3$　c) $Zn+CH_3COOH$ で還元する　d) $Ph_3\overset{+}{P}-\overset{-}{CH_2}$　e) 2 モルの $CH_3MgI$

**8** a) ⟨phenyl⟩—SO—⟨phenyl⟩ + ⟨phenyl⟩—$SO_2$—⟨phenyl⟩

b) ⟨phenyl⟩—$SCH_2O-\overset{\overset{O}{\|}}{C}-CH_3$ （プンメラー転位）　c) $(CH_3)_3Si-O-Si(CH_3)_3$

# 第18章

**2** a) Co 原子は $(3d)^7(4s)^2$ の電子配置．$Co^{3+}$ は $(3d)^6(4s)^0$ の電子配置で外殻電子数は 6．$CN^-$ はおのおの 2 個の電子を供与するので 6 個で合計 12 個．金属と配位子の電子を合わせて 18 電子則を満たしている．

b) 中性の Ni 電子の電子配置は，$(3d)^8(4s)^2$．Ni は 10 個の外殻電子を持つ．CO は 2 個の電子を供与する．4 個の CO で計 8 個．合計 18 電子．

c) 錯体全体として電気的に中性．したがって，ベンゼン，Cr，CO のすべてを中性のものとして電子数を計算する．ベンゼンが 6 個の電子を供与．(中性の) Cr 電子の電子配置は，$(3d)^4(4s)^2$．Cr の出す電子数は 6 個．CO が 3 個で 6 個の電子を供与するので，合計 $6+6+6=18$．

d) ここでは 2 通りの計算法がある．一つは $C_5H_5$ 環を中性，Fe も中性とするもので，もう一つは，$(C_5H_5)^-$ が $Fe^{2+}$ に配位していると考えるものである．

第一の考え方による計算．$C_5H_5$ の供与する電子各 5 個で，2 個の $C_5H_5$ から 10 電子が供与される．Fe 原子の外殻電子配置 $(3d)^6(4s)^2$ で 8 個．配位子と金属との電子を合わせて $10+8=18$．

第二の考え方による計算．$(C_5H_5)^-$ は 6 電子供与．$Fe^{2+}$ は 6 電子を提供する．合計すると，$6\times2+6=18$．

どちらの計算をしても Fe は 18 電子則を満たしている．

e) $(C_5H_5)^0$，Fe (O)，CO，$CH_3\cdot$ (中性ラジカル) として計算する．$C_5H_5$ から供与される電子数は 5，CO 2 個で 4 電子，$CH_3$ は 1 個の電子を供与する．中性の Fe 原子が 8 電子持っているので，$5+4+8+1=18$．

ここで $CH_3$ を $CH_3^-$ とし，$Fe^+$ と考えて計算してもよい．

**3** Fe 原子の電子配置は，$(3d)^6(4s)^2$ で，外殻電子の数は 8 個，18 電子になるためにはあと 10 個の電子が必要．CO は 2 個の電子を供与するので，5 分子の CO が配位すれば 18 電子則を満たす．$[Fe(CO)_5]$

Co 原子の電子配置は，$(3d)^7(4s)^2$ で，外殻電子数は 9 個．18 電子になるためにはあと 9 個の電子が必要．CO は 2 電子供与 4 個の CO の配位で 17 電子になるが，1 個不足する．この不足分を Co—Co 結合を作って解決する．

$[(OC)_4Co—Co(CO)_4]$ 溶液中ではこの形になるが，固体では

```
           O  O
           ‖  ‖
           C  C
       OC     CO
       OC—Co—Co—CO
       OC     CO
```

の形をとる．これも 18 電子則を満たしている．

**4** a) $CN^-$ はおのおの 2 個の電子を供与する．6 個の $CN^-$ で合計 12 個である．$18-12=6$ 個の電子を Fe 原子が供給する必要がある．Fe 原子の電子配置は本来 $(3d)^6(2s)^2$ であったのだから 6 電子配置にするためには，$Fe^{2+}$ でなければならない．錯体は $Fe^{2+}$，$6CN^-$ で構成されるので，$[Fe(CN)_6]^{4-}$ である．

$x=4-$．

b) $CH_3$ は電気的に中性の形で1電子供与．CO 4個で8個の電子が供与され，合計9個．残り9個を Fe が出すとすれば $Fe^-$ でなければならない．したがって全体として，$[CH_3-Fe(CO)_4]^-$，$x=-1$．

この問題はつぎのように考えてもよい．$CH_3$ は $CH_3:^{\ominus}$ という陰イオンとして配位する．すると $CH_3^-$ は2個の電子を供与．4個の CO で8電子が供与され，Fe は8個の電子を提供すればよい．これは中性の Fe 原子に相当する．以上をまとめると $[CH_3-Fe(CO)_4]^-$．

18電子則は，形式的なものなので，配位子，金属の電子数の割当てには任意性がある．全体が合っていればよいのである．

c) $I^-$ は各2個の電子を供与．2個で計4電子を供与．4個の CO で8電子供与．残り6個を Fe が提供する．これは $Fe^{2+}$ に相当する．したがって全体として，$x=0$．$[FeI_2(CO)_4]$．

**5** $CH_3CH_2CH_2CH_2Br$ と Na との反応では $CH_3CH_2CH_2CH_2Na$ が生じるが反応性が高く，$CH_3CH_2CH_2CH_2Br$ と反応してオクタンになってしまうウルツ-フィッティヒ（Wurtz-Fittig 反応）．

**6** a) $[IrCl(CO)(PPh_3)_2]$ の Ir は16電子．$H_2$ が付加して18電子構造になる．

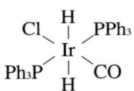

<pre>
       Cl    H   PPh₃
         \  |  /
          Ir
         /  |  \
      Ph₃P  |   CO
            H
</pre>

b) $[Ni(PEt_3)_2]$ の Ni も16電子．酸化的付加がおこって，$[NiCl(PEt_3)_2Ph]$ が生成する．

c) Co—H の間にアルケンが挿入し，$\overset{Co(CO)_4}{\diagup\!\!\diagdown\!\!\diagup\!\!\diagdown\!\!\diagup}$ と $(OC)_4Co\diagdown\!\!\diagup\!\!\diagdown\!\!\diagup\!\!\diagdown\!\!\diagup$ が生成する．

d) レフォルマツキー反応 $\text{C}_6\text{H}_5-CH(OH)CH_2COOC_2H_5$

# 索　引

## あ 行

アール，エス (*R*, *S*) 表示法　15
アール (R) 効果　66
アイ (I) 効果　66, 67, 74, 75, 205
亜鉛化合物　184
アキシアル　28
アクリルアルデヒド　57
アクリル酸　143
アジピン酸　143
亜硝酸　155
亜硝酸エステル　150
亜スズ酸ナトリウム　158
アスパラギン酸　162
アセタール　136, 164
アセトアミド　146
アセトアルデヒド　132
アセトニトリル　146
アセトフェノン　59, 133
アセトン　133
アゾ化合物　127, 156
アゾカップリング　156
アゾキシベンゼン　152
アゾ色素　157
アゾベンゼン　152
アデニン　172
アデニンリボヌクレオチド　171
アトロープ異性　23, 204
アニオノイド試薬　96
アニリン　78, 153
アミド　145
アミノ基　63
アミノ酸　161
アミン　84, 150, 152
アラニン　162
亜硫酸エステル　176
アルカン　88
アルギニン　162

アルキン　88
アルケン　88
アルケンの重合　188
アルコール　63, 74, 84, 122
アルデヒド　56, 64, 84, 132
アルドース　164
アルドール　138
アルドール縮合　138
アルドヘキソース　31
アレーン　88
アレニウス　73
アレン　44
安息香酸　143
アンチ形　18
アントラキノン　133
アンドロステロン　30

イオン反応　95
イス形　27
異性体　7
イオン反応　96
イミダゾール　169
イリド　175
引火性　195
インゴルド　115
インドール　170

ウィッティヒ反応　180
ウィリアムソンの合成　128
ウォルフ-キッシュナー還元　137
ウッドワード-ホフマン則　212

エーテル　84, 122
エクアトリアル　28
エス (S) 軌道　38
エスエヌ ($S_N$) 1 反応　115
エスエヌ ($S_N$) 2 反応　116

234　　　　　　　　　索　　引

エステル　145, 146
エストラジオール　196
エストロン　30, 196
エタノール　74, 122
エチルアミン　153
エチレン　42
エチレンオキシド　125, 128, 130
エチレングリコール　123
エナミン　135, 136
エヌーパイ（n-π）*励起状態　211
エノール　138
エフェドリン　20
エミール・フィッシャー　13
エム（M）効果　66, 67, 75, 205
エレクトロメリー効果　66
塩化アセチル　146
塩化ビニル　112
塩化ベンゾイル　146
塩基　73
塩基性　73, 77, 155
塩基のかたさ・やわらかさ　119

オキシム　136, 154
オキシラン　125, 128, 130
オキソ法　190
オレンジⅡ　157

## か　行

解離定数　73
核酸　171
覚醒剤　195
重なり形　18
過酸　137
過酸化ジベンゾイル　146
過酸化物　108, 148
ガソリン　91
型　4
かたさ　120, 174
かたさ（酸・塩基の）　120
カチオノイド試薬　97
果糖　163
価標　5, 42
カルボアニオン　138

カルボキシル基　65
カルボニウムイオン　107, 115
カルボニトリル　64, 147
カルボニル化合物　132
カルボニル基　56
カルボン酸　74, 84, 142
カルボン酸エステル　84
カロチン　46
環境ホルモン　195, 196
還元的脱離　189
環式化合物　82
官能基　7, 54, 63
官能基の電子状態　63
官能基の分極　63

幾何異性　8, 21, 43
基官能命名法　85
ギ酸　142
基説　3
軌道対称性理論　212
軌道の混成　39
機能性物質　192
キノリン　170
キノン　132, 139
揮発性　70
逆供与　176, 187
逆挿入反応　188
逆配位　175, 187
求核試薬　96, 114, 115
求核性　119, 120
求核置換　114, 126
求核置換反応　115, 124
求核反応　155
求電子試薬　96
求電子置換反応　101, 127
求電子反応　156, 168
鏡像異性　8
鏡像異性体　12, 115
協奏反応　212
共鳴　46, 48
共鳴エネルギー　50, 51
共鳴理論　48
共役　44, 46

共役系　46
共役系の分極　56, 60
共役ポリエン　88
共有結合　38, 40
極限構造　48
極限構造式　138
キラル　12
金属水素化物　136

グアニン　172
クーパー　5
クラウンエーテル　129
クラム則　203
グリース　156
グリシン　162
グリセロール　123, 146
グリニャール試薬　124, 136, 144, 183
グリニャール反応　114, 180
グルコース　163
D-グルコース　31
グルタミン酸　9, 162
o-クレゾール　123
クレメンセン還元　137
L-グロース　32
クロマトグラフィー　198
クロラムフェニコール　150
クロロフィル　172
クロロホルム　112

軽油　91
ケクレ　5, 46
ケタール　136, 164
結合　37
結合性軌道　41
結合の分極　37, 54
血色素　172
ケト-エノール互変異性　138
ケトース　164
ケトン　56, 64, 84, 132
原子価　5
原子価結合法　48
原子軌道　38

光学異性　8
光学分割　201
構造異性　7
構造式　3, 6
ゴーシュ形　18, 22
コーリー・チャイコフスキー反応　181
黒鉛　46
国際純正応用化学連合　82
互変異性　50, 138
コンゴレッド　157
混成軌道　39

## さ　行

再結晶　198
最高被占軌道　212
ザイツェフ　119
ザイツェフ則　119
最低空軌道　212
酢酸　74, 142
酢酸エチル　145
鎖式化合物　82
サリチル酸　77
サリチル酸メチル　145
サリドマイド　195
サリン　194
酸　73
酸アミド　84, 147
酸塩化物　144, 145
酸・塩基のかたさ・やわらかさ　120
酸化チタン　214
酸化的付加　189
酸性　73
ザントマイヤー反応　157
酸ハロゲン化物　147
酸無水物　144, 145, 148

ジアゾ型複写紙　157
ジアゾニウム　124
ジアゾニウム塩　113, 127, 155, 156
次亜リン酸　158
シアンヒドリン　136
ジエチルアミン　153
ジエチルエーテル　128

| | | | |
|---|---|---|---|
| ジェラール | 4 | スペクトル | 200 |
| 四塩化炭素 | 112 | スルフィド | 176 |
| 1,4-ジオキサン | 128 | スルフィン酸 | 176 |
| 脂環式化合物 | 82 | スルフェニウム | 177 |
| 軸不斉 | 204 | スルホキシド | 175, 176, 178 |
| シグマ($\sigma$)結合 | 41, 42, 44 | スルホン | 175, 176 |
| シグマ($\sigma$)結合の分極 | 56 | スルホン化 | 101, 103 |
| シクロアルカン | 88 | スルホン酸 | 176 |
| シクロオクタテトラエン | 52 | スルホン酸エステル | 176 |
| シクロブタジエン | 52 | | |
| 1,2-ジクロロエタン | 22 | 正常付加 | 107 |
| $p$-ジクロロベンゼン | 112 | 精製 | 198 |
| 1,3-ジケトン | 138 | 石油エーテル | 91 |
| 旋光性 | 9, 115, 116 | 石油化学 | 90 |
| シス | 21 | 石油ベンジン | 91 |
| シス異性 | 43 | セッケン | 144 |
| システイン | 162 | 接触水素化 | 136 |
| ジスルフィド | 176 | セルロース | 164, 165 |
| シッフ塩基 | 135 | 遷移金属 | 187 |
| シトシン | 172 | 遷移金属化合物 | 187 |
| $N,N$-ジメチルアニリン | 153 | 遷移状態 | 99 |
| ジメチル水銀 | 194 | | |
| 字訳 | 82 | 双極子相互作用 | 71 |
| シュウ酸 | 143 | 双極子モーメント | 55 |
| 18電子則 | 186 | 双性イオン | 161 |
| 重油 | 91 | 挿入 | 189 |
| 主基 | 85 | 挿入反応 | 188 |
| 縮合 | 94 | | |
| 酒石酸 | 10 | **た 行** | |
| 昇華 | 198 | 第一アミン | 153 |
| 硝酸エステル | 150 | 第二アミン | 153 |
| 蒸留 | 198 | 第三アミン | 153 |
| ショ糖 | 165 | ダイオキシン | 195, 196, 197 |
| シラン | 178 | 対掌体 | 12 |
| 親核試薬 | 96 | 脱離 | 94, 188, 189 |
| 親電子試薬 | 97 | 脱離の配向性 | 119 |
| シンナムアルデヒド | 132, 138 | 脱離反応 | 118 |
| | | 多糖類 | 164 |
| 水素結合 | 71, 73 | 炭化水素 | 88 |
| 水素引き抜き | 98 | 炭素環式化合物 | 82 |
| スクロース | 164, 165 | 炭素陽イオン | 107, 138 |
| スズ化合物 | 184 | 単糖 | 164 |
| ステアリン酸 | 142 | 単分子的求核置換反応 | 115 |

チーグラー法　92
チオアルデヒド　178
チオエーテル　176, 177
チオール　176, 177
チオケトン　176, 178
チオフェン　168, 170
置換　4, 94
置換反応　47, 114, 118
置換反応（ハロゲンの）　114
置換命名法　82
チミン　172
抽出　198
超共役　67, 68, 107

ディアステレオ異性体　20
ディー，エル（D, L）表示法　14
ディールス-アルダー反応　93, 140, 212
デオキシリボース　171
テトラクロロメタン　112
テトラヒドロフラン　128
テトラメチルシラン　179
テトロン　146
テフロン　112
デュマ　4
テレフタル酸　143
電気的双極子　55
電子雲　38
電子求引性　66, 67
電子求引性の誘起効果　66
電子供与性　66, 67

糖　163
投影式　13
等電点　162
灯油　91
特性基　7
毒物　194
トランス　21
トランス異性　43
トリエチルアミン　153
トリクロロメタン　112
2,4,6-トリニトロトルエン　151
トリプトファン　162

トルエン　97
トルエンの塩素化　97
トレオニン　162

## な　行

内分泌攪乱　195
内分泌攪乱化学物質　196
長井長義　20
ナトリウムアルコラート　126
ナトリウムフェノラート　126
ナフサ　91

二元論　3
ニコチン　171
二糖類　164
ニトリル　84, 144, 147, 154
（カルボ）ニトリル　145
ニトロ化　101, 102
ニトロ化合物　150, 154
ニトロ基　64
ニトログリセリン　150
$N$-ニトロソアミン　155
ニトロソベンゼン　152
ニトロニウムイオン　102
ニトロベンゼン　150
2分子的求核置換反応　116
ニューマン投影　16

## は　行

配位子交換　190
パイ（$\pi$）結合　42, 44
パイ（$\pi$）結合の分極　56
配向性　101, 102
パイ（$\pi$）電子　44
バイフート　34
麦芽糖　165
爆発性　195
パストゥール　10, 21
発火性　195
発ガン性　195
バニリン　133
ハメット則　205
ハメットの$\sigma$値　205

バリン　162
パルミチン酸　142
ハロゲン化合物　84, 112, 154
ハロゲンによる置換　113
反結合性軌道　41
反転　28
反応速度　116
反応速度の濃度依存症　116

ピー（p）軌道　38
ピーケーエー（p$K_a$）　73
ピーターソン反応　179, 181
光化学　208
非共有電子対　61
比旋光度　9
ビスフェノールA　195, 196, 197
ビタミンB$_1$　171
ヒドラゾベンゼン　152
ヒドロキノン　123
ヒュッケル則　52
ピリジン　166
ピリミジン　170
ピロール　166
ヒロポン　195

ファン・デル・ワールス力　71
ファント・ホッフ　11
フェニルアラニン　162
フェニルヒドラゾン　136
フェニルヒドロキシルアミン　152
フェニル遊離基　148
フェノール　63, 74, 84, 122
フェノールの酸性　76
付加　94, 188, 189
付加環化　212
付加重合　92, 109
付加反応　106
複素環式化合物　82, 166
複素芳香族化合物　166
不斉合成　201, 202
不斉炭素原子　8
フタル酸　143
フタル酸ジオクチル　145

$t$-ブチルアルコール　123
不対電子の局在　98
不対電子の非局在　98
沸点　70
沸騰　71
ブドウ糖　163
舟形　27
フマル酸　143
フラン　168, 170
フリーデル-クラフツのアシル化反応　134
フリーデル-クラフツ反応　101
ブレーンステッド　73
フレオン-12　112
2-プロパノール　123
プロリン　162
フロン　196
フロンテア軌道論　212
分極　54
分子間水素結合　72
分子軌道法　50
分子内水素結合　72, 77
ブンゼン　4
ブンメラー反応　178
分離　198

ベータ（β）-離脱　189
ヘテロ原子　166
ヘテロ元素　174
ヘテロ元素化合物　174
ヘテロリシス　96
ヘミアセタール　136
ヘミケタール　136
ヘミン　172
ベルセーリウス　3
偏光面の回転　9
ベンジジン　195
ベンズアルデヒド　132
ベンゼン　46, 52
ベンゼン環のπ電子の分極　58
ベンゾイル遊離基　148
$o$-ベンゾキノン　139
$p$-ベンゾキノン　133, 139
ベンゾニトリル　146

ベンゾフェノン　133

芳香族化合物　82
芳香族性　46
ポーリング　50
ホフマン分解　147, 154
ホモ（HOMO）　212
ホモリシス　96, 109, 148
ポリエチレン　188
ポリシロキサン　179
ポリプロピレン　188
ポルフィリン類　172
ホルムアルデヒド　132
本多・藤嶋効果　214
翻訳　82

## ま　行

麻薬　195
マルコヴニコフ　106
マルコヴニコフ則　124
マルトース　164, 165
マレイン酸　143
マロン酸　143
D-マンノース　33

水島三一郎　18

無水酢酸　146

命名法　81
メソ形　21
メソメリー効果　66
メタノール　122
メチオニン　162
メチルアミン　153
メテノロン　196
メルサン　4

モルフィン　195

## や　行

やわらかさ　120, 174
やわらかさ（酸・塩基の）　120

有機亜鉛化合物　184
有機金属化合物　183
誘起効果　66
有機スズ化合物　184
有機反応の機構　95
有機反応の形式　94
有機リチウム化合物　183, 184
誘電率　55

溶解度　73

## ら　行

酪酸　142
ラジカルの水素引き抜き　97
ラジカル反応　95, 96
ラジカル連鎖反応　100, 137
ラセミ化合物　12
ラセミ混合物　12
ラセミ体　12

リービッヒ　3
リグロイン　91
リシン　162
リチウム化合物　184
立体異性　8
立体構造の記号による表現　14
立体配座　16
立体配置　16, 18
リボース　163
硫酸エステル　176

ルイス　73
ルイス酸　102
ル・ベル　11
ルモ（LUMO）　212

励起状態　208
レーザー　214
レフォルマツキー反応　185

ロイシン　162
ロウ　146
ローゼンムントの還元　134

ローラン　4

## 欧　字

BINAP　204
Chemical Abstracts　87
D, L表示法　14
DNA　171
HOMO　212
HXの脱離　118
IUPAC　82
IUPAC命名法　82
I効果　66, 67, 74, 75, 205
LUMO　212
M効果　66, 67, 75, 205
n–π*励起状態　211
p軌道　38
p$K_a$　73
R効果　66
rectus　15
RNA　171
$R, S$表示法　15
s軌道　38
sinister　15
$S_N1$反応　115
$S_N2$反応　116
$\beta$-脱離　189
$\pi$結合　42, 44
$\pi$結合の分極　56
$\pi$電子　44
$\sigma$結合　41, 42, 44
$\sigma$結合の分極　56

著者略歴

## 杉 森　　彰
（すぎ　もり　あきら）

1956 年　東京大学理学部化学科卒業
現　在　上智大学名誉教授
　　　　理学博士

### 主要著書
化学実験の基礎知識（丸善，共著）
演習有機化学（サイエンス社）
有機光化学（裳華房）
化学と物質の機能性—化学を専門としない学生のための化学—（丸善）
光化学（裳華房）
化学をとらえなおす（裳華房）

---

サイエンスライブラリ化　学＝3
### 有機化学概説［増訂版］

| | |
|---|---|
| 1978 年 11 月 10 日 Ⓒ | 初版第 1 刷発行 |
| 1997 年 4 月 10 日 | 初版第 17 刷発行 |
| 2000 年 10 月 25 日 Ⓒ | 増訂第 1 刷発行 |

著　者　杉森　彰　　　　発行者　森平勇三
　　　　　　　　　　　　印刷者　篠倉正信
　　　　　　　　　　　　製本者　関川　弘

発行所　株式会社　サイエンス社

〒151-0051　東京都渋谷区千駄ヶ谷 1 丁目 3 番 25 号
営業　☎ (03) 5474-8500（代）　振替 00170-7-2387
編集　☎ (03) 5474-8600（代）
FAX　☎ (03) 5474-8900

印刷　（株）ディグ　　　　　製本　関川製本所

《検印省略》

本書の内容を無断で複写複製することは，著作者および
出版者の権利を侵害することがありますので，その場合
にはあらかじめ小社あて許諾をお求め下さい．

サイエンス社のホームページのご案内
http://www.saiensu.co.jp
ご意見・ご要望は
rikei@saiensu.co.jp　まで．

ISBN4-7819-0961-2
PRINTED IN JAPAN

# 日常の化学
渡辺　啓著　2色刷・A5・本体1600円

# 現代の化学
渡辺　啓著　A5・本体1480円

# 現代化学の基礎
渡辺　啓著　A5・本体1800円

# 新化学概論［増訂版］
吉岡甲子郎著　A5・本体1600円

# 工学のための 現代の基礎化学
馬場・広瀬共著　A5・本体1900円

# 演習基礎化学
渡辺　啓著　A5・本体1700円

＊表示価格は全て税抜きです．

━━━━━━サイエンス社━━━━━━

# 有機反応論入門
吉田政幸著　Ａ５・本体1450円

# 演習基礎有機化学
務台　潔著　Ａ５・本体1456円

# 演習有機化学
杉森　彰著　Ａ５・本体1942円

# 工学のための 無機化学
山下他共著　２色刷・Ａ５・本体1500円

# 分析化学［新訂版］
綿抜邦彦著　Ａ５・本体1500円

＊表示価格は全て税抜きです．

サイエンス社

# 化学熱力学
渡辺　啓著　　Ａ５・本体1600円

# 量子化学
細矢治夫著　　Ａ５・本体1850円

# 物理化学
渡辺　啓著　　Ａ５・本体2200円

# 演習化学熱力学
渡辺　啓著　　Ａ５・本体1800円

# 演習物理化学
渡辺　啓著　　Ａ５・本体1900円

＊表示価格は全て税抜きです．

━━サイエンス社━━

## 周期表の一部と電気陰性度

| H (2.1) | | | | | | | |
|---|---|---|---|---|---|---|---|
| Li (1.0) | Be (1.5) | B (2.0) | C (2.5) | N (3.0) | O (3.5) | F (4.0) |
| Na (0.9) | Mg (1.2) | Al (1.5) | Si (1.8) | P (2.1) | S (2.5) | Cl (3.0) |
| K (0.8) | | | | | | Br (2.8) |
| | | | | | | I (2.5) |

元素記号
(ポーリングの電気陰性度)

## 種々の官能基のI効果とM効果

| | 電子供与性 (官能基から電子がおし出される) | 電子求引性 (官能基の方へ電子が引っ張り込まれる) |
|---|---|---|
| I効果 〔単結合系の電子を偏らせる効果〕 | $-O^-$, $-S^-$, <br> $-R$ ($-CH_3$, $-CH_2CH_3$ など) | $-F$, $-Cl$, $-Br$, $-I$ <br> $-OH$, $-OR$, $-NH_2$, $-NR_2$, $-N^+R_3$ <br> $-CHO$, $-COR$, $-COOH$, $-COOR$, <br> $-CN$, $-NO_2$ |
| M効果 〔共役系の電子を偏らせる効果〕 | $-O^-$, $-S^-$ <br> $-OH$, $-OR$, $-NH_2$, $-NR_2$ <br> $-R$ ($-CH_3$, $-CH_2CH_3$ など) <br> $-F$, $-Cl$, $-Br$, $-I$ | $-CHO$, $-COR$, $-COOH$, $-COOR$, <br> $-CN$, $-NO_2$ |

## 置換基の求電子置換反応におよぼす影響

| I <br> オルト, パラ配向性で, 反応を促進する | II <br> オルト, パラ配向性ではあるが, 反応を遅くする | III <br> メタ配向性で, 反応を遅くする |
|---|---|---|
| $-OH$, $-OR$, $-O^-$ <br> $-NH_2$, $-NHR$, $-NR_2$ <br> $-NHCOR$ <br> $-R$ | $-F$ <br> $-Cl$ <br> $-Br$ <br> $-I$ | $-NO_2$, <br> $-NH_3^+$, $-NR_3^+$ <br> $-COOH$, $-COOR$, $-CN$ <br> $-CHO$, $-COR$ |

## 典型的な反応試薬

求電子試薬
$Cl^+$, $Br^+$, $NO_2^+$, $SO_3$
$R^+$, $RCO^+$
$H^+$ ($HCl, H_2SO_4$ など)

求核試薬
$Cl^-$, $Br^-$, $I^-$, $OH^-$
$RO^-$, $RS^-$, $CN^-$
$RCOO^-$
アミン ($R_3N$, $R_2NH$, $RNH_2$, $NH_3$)
$H_2O$, $ROH$

ラジカル
$H\cdot$, $Cl\cdot$, $Br\cdot$
$R\cdot$, $Ar\cdot$,
$ArCOO\cdot$

## 置換命名法の組み立て

| 接頭語 | 語幹 | 接尾語 | |
|---|---|---|---|
| 置換基（特性基）の種類・数・位置を表す．位置・数・種類の順で表示（置換基が複数のときは基名のABC順で配列する） | 基本骨格（炭化水素の鎖，環，複素環） | 不飽和結合の位置・数・種類を表す | 主基の種数・位置を表す |

## 主要な基の接頭語と接尾語 （主基として呼称されるための上位順に並べてある）

| 基の種類 | 接頭語としての表示 | 接尾語としての表示 |
|---|---|---|
| カルボン酸(-COOH) | カルボキシ(carboxy-) | 酸(-oic acid)<br>カルボン酸(-carboxylic acid) |
| カルボン酸エステル(-COOR) | R-オキシカルボニル(R-oxycarbonyl-) | ——酸(-R-oate) |
| 酸アミド(-CONH$_2$) | カルバモイル(carbamoyl-) | カルボキサミド(-carboxamide) |
| ニトリル(-CN) | シアノ(cyano-) | カルボニトリル(-carbonitrile) |
| アルデヒド(-CHO) | ホルミル(formyl-) | アール(-al)<br>カルバルデヒド(-carbaldehyde) |
| ケトン(-CO-) | オキソ(oxo-) | オン(-one) |
| アルコール<br>フェノール }(-OH) | ヒドロキシ(hydroxy-) | オール(-ol) |
| アミン(-NH$_2$) | アミノ(amino-) | アミン(-amine) |
| エーテル(-OR) | R-オキシ(R-oxy-) | |
| ハロゲン | フルオロ(fluoro-)<br>クロロ(chloro-)<br>ブロモ(bromo-)<br>ヨード(iodo-) | |
| アルキル | 炭化水素名の末尾-aneを-ylにかえる | |
| フェニル ( -⬡ ) | フェニル(phenyl-) | |

## 直鎖飽和炭化水素の名称

- C$_1$ メタン (methane)
- C$_2$ エタン (ethane)
- C$_3$ プロパン (propane)
- C$_4$ ブタン (butane)
- C$_5$ ペンタン (pentane)
- C$_6$ ヘキサン (hexane)
- C$_7$ ヘプタン (heptane)
- C$_8$ オクタン (octane)
- C$_9$ ノナン (nonane)
- C$_{10}$ デカン (decane)
- C$_{11}$ ウンデカン (undecane)
- C$_{12}$ ドデカン (dodecane)

## 数を表す接頭語

- 1 モノ (mono-)
- 2 ジ (di-)
- 3 トリ (tri-)
- 4 テトラ (tetra-)
- 5 ペンタ (penta-)
- 6 ヘキサ (hexa-)
- 7 ヘプタ (hepta-)
- 8 オクタ (octa-)
- 9 ノナ (nona-)